煤炭院校特色应用型本科系列教材

MEITAN YUANXIAO TESE YINGYONGXING BENKE XILIE JIAOCAI

选煤厂分离技术

主编 丁淑芳 刘鹏飞

中国矿业大学出版社

·徐州·

内 容 简 介

本书主要介绍了选煤厂固液和固气分离的方法、原理和技术。全书内容包括绪论，煤泥水体系的性质，煤泥水处理方法、原理及工艺流程，常温下产品和热力干燥产品的脱水及固气分离等，这些内容与选煤厂煤泥水处理密切相关。

本书既可作为高等院校矿物加工工程专业学生的教材，也可作为矿业、化工、环保等专业工程技术人员的参考用书。

图书在版编目(CIP)数据

选煤厂分离技术 / 丁淑芳，刘鹏飞主编. —徐州 ：中国矿业大学出版社，2023.5

ISBN 978-7-5646-5794-9

Ⅰ. ①选… Ⅱ. ①丁… ②刘… Ⅲ. ①选煤厂—分离 Ⅳ. ①TD94

中国国家版本馆 CIP 数据核字(2023)第 066675 号

书　　名　选煤厂分离技术

主　　编　丁淑芳　刘鹏飞

责任编辑　褚建萍

出版发行　中国矿业大学出版社有限责任公司

（江苏省徐州市解放南路　邮编 221008）

营销热线　(0516)83884103　83885105

出版服务　(0516)83995789　83884920

网　　址　http://www.cumtp.com　**E-mail**:cumtpvip@cumtp.com

印　　刷　江苏淮阴新华印务有限公司

开　　本　787 mm×1092 mm　1/16　**印张** 13　**字数** 333 千字

版次印次　2023 年 5 月第 1 版　2023 年 5 月第 1 次印刷

定　　价　38.00 元

《选煤厂分离技术》
编写人员名单

主　编　丁淑芳　刘鹏飞

副主编　程　妍　康文泽　刘建国

参　编　刘　杨　柳海军　胡盛坤

　　　　　郑广海

前 言

为了进一步推进产教融合和校企合作，全面提升应用型人才的培养质量，培养具备扎实专业理论、实践动手能力和创新意识的应用型高级工程技术专业人才，黑龙江科技大学与黑龙江龙煤矿业控股集团有限责任公司合作编写了适合应用型人才培养的“煤炭院校特色应用型本科系列教材”。该教材就是在这样的背景下编写而成的。

本书以选煤厂的实际生产为基础，结合理论和实践，对选煤厂分离技术进行了系统的阐述和分析。全书内容包括绪论，煤泥水体系的性质，煤泥水处理方法、原理和工艺流程，常温下产品和热力干燥产品的脱水和固气分离等。

本书共分7章，第1章由黑龙江龙煤矿业控股集团有限责任公司鹤岗峻发选煤厂胡盛坤和柳海军共同编写；第2章由黑龙江科技大学康文泽编写；第3章的3.1节和3.2节由黑龙江龙煤矿业控股集团有限责任公司刘鹏飞编写，3.3节、3.4节和3.5节由黑龙江科技大学丁淑芳编写；第4章由黑龙江科技大学丁淑芳编写；第5章的5.1节、5.3节、5.4节由黑龙江科技大学丁淑芳编写，5.2节由黑龙江科技大学程妍编写；第6章的6.1节、6.2节、6.4节、6.5节由黑龙江科技大学程妍编写，6.3节由唐山天和环保科技股份有限公司郑广海编写；第7章的7.1节由黑龙江龙煤七台河矿业有限责任公司刘杨编写，7.2节由黑龙江龙煤矿业控股集团有限责任公司鹤岗峻发选煤厂刘建国编写。全书由黑龙江科技大学丁淑芳负责统稿。

由于编者水平有限，书中不妥之处在所难免，敬请读者批评指正。

编 者

2022年10月

目　录

第1章　绪　　论

分离技术主要包括固液和固气之间的分离技术，广泛应用于化工、矿业、发电、制药、环保等工业部门。对选煤厂而言，固液分离是指煤和水的分离，又叫脱水；而固气分离是指煤粒和气体的分离，又叫除尘。虽然脱水和除尘不是选煤厂中最主要的作业，但它占的比重较大，如果处理不好，不仅影响最终选煤产品的质量，而且还会污染环境，同时也影响整个选煤厂的经济效益。因此，脱水和除尘在选煤厂整个工艺环节中具有重要的地位和作用。本章主要介绍选煤厂中固液体系分离(即脱水)和固气体系分离(即除尘)的相关内容。

1.1　脱水

1.1.1　选煤厂常用脱水方法

选煤厂产品脱水作业是湿法选煤工艺过程中必不可少的重要环节，产品粒度不同，脱水方法也不同。常用的脱水方法有以下几种类型。

(1) 重力脱水法

重力脱水法是靠重力而实现固液分离的脱水方法。该方法又可分为自然重力脱水法和重力浓缩脱水法两种形式。

① 自然重力脱水法，即利用物料颗粒表面水分的重力作用而脱水，如脱水斗子及脱水仓的脱水。

② 重力浓缩脱水法，即依靠细粒物料的重力作用在液体中沉降的方法来实现固液分离，如浓缩机、沉淀池等的浓缩脱水。

(2) 机械力脱水法

机械力脱水法是靠机械力(如惯性力、离心力、压力等)而实现固体和液体分离的方法。该方法又分为筛分脱水、离心脱水和过滤脱水等方法。

① 筛分脱水方法：靠物料与筛面做相对运动时产生的惯性力而脱除水分，如直线振动筛的脱水。

② 离心脱水方法：利用离心力作用使固液分离或提高悬浮液的浓度，如过滤式离心脱水机和沉降式离心脱水机等的脱水。

③ 过滤脱水方法：使液体透过细密的纤维织物或金属丝网而留住固体，并用真空或压力以加速其分离的一种固液分离过程，如真空过滤机、板框压滤机、加压过滤机等的脱水。

(3) 热能脱水法

热能脱水法是利用热能使水汽化而蒸发的脱水方法，如火力干燥、日光暴晒等。

(4) 磁力脱水法

磁力脱水法是利用强磁场对磁性矿物产生的磁力来实现脱水的固液分离方法，如磁力脱水槽的脱水。

（5）其他方法

① 物理化学脱水法：用吸湿性的物体或化学药品（如生石灰、无水氯化钙等）吸收水分，从而实现固液分离。

② 电化学脱水法：固液混合物在外加电场的作用下，水分子带正电荷移向阴极，煤粒等固体颗粒带负电荷移向阳极，因而实现固液分离。

由此可见，选煤厂不同的脱水设备适用于不同的脱水方法，有不同的工作原理，通常采用的是重力、机械力和热能三种脱水方法。

1.1.2　选煤厂固液分离的作用

在选煤厂，对产品进行固液分离有以下作用：一是降低选煤产品中的水分，满足一定产品质量要求。在湿法选煤厂中，分选后的产品带有大量水分，若不及时脱除，选煤产品就无法成为商品。如对于炼焦用煤来说，如果水分过高，将延长炼焦时间、增加炼焦炉瓦斯消耗量以及降低炼焦炉的使用寿命和产量。据统计，水分增加1%，炼焦时间延长20 min，炼焦过程中热效率降低，燃料消耗增加，焦炭产量降低3%～4%。所以，煤炭产品的水分是一个较重要的指标。二是减少运输的费用。铁路运费是以重量作为计费依据的，通常选煤产品的用户离选煤厂均较远，运输一定量的煤炭，水分越大，运输费用就越高。三是产品水分高，冬季会给运输和贮存造成麻烦，容易发生冻仓、冻车和涨车等情况。水分越高，冻结越严重，造成铁路运输及装卸车困难。表1-1为水分与冻结程度的关系。在选煤厂，高寒地区湿煤冬运要求精煤水分在8%～9%以下。四是回收分选过程所用大量的水，使之返回再使用，可充分利用水资源。选煤厂用水量非常大，跳汰机每处理1 t原煤需用水2.5～3 t；重介质分选机每处理1 t原煤需用水约0.7 t；重介质旋流器选煤每处理1 t原煤需用水1.8～2 t。大量的水若不回收，将造成极大的资源浪费和环境污染。

表1-1　水分与冻结程度的关系

水分/%	冻结程度
8	有较粗团块，用铲可以铲动
10	团块稍硬，用力可以铲动
12	结成硬块，铲动很困难
15	冻结很硬，如石头，极难铲动
20	铲不动

由此可见，固液分离环节是选煤厂中极其重要的作业，该作业处理不善，将影响整个选煤厂的正常生产。

1.2　除尘

除尘是对空气中细微颗粒的一种处理方法，它对环境保护和人体健康具有重要意义。

在选煤厂中，尘粒主要是从筛分、破碎、干燥、运输、干法分选等作业中产生的。这些尘粒包含煤粉等物质，若不能及时回收和处理，将严重污染环境，危害工人身体健康。

除尘的原理是通过物理或化学方法将空气中的尘粒与气体分离，达到净化空气的目的。随着干法选煤技术的快速发展，与其相配套的除尘作业将会受到越来越多的重视。因此，研制处理量更大、除尘效率更高的除尘器将是未来的发展趋势。

对于煤尘的处理，需要根据其在空气中的含量、粒度大小、形状、化学成分及溶解度等性质来选择合适的处理方法。同时，除尘器的运行成本、维护和清洁等因素也需要考虑。常见的除尘器包括静电除尘器、袋式除尘器、旋风除尘器等，这些除尘器在处理煤尘时具有较高的除尘效率和处理能力。

在煤炭生产和使用中，除尘工作是一个重要的环节。采用合适的除尘器能够有效地减少空气中的尘粒含量，提高环境质量并保障工人健康。因此，对除尘器的研究和应用具有重要的现实意义。

【思考题】

1. 简述选煤厂常用的脱水方法和作用。
2. 简述选煤厂尘粒的来源及除尘的作用。

第 2 章　煤泥水体系的性质

煤泥水体系是一个极其复杂的固液分散体系，属于悬浮液。它的各种性质不仅与煤泥水中颗粒的多少、粒度分布、矿物组成等有关，还与体系的 pH 值、水的硬度、黏度、浓度等有关，这些性质都将不同程度影响固液分离方法的选择以及分离效率的高低。这一章主要讨论与固液分离有关的固相、液相及其组成的固液体系的性质。

2.1　液相的基本性质

在绝大多数工业部门，构成悬浮液的液相是水，因此构成煤泥水体系的液相也是水，水的性质很多，本节主要介绍的都是与固液分离有关的水的性质，包括水的极性、黏性、表面张力、硬度等。

2.1.1　水的极性

水的分子式是由两个氢原子和一个氧原子组成的，构成的分子结构中正负电荷的中心是不重合的，这使得水分子呈极性，正是这种分子极性使得水具有独特的性质。水分子中氢原子吸引带强负电性的氧原子而形成氢键，如图 2-1 所示。与带负电性元素形成氢键的能力是水分子极性的重要体现之一，它一方面影响到液态水的结构，另一方面还影响到水与固体物料的作用方式。显然由于氢键的作用强化了水分子在物料表面的附着状态，因而不利于固液分离。要去除这些水分子，必需额外提供打断氢键所需要的能量，这无疑会增加脱水的难度。

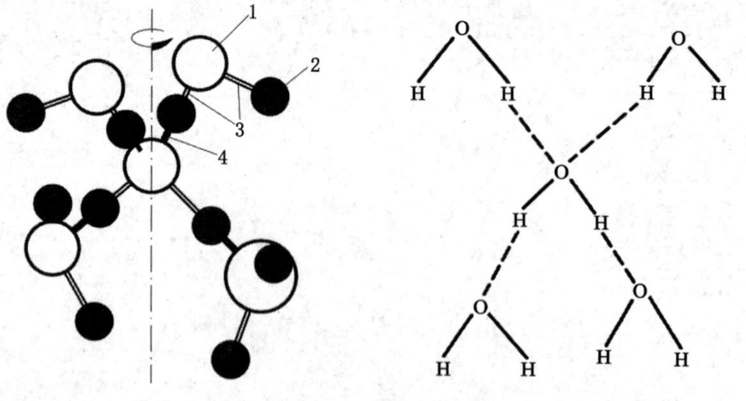

1—氧原子；2—氢原子；3—O—H 共价键；4—氢键。

图 2-1　水分子结构图

2.1.2　水的黏性

黏性是流体反抗变形的一种性质，从本质上来说，黏性反映的是流体分子间的相互作用。研究流体黏性的学科称为流变学。根据流变学的研究，流体所受的剪切应力与流体的变形率之间存在相应的数学关系。习惯上，人们把动力黏度简称为流体的黏度。水的黏度是温度的函数，在 20 ℃时为 0.001 Pa·s；温度每增高 1 ℃，水的黏度大约降低 2%。表 2-1 列出了水的黏度与温度的关系。在实际的脱水过程中，温度变化对浆体黏性的影响是非常明显的。例如，浓缩机的溢流在炎热的夏季要比寒冷的冬季清澈得多；在过滤过程中，引入蒸汽加热滤饼，可使滤饼的水分降低。不过，在一般情况下，固液系统的温度对分离过程不会产生大的影响，因而介质的黏度实际上可视为常量，而通过提高温度改变介质黏度来降低产品水分的方法是不经济的。

表 2-1　水的黏度与温度的关系

温度/℃	黏度/(Pa·s)	温度/℃	黏度/(Pa·s)
5	0.001 518 0	5	0.000 653 6
10	0.001 309 7	10	0.000 597 0
15	0.001 144 7	15	0.000 549 2
20	0.001 008 7	20	0.000 469 9
25	0.000 894 9	25	0.000 457 1
30	0.000 800 4	30	0.000 357 0
35	0.000 720 8	35	0.000 316 6

2.1.3　水的表面张力

表面张力，又可称表面自由能，是指物质增加单位表面积时外界所做的功。由于物质表面分子与内部分子相比，其化学键总处于不平衡状态，因此表面分子比内部分子具有更高的能量，这部分高出的能量就是表面自由能(或表面张力)。

在除了汞以外的所有液体中，水具有最高的表面张力，这显然与水分子的强极性有关。像大多数液体一样，水的表面张力随温度的升高而下降，表 2-2 列出了水的表面张力随温度的变化情况。

表 2-2　不同温度时水的表面张力

温度/℃	20	25	30
表面张力/(N/m)	0.072 8	0.072 14	0.071 40

水的表面张力对固液分离过程有重要影响。例如在固体物料的孔隙内往往含有孔隙水，水在孔隙内深入的程度(即孔隙水的含量)与水的表面张力直接相关；水在固体表面的附着(润湿或形成水化层)也在很大程度上受到表面张力的影响。一般来说，液体介质的表面张力越大，固液分离越困难。因此，降低水的表面张力是提高固液分离效率的有效途径之

一。从表 2-2 中可以看出，水的表面张力随温度的升高而降低，但变化速度很小，因此借助提高温度来降低水的表面张力并没有多大意义。试验证明，向固液体系添加表面活性物质是降低水的表面张力的有效途径。

2.1.4 水的硬度

工业用水和生活用水都有硬水、软水之分，水的硬度反映水中钙、镁离子的含量多少，所含钙、镁离子越多，水的硬度也越大。衡量水硬度的单位很多，常用的有两种，它们是毫克当量和德国度，1 毫克当量相当于 1 L 水中含有 20.04 mg 的钙离子或 12.16 mg 的镁离子。水的硬度等级见表 2-3。

表 2-3 水的硬度等级

水的类型	硬度	
	毫克当量	德国度
极软水	<1.5	<4.2
软水	1.5～3.0	4.2～8.4
中等硬度	3.0～6.0	8.4～16.8
硬水	6.0～9.0	16.8～25.2
极硬水	>9.0	>25.2

水的硬度对悬浮液的分离和沉降有很大影响。因为，当硬度较大时，水中的钙、镁离子含量增高，这些离子可以在颗粒表面进行吸附，从而改变颗粒表面的电位，使表面的水化作用发生变化，促使颗粒分散或凝聚，最终导致分离特性发生变化。例如，在选煤厂煤泥水处理中，若水的硬度大，煤水的分离就会很容易，这正是某些水硬度大的选煤厂，在煤泥水的处理中少用甚至不用絮凝剂的原因。

2.2 固相的基本性质

固体颗粒是悬浮液中的分散相，固体颗粒本身的性质是构成悬浮液基本性质的重要组成部分。煤泥水中的固体颗粒是煤泥，煤泥的性质直接影响煤泥水的性质，本节主要介绍煤泥的粒度组成、矿物组成及煤粒表面的物理化学性质等对固液分离的影响。

2.2.1 煤泥的粒度组成

2.2.1.1 粒度的表示方法

固体颗粒的形状绝大多数是不规则的。为了表示其大小，常采用当量或统计的方法，一般有当量球直径、当量圆直径和统计学直径。

(1) 当量球直径

当量球直径是指与颗粒本身某种性质相同的球体直径，如体积直径、比表面积直径、斯托克斯直径等。

(2) 当量圆直径

当量圆直径是指与颗粒投影的某种性质相同的圆直径，如投影直径、周长直径等。

(3) 统计学直径

统计学直径是指用显微镜在平行于一定方向上测得的颗粒投影线段长度，如费雷特直径、马丁直径、剪切直径和最大弦直径等。

表示这些不规则颗粒大小的方法很多，表 2-4 列出了与固液分离有关的各种粒度的表示方法，它们适用于不同的场合。例如，自由沉降粒度和斯托克斯粒度适用于重力沉降、离心沉降、水力旋流器等场合；而表面粒度或比表面积粒度则在絮凝、过滤等过程中用得较多。

表 2-4　颗粒粒度的表示方法

名　称	符号	定　义	类　别
筛分粒度	X_a	能够通过颗粒的最小方孔的宽度	当量球直径
表面粒度	X_s	与颗粒具有相同表面积的球体直径	当量球直径
体积粒度	X_v	与颗粒具有相同体积的球体直径	当量球直径
比表面积粒度	X_{sp}	与颗粒具有相同比表面积的球体直径	当量球直径
投影粒度	X_p	在垂直于稳定平面上与颗粒具有相同投影面积的球体直径	当量圆直径
自由沉降粒度	X_f	在同一流体中与颗粒具有相同沉降速度的球体直径	当量球直径
斯托克斯粒度	X_{st}	雷诺数 $Re<0.2$ 时的自由沉降粒度	当量球直径

2.2.1.2　粒度分布

(1) 颗粒粒度累积分布曲线和粒度分布曲线

粒度分布有多种类型，如以数字表示的颗粒粒度分布、以质量表示的颗粒粒度分布及以长度或表面积表示的颗粒粒度分布等。在选煤和煤泥水处理工艺过程中通常采用以质量表示的颗粒粒度分布。该类型的粒度累积分布曲线和粒度分布曲线如图 2-2 和图 2-3 所示。图中横坐标均表示粒度，纵坐标分别表示累积产率和各粒级的产率。

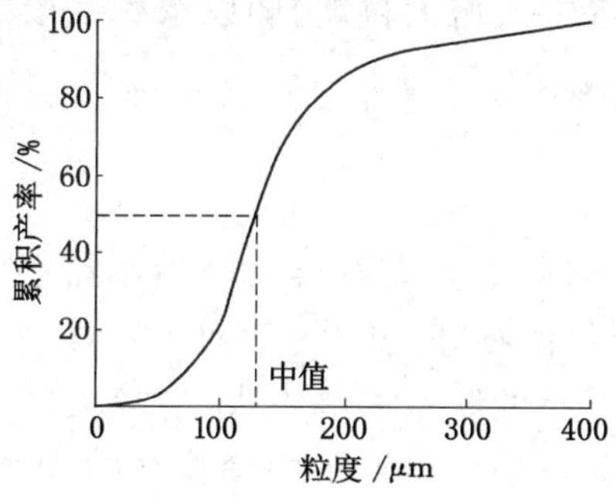

图 2-2　粒度累积分布曲线

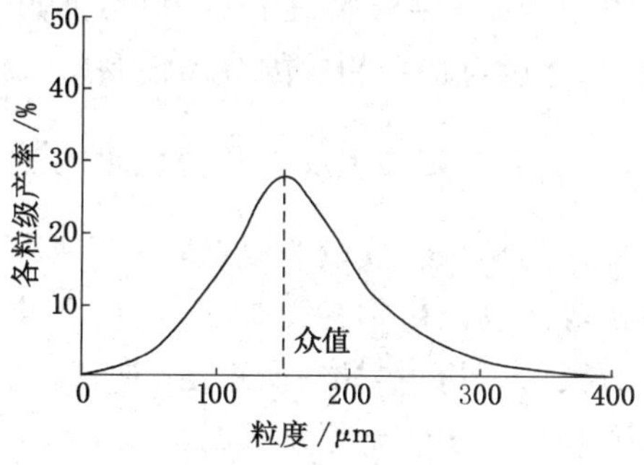

图 2-3　粒度分布曲线

(2) 粒度群的特征值

对于一个给定的粒度群，其具有某些特征数值，可以用这些数值加以描述。如众值、中值和平均值这些数值虽然不能表示粒度群的分布宽度，但在某些情况下，可为过程控制提供指导。

① 众值。众值是粒度群中最常出现的粒度，也是与粒度分布曲线中峰值相应的粒度。在某些粒度群的分布中可能存在多个峰值，这种情况被称为多峰分布或多众值分布。根据

粒度分布曲线，我们可以很容易确定众值。

② 中值。中值又称50%粒度，是指一半颗粒大于该值、另一半颗粒小于该值的粒度。对于粒度分布曲线，中值是将分布曲线下的面积分为两等份的粒度。根据累积分布曲线很容易确定中值，它对应于累积产率为50%的位置。

③ 平均值。平均值常称平均直径，对于一个确定的粒度分布函数，平均值可有多种表示方法，如算术平均值、几何平均值、平方平均值等。算术平均值可用下式表示：

$$\bar{x} = \int_0^{\infty} x f(x) \mathrm{d}x \tag{2-1}$$

式中 $\bar{x}$——平均直径；

x——颗粒粒度；

$f(x)$——粒度分布函数。

$f(x)$可以是以长度、表面积或质量等表示的颗粒粒度分布函数。通常，最好用实际粒度分布曲线表示粒度群，只有在难以求得粒度分布曲线时，才用上述特征值表示颗粒体系的特性。

(3) 粒度对固液分离的影响

在固液分离过程中，颗粒粒度在很大程度上决定了固液分离的难易程度。这主要是由于颗粒粒度是决定固液两相间相对运动速度的主要因素之一。如在重力或离心沉降时，颗粒的沉降速度与粒度的平方成正比，颗粒越大，沉降越快，固液分离效果越好；而当粒度很小时，沉降分离或者不能实现或者进行得很慢，此时需另加凝聚剂或絮凝剂以使小颗粒聚集成团而加速沉降。其次，颗粒粒度在过滤过程中对滤饼结构影响很大。据研究，滤饼的比阻（描述滤饼阻力的物理量）与颗粒粒度的平方成反比。一般来说，粒度越大，过滤时形成的滤饼孔隙越大，滤饼的阻力则越小，过滤效率也就越高。此外，颗粒粒度与固液界面的面积紧密相关。随着粒度的减小，固液界面的面积急剧增大（事实上若颗粒粒度减小一个数量级，则固液界面的面积几乎增大两个数量级），从而物料的表面水分相应增多，使用药剂时的药耗也随之增大。在实际工作中，可以通过凝聚、絮凝等方式增大粒度，即以浓缩手段提高浆体浓度，然后再选择相应的分离设备。

2.2.2 煤泥的矿物组成以及对脱水的影响

煤泥的矿物组成较为复杂，随煤种、产地不同而不同，主要有石英、方解石、黏土矿物和黄铁矿等。黏土矿物种类很多，包括高岭土、蒙脱石、绿泥石等，多达上百种。

石英、方解石本身性质稳定，对煤泥水的处理及产品的脱水影响不大，有较大影响的是黏土矿物。由于黏土遇水极易泥化，且粒度微细，大大增加了煤泥水中细粒级的含量，这些微细颗粒除本身难以沉降外，还使煤泥水的黏度大幅度增加，对浮选和煤泥水处理都不利。因此，黏土类矿物含量越高，意味着煤泥水处理过程越困难。另外，试验表明，泥化程度与煤化程度有一定联系，煤化程度低的煤层中常含有较多的粉砂岩、泥质页岩及成岩作用差的黏土类分散矿物，水分子极易进入其晶格内部，并在水分子作用下迅速溶胀、分解成为微细颗粒，这些微细颗粒在煤粒表面形成覆盖作用，由于黏土矿物亲水、高灰，选煤产品的灰分、水分增高，加大了脱水作业的难度。据测定，煤粒表面的电动电位是－25 mV，细泥的电动电位是－31 mV，两者的电动电位符号相同，为什么还能形成覆盖作用呢？经过深入研究发现，细泥本身的电荷在其表面上的分布是极不均匀的，在构成黏土矿物的硅酸盐网状晶体中，其鳞片的平面部分虽具有负电荷，但这些扁平黏土颗粒的边缘却有大量的正电荷，黏土颗粒以其边缘正电荷与带负电荷的煤粒互相吸引而形成覆盖作用。减小细泥在煤粒表面的覆盖作用，对降低产品的灰分和水分有利。近年来的研究表明，在浮选过程中加入醇类药剂，有助于消除细泥在煤粒表面的覆盖作用。

此外，黏土矿物中的钠离子含量对泥化程度有很大影响。通常，钠离子含量越高，泥化越严重。黏土类物质，由于粒度小，具有很大的比表面积，分散性高，亲水性强，表面负电性强，易黏附到煤粒表面，影响末精煤质量，增大药剂消耗，并使煤泥水处理系统变得复杂、困难，难于脱水、沉降，致使细泥在循环水中累积。

黄铁矿含量较高的煤种，通常其产品的硫分亦高，特别是在黄铁矿的嵌布粒度比较细时，更是这样。为了得到合格精矿，必须进行脱硫，增加流程的复杂性。粒度很细的黄铁矿，虽可采用浮选进行脱除，但效果不太理想，有待于进一步研究。

2.2.3　煤粒表面的物理化学性质

煤粒表面的物理化学性质除了对浮选有极大影响外，对矿物悬浮液的分散和絮凝也有很大影响。由于其表面性质不同，表面的双电层结构不同，可由其表面电荷的大小及符号决定煤粒处于分散状态还是絮凝状态，并可决定细泥能否在煤粒表面进行覆盖。该部分内容在浮选中已有详细论述，此处不再重复。

2.3　固液体系的性质

当固体物料与水构成混合体系时，其性质既与固体的性质有关，又与水的性质有关，并受它们之间相互关系的影响。煤泥水是由煤泥和水混合组成的固液体系，因此，煤泥水的性质随煤种产地、采煤方法、运输方式、选煤方式、原煤中细粒含量、次生煤泥性质和数量、可溶性盐类的种类和数量以及所用水质的变化而变化。这些性质直接影响到煤泥水的沉降特性、絮凝性质、过滤效果及脱水后的产品水分含量等。本节主要介绍煤泥水的浓度、密度、黏度和化学性质等。

2.3.1　煤泥水的浓度

煤泥水的浓度对脱水方法的选择及脱水效果有着极其重要的影响。在选煤厂，煤泥水的浓度常用三个指标表示：液固比、固体含量和质量浓度。

(1) 液固比

液固比常用 R 表示。其定义是指 1 t 干物料所带水的立方米数，计算公式为：

$$R=V/G \tag{2-2}$$

式中　G——煤水混合物中煤的质量，t；

V——煤水混合物中水的立方米数，m^3。

液固比常用于分选、浓缩和分级作业中，对于某作业，只要知道液固比 R 和干煤处理量，就很容易算出所需要的用水量。

(2) 固体含量

固体含量常用 q 表示。其定义为 1 L 固液混合物中所含固体物料的克数。固体含量可用以下方法测定。

① 烘干法

取一定容积的煤泥水试样，在温度低于 110 ℃的条件下进行干燥，直到达到恒重，然后称量固体质量，并按下式计算：

$$q=m/V \tag{2-3}$$

式中 m——煤泥烘干后质量，g；

V——煤泥水体积，L。

该法测定很精确，但耗时、耗能较多。有时为了加快速度，常在煤泥水中加入一定量絮凝剂或凝聚剂，沉降后抽出上部澄清液，将沉积物烘干，以减少时间和能耗。

② 快速测定法

在连续试验的生产中，通常需快速测定某些工艺环节的煤泥水浓度，此时，多用浓度壶法进行测定。这是一种间接测量法，即先测出煤泥的密度及煤泥水的质量，再间接算出煤泥水浓度，因而不如烘干法准确。

浓度壶法的具体做法是将试样灌入一定容积 V 的浓度壶内(选煤厂常用的浓度壶体积是 1 L)，然后称出煤泥水的质量 G，可按下式计算：

$$q=\frac{\delta}{\delta-1}(G-1\ 000) \tag{2-4}$$

式中 q——固体含量，g/L；

δ——煤泥的密度，g/m^3；

G——浓度壶中煤泥和水的总质量，g。

通常某厂正常生产时，煤泥的密度变化不大，所以可取本厂煤泥密度的多次平均值，若工艺或原料有了变化，则需要重新标定。因此，只要得到煤水混合物的总质量 G，就可得 q 值。

③ 煤泥水自动检测

煤泥水浓度是选煤厂工艺过程中一个重要的参数和控制指标。随着选煤厂自动化程度的提高，越来越多的环节(如浓缩机的溢流和底流、浮选入料等)要求对煤泥水浓度进行自动检测，并以此作为控制参数。

目前选煤厂煤泥水浓度自动检测主要有两种：一种是浓度的直接检测，如利用超声波浓度计直接检测；另一种是浓度的间接检测，即通过煤泥水密度的测量换算成煤泥水的浓度，常用的有压差密度计和放射性同位素(γ 射线)密度计等。

超声波浓度计最适合测量粒度较小、组成较均匀的矿浆。若被测矿浆粒度组成或密度组成经常变化，须通过标定验证误差。此外，矿浆中若混有气泡或没被矿浆充满，也将造成误差，因为超声波在气体中的衰减比在液体或固体中大得多，所以测量时要避免气泡进入测量管，并使矿浆充满测量管。为减少误差可采取矿浆自下而上的流向和缩小管径等措施。

固体含量是一个操作指标，很多作业对其都有一定的要求。该指标通常在浮选入料、出料，浓缩机的溢流、底流，跳汰机循环水，介质的浓度表示等方面广泛应用。

(3) 质量浓度

质量浓度用 C 表示。其定义是指煤水混合物中干煤泥的质量占整个煤水混合物总质量的百分数，可由下式求得

$$C=\frac{G}{G+W}\times 100\% \tag{2-5}$$

式中　C——质量浓度,%;

W——煤水混合物中水的质量,t;

G——煤水混合物中煤的质量,t。

质量浓度常用于浓缩和过滤作业。

(4) 各指标之间的换算

上述指标从不同角度表示在一个湿产物中水与固体在量方面的关系,在工艺计算中各有其不同的用途。各指标均与产物的基本数据(水重、固体重、密度)有一定关系,所以,它们之间可以互相进行换算。

① 液固比与固体含量的换算——当已知液固比 R 和固体密度 δ,可按下式计算固体含量:

$$q=\frac{1\ 000\delta}{\delta R+1} \tag{2-6}$$

② 质量浓度与固体含量之间的换算——当已知产物的质量浓度 C 和固体密度 δ,可按下式计算固体含量:

$$q=\frac{1\ 000C}{100-C+C/\delta} \tag{2-7}$$

③ 液固比与质量浓度之间的换算——当已知产物的液固比 R,可按下式计算质量浓度:

$$C=\frac{1}{R+1}\times 100\% \tag{2-8}$$

以上三式,根据不同形式浓度的定义就可很容易推导出,这里不一一罗列。

2.3.2　煤泥水的密度

化学纯水的密度在 5 ℃时为 1 000 kg/m³,温度增加到 50 ℃时为 980 kg/m³,变化不大。选煤厂所用清水中含有一定量的可溶性盐,与化学纯水的差别较小,在 5～16 ℃时,其密度可以认为等于 1 000 kg/m³。当水中含有煤泥时,煤泥水的密度与煤泥的含量有关,见表 2-5。

表 2-5　煤泥水的密度与煤泥含量的关系

煤泥水的浓度/(g/L)	煤泥水的密度/(kg/m³)								
	δ=1 350 kg/m³	δ=1 400 kg/m³	δ=1 450 kg/m³	δ=1 500 kg/m³	δ=1 550 kg/m³	δ=1 600 kg/m³	δ=2 200 kg/m³	δ=2 300 kg/m³	δ=2 400 kg/m³
50	1 012	1 014	1 016	1 018	1 019	1 021	1 042	1 048	1 050
100	1 025	1 029	1 038	1 038	1 040	1 044	1 087	1 094	1 102
200	1 049	1 055	1 063	1 070	1 077	1 084	1 168	1 182	1 196
300	1 075	1 086	1 097	1 108	1 118	1 129	1 258	1 279	1 301
400	1 100	1 114	1 128	1 142	1 158	1 171	1 342	1 370	1 398
500	1 125	1 143	1 161	1 179	1 197	1 214	1 429	1 465	1 501
600	1 150	1 172	1 197	1 215	1 237	1 258	1 516	1 559	1 602

2.3.3 煤泥水的黏度

普通水的黏度随温度不同，将发生很大的变化，对煤泥水，特别是煤泥粒度较细时，更应加以考虑。由于煤泥水与纯水的性质不相同，因此，仅从煤泥水中固体含量这个观点出发进行评定是不够全面的，煤泥的性质和粒度组成对其黏度均有很大影响。为了表达粗分散体系悬浮液的黏度特性，采用一个专门术语“有效黏度”。有效黏度反映浓度、固体性质、固体颗粒之间以及颗粒与流体之间复杂的相互作用情况。

不同煤泥水的有效黏度可按下式计算：

$$\mu_e=\mu_1\frac{t_1 \cdot \Delta_2}{t_2 \cdot \Delta_1} \tag{2-9}$$

式中 μ_e——煤泥水的有效黏度，Pa · s；

μ_1——纯水的黏度，Pa · s；

t_1——纯水自黏度计流出的时间，s；

t_2——煤泥水自黏度计流出的时间，s；

Δ_1——纯水的密度，1 000 kg/m^3；

Δ_2——煤泥水的密度，kg/m^3，见表 2-5。

煤泥水的有效黏度既与煤泥水的浓度有关，又与煤泥水中煤泥的粒度组成有关，后者影响尤其明显。当水中的煤泥粒度小于 45 μm 时，煤泥水的有效黏度急剧加大；而当水中的煤泥粒度大于 45 μm 时，煤泥水的有效黏度与普通水相差不大。表 2-6 所列为煤泥水的有效黏度与其粒度组成和浓度之间的关系。

表 2-6 15 ℃时煤泥水的有效黏度

煤泥水的浓度 /(g/L)	煤泥水的有效黏度/(Pa · s)			
	煤泥粒度＜1 000 μm	煤泥粒度＜250 μm	煤泥粒度＜75 μm	煤泥粒度＜45 μm
0	0.001 145	0.001 145	0.001 145	0.001 145
100	0.001 208	0.001 204	0.001 208	0.001 211
200	0.001 275	0.001 280	0.001 308	0.001 295
300	0.001 321	0.001 339	0.001 428	0.001 429
400	0.001 434	0.001 458	0.001 607	0.001 613
500	0.001 614	0.001 720	0.001 955	0.002 114
600	0.001 704	0.002 477	0.002 955	0.003 396

2.3.4 煤泥水的化学性质

煤泥水的化学性质包括硬度、水中溶解物质的组成、酸碱度、矿化度等。这些性质是由生产水的性质决定的，受煤泥性质影响。由于煤泥在水中浸泡后，某些成分会发生溶解，致使煤泥性质发生变化。煤泥水化学性质的改变，对浮选和煤泥水絮凝沉降有较大影响。水的硬度在 2.1 节中已介绍，这部分主要介绍水中溶解物质的组成、酸碱度和矿化度。

(1) 水中溶解物质的组成

选煤厂用水多数来自井下水或附近河水、湖水等，本身含有多种杂质，特别是一些可溶性盐类。加之分选过程中颗粒在水中浸泡时间较长，由于某些组分的浸出、溶解现象，水中的某些可溶物又吸附到颗粒表面，从而改变了水中溶解物质的组成。

水中离子除 Ca^{2+}、Mg^{2+} 外，还有 K^{+}、Na^{+}、Fe^{2+}、HCO_3^-、SO_4^{2-}、NO_3^-、Cl^-、Al^{3+}、SiO_3^{2-} 等。通常，这些离子对浮选及煤泥水处理过程影响不大。但由于选煤厂洗水闭路循环，这些离子将在洗水中逐渐积累，在某些情况下，对煤泥沉降、洗水澄清，甚至对煤泥浮选产生一定影响。一些学者认为，为了使洗水澄清过程顺利进行，煤泥水中总盐量应保持在 3 000～6 000 mg/L 范围。

(2) 酸碱度

煤泥水的酸碱度主要对絮凝过程有较大的影响，使煤泥水澄清过程的效果发生变化。酸度过高时，还会引起设备的腐蚀。但在选煤厂中，由于煤泥浮选药剂制度较简单，煤泥水处理过程的酸碱度很少进行人为的调节。

(3) 矿化度

矿化度的定义有几种说法，一是“矿化度是水中所含无机矿物成分的总量，是水化学成分测定的重要指标，用于评价水中的总含盐量”；二是“盐类是水中溶解性固体的一部分，一般均以离子形式存在于水中，水中各阴阳离子含量的总和称矿化度(含盐量)，常以 g/L 或 mg/L 表示”；三是“矿化度是地下水中各种元素的离子、分子和化合物的总含量，是蒸干的残渣”。从以上几种说法可见，矿化度通常是表示溶解在水中的固体总量，又可称为含盐量。天然水中，矿化度一般代表无污染水体中主要的阴阳离子；对受污染的水体，矿化度还包括各种无机盐和矿物元素。

【思考题】

1. 构成煤泥水的液相、固相和固液体系的性质有哪些？这些性质对固液分离有何影响？

2. 简述煤泥水体系浓度的表示方法及换算。

第3章 煤泥水处理的原理及设备

对于湿法选煤厂来说，经主选作业后就会产生大量的煤泥水，那么煤泥水的处理就从主选作业的下一道工序开始。由于煤泥水的性质极为复杂，根据粒度组成不同，将其分为粗颗粒煤泥水、细颗粒煤泥水以及极细颗粒煤泥水，分别采用分级、浓缩、絮凝沉降的方法来处理，以提高煤泥水处理效能、简化流程，实现煤泥厂内回收、洗水闭路循环。

3.1 概述

3.1.1 煤泥水处理的目的、意义和任务

煤泥水处理主要是指煤炭在分选加工过程中产生的介质用水的处理技术。由于煤炭分选加工主要是采用水作为分选介质，故原先的选煤厂称为洗煤厂。煤泥水处理和煤炭分选加工技术密切相关，随着煤炭分选加工技术的不断发展、对选煤产品质量的要求越来越高、选煤厂的规模越来越大、对水资源的节约和环保标准的要求不断提高，煤泥水处理已经成为整个选煤工艺中涉及面最广、投资最多、工艺最复杂、最难管理的一个环节。

目前煤炭分选的工艺和方法绝大多数以水或水的混合物作为分选介质，如重介选、跳汰选、浮选等。随着采煤机械化程度的提高，原煤中煤粉的含量也在增加。这些煤粉和其他杂质在分选过程中悬浮于分选介质中最终成为煤泥水，其中除含固体悬浮物外，还有因分选工艺的需要而添加的药剂、油类等。若一个入选能力为 1 000 t 原煤的跳汰选煤厂，每小时要产生 2 500～3 000 m^3的煤泥水，而这些煤泥水必须经过一定的工艺处理后才能够在选煤厂循环使用，以满足选煤厂各工艺环节对循环水的要求。据统计，某选煤厂外排煤泥水 2 800 万 t，流失煤泥约 20 万 t。因此，数量庞大的含有煤泥颗粒的煤泥水需采用工业上成熟的固液分离技术进行处理，并从中回收不同品质的细粒产品和适合选煤厂的循环用水，做到洗水闭路循环，在必须排放时能符合环境保护的排放要求，不污染环境，这就是煤泥水处理的目的和任务。

在选煤厂中，煤泥分选或回收后的产品通常需要进行脱水，这一过程常借助各种脱水机械设备实现，如脱水筛、离心脱水机、过滤机、压滤机等。在高寒地区，还可能需要进行火力干燥。除此之外，对于煤泥的分选、回收、脱水以及煤泥水的净化等操作或设备，通常还需要辅助工艺或设备来提供适当的入料条件，包括合适的粒度组成、密度组成和浓度。这些工艺或设备包括分级、浓缩、沉淀等。只有确保提供最佳的入料条件，才能保证这些操作的效果，并且确保整个煤泥水处理系统和选煤厂的技术经济指标得到满足。因此，对于现代化的选煤厂而言，真正的煤炭分选工艺环节并不复杂，反而趋向简化。例如，通过几台大型跳汰机或重介分选机即可实现分选的目的。然而，为了确保分选效果，需要建立复杂的煤泥水处理

系统来提供合格的分选介质。此外，还需要对分选后的产品进行分级和脱水处理，对无法分选的煤泥进行进一步的精选、回收和脱水处理，对洗水和外排水进行彻底净化，以确保选煤厂整个工艺系统的正常运行。

可以说，煤泥水处理系统几乎涵盖了整个选煤厂的工艺环节。选煤厂的分选效率、各产品的数量和质量指标、各环节的经济技术指标、煤泥水的流失和对环境的污染程度，都与所采用的煤泥水处理系统密切相关。因此，如何提高煤泥水处理效率、简化流程系统、实现煤泥内部的回收和洗水闭路循环以及杜绝废水外排，都是当前国内外研究的重要内容。

3.1.2　煤泥水的主要特点

现在大多数选煤工艺都是用水或水与介质组成的悬浮液对煤进行一系列湿法分选的，而通常所分选的原煤中又含有相当部分的煤粉颗粒(0.5 mm 以下)。原煤经分选后得到一系列粒度组成、密度组成、灰分、水分、浓度不同的煤水混合物，经脱水后作为最终产品。由于煤泥水是一种复杂的多分散体系，煤泥的性质不同，水的性质也不完全一样，这就更加剧了煤泥水的复杂性和处理的艰巨性。

煤泥水处理系统各作业间是相互影响、相互制约的。一环套一环，管理不好就会出现恶性循环。总之，原煤经过湿法分选后产生的大量煤泥水需进一步处理，这些煤泥水具有如下特点：一是流量大。跳汰选煤平均每入选 1 t 原煤需 2.5～3 m^3 水，大型选煤厂每小时就需处理几千立方米的煤泥水。二是性质复杂。所含煤泥粒度、浓度、质量各不相同，有的粗煤泥性质接近于精煤；而有的尾煤泥粒度却极细，灰分高，黏度大，这就使煤泥水处理的工艺环节、设备和管理具有一定的复杂性。三是集中了原煤中最细、最难处理的微细颗粒(粒度小于 0.05 mm)，这些颗粒由于粒度细，煤泥水黏度大，所以难以用常用的沉淀、回收和脱水设备处理，它们对煤泥水处理系统以及整个选煤工艺系统影响最大，投资和生产成本也最大。

3.1.3　煤泥水处理的内容

原煤性质、对选煤产品要求和所用的水质不同，使得煤泥水体系性质不同，所采用的煤泥水处理方法也不同，即煤泥水处理的内容不同。

3.1.3.1　煤泥的分选、回收、脱水作业

如前所述，煤泥的分选、回收、脱水是煤泥水处理中最主要的任务。煤泥的分选主要是指炼焦煤选煤厂为尽可能回收炼焦煤资源，而从煤泥水中将煤泥中低灰分部分分选出来，掺入炼焦精煤产品中的过程，因而煤泥的灰分和水分对炼焦精煤的灰分和水分影响很大。要合理确定灰分和尽可能降低水分，以保证最大的精煤产率和较低的最终精煤水分。煤泥的回收主要是指动力煤选煤厂或炼焦煤选煤厂从煤泥中尽可能多地将其中的固体煤泥颗粒分离出来，以获得尽可能多的煤炭资源和洁净的循环水及外排水的某些作业环节。煤泥的脱水实际上就是对分选或回收的煤泥产品水分进行脱除，以获得质量合格以及便于贮存、运输、使用的最终产品。从某种意义上说，煤泥的回收与脱水指的是同一概念。

煤泥分选、回收的粒度一般根据原煤的分选工艺和分选下限而定。当原煤分选情况正常时，一般分选下限为 0.5 mm，这样 0.5 mm 便可作为煤泥分选的粒度上限。目前的选煤工艺通常都是将 0.5 mm 作为重选的分选下限和煤泥分选的上限。如果原煤的分选下限过大，可采用某些粗煤泥分选设备，如煤泥重介质旋流器、螺旋分选机、TBS(干扰床分选机)等

对 0.5～3 mm 的粗煤泥进行分选，但这样会使流程复杂化。虽然现在煤泥分选采用最多的方法仍然是浮选法，但浮选机、浮选药剂和浮选工艺已经发生了巨大的变化，浮选对粒度比较敏感，应防止粗颗粒进入浮选作业，否则浮选无法顺利进行。现多在浮选作业前采用分级回收设备来回收浮选入料中粗颗粒煤泥。

3.1.3.2　煤泥水的分级作业

煤泥是由各种粒度组成的混合颗粒群，其中粗粒和细粒在许多性质上存在明显差异，因此常常需要将它们分开，并采用不同的工艺和设备进行分选、回收和脱水。例如，在重选工艺中，分选的下限为 0.5 mm，在浮选工艺中，分选的上限也是 0.5 mm。为了实现这样的分离，通常需要进行水力分级操作，将煤泥水中的颗粒按照 0.5 mm 为界限进行分离，小于 0.5 mm 的煤泥和水进入浮选工艺，大于 0.5 mm 的颗粒经过脱水处理后成为最终产品。

此外，在煤泥或浮选尾煤的脱水过程中，常常采用压滤机、过滤机等设备。压滤机对细粒物料的脱水效果良好，而过滤机则适用于粗粒级的脱水。因此，需要进行分级操作，将入料分为粗粒级和细粒级两个部分，分别提供适合压滤机和过滤机的入料组成。这种将粗细煤泥分离的操作在煤泥水处理中被称为水力分级作业，通过水力分级可以满足不同工艺和设备对入料粒度的要求。

3.1.3.3　煤泥水的浓缩作业

各种煤泥分选、回收和脱水设备不仅对入料的煤泥有一定的粒度要求，而且对浓度也有一定的要求，只有浓度适当才能取得满意的工艺效果。如用筛子回收煤泥，入料浓度最好在 35%以上才不至于筛面跑水；用压滤机、过滤机脱水时，煤泥水入料浓度在 30%以上，才能保证较高的处理量；浮选的入料浓度在 100 g/L 左右，才能取得满意的技术指标；等等。但煤泥水的浓度受煤泥水中煤泥量的多少、作业用水量大小、循环水的水质好坏等因素影响，显然，当入料中煤泥含量大、作业用水量小、采用的循环水浓度高时，煤泥水浓度就一定较高；反之，煤泥水浓度就低。为达到不同设备分选和脱水需要的最佳浓度，通常要设若干浓缩作业作为辅助作业。

现选煤厂煤泥水浓缩设备多采用自然沉降设备，即入料煤泥水在一定面积的设备里自然或强化沉降，大量固体颗粒沉降到底部为浓缩产品，溢流的浓度则相对减小很多。为强化煤泥沉降，选煤厂还常常采用添加絮凝剂或倾斜板等手段提高浓缩效果，也有的采用离心力加速颗粒的沉降。

3.1.3.4　循环水的澄清作业

循环水作为分选和辅助用水，其品质主要体现在循环水的固体含量、固体粒度和灰分。当循环水中含有过多的煤泥颗粒，尤其是高灰、微细的颗粒时，会严重影响分选、回收、脱水等作业的效果。使用这样的循环水会导致跳汰机中细颗粒沉降受到影响，分选下限增大，细粒级分选效果严重恶化，浮选作业的选择性降低，过滤脱水过程中灰分和水分增加。因此，为保证良好的分选和脱水效果，必须确保循环水的洁净度。洁净的循环水可以通过煤泥水的澄清作业实现。澄清作业在选煤厂中实质上与水力分级、浓缩作业相似，其目的是让煤泥水在足够大的面积上停留足够长的时间，以确保固体颗粒能充分沉淀下来，从而获得符合选煤和辅助工艺用水标准的洁净循环水。通过澄清作业，能够有效净化循环水，保障选煤厂工艺中所需的洁净循环水品质。

本章以下内容主要介绍粗颗粒煤泥水的处理、细颗粒煤泥水的处理、极细颗粒煤泥水的处理以及洗水闭路循环，不同的煤泥水处理采用的原理、方法、设备和工艺流程及管理手段也不同。因此，在选煤厂对煤泥水的处理是极其重要的环节，贯穿选煤工艺的始终，在很大程度上影响着整个选煤厂的正常生产，也影响着整个选煤厂的经济效益。

3.2 粗颗粒煤泥水处理的原理及设备

对于主选作业产生的煤泥水，粒度组成极为复杂，粗颗粒含量较多，我们把这部分煤泥水称为粗颗粒煤泥水，对它的处理是煤泥水处理的第一步。粗颗粒煤泥水处理一般是进行分级，由于湿法选煤大都用水作为介质，所以分级有时又叫水力分级，它是根据颗粒在水介质中的沉降速度不同，将宽级别粒群分成两个或多个粒度相近的窄级别的过程。煤泥水的分级只分成粗、细两个不同的粒级。分级作业和筛分作业的性质相同，均是将粒度范围宽的粒群分成粒度范围窄的产物，但是筛分作业是比较严格地按几何尺寸分开的，而分级作业则是按沉降速度差分开的。

3.2.1 分级原理

3.2.1.1 分级的实质

分级是在水介质中进行的，颗粒在水介质中的自由沉降速度可按斯托克斯公式求得：

$$v_{0s}=\frac{1}{18\mu}d^2(\delta-\rho)g\chi \tag{3-1}$$

式中 v_{0s}——颗粒在水中的自由沉降速度，cm/s；

μ——常温下水的黏度，$\mu=1.01\times10^{-3}$ Pa·s；

δ——颗粒的密度，g/cm^3；

d——颗粒的粒度，cm；

χ——颗粒的球形系数，一般取 $\chi=0.3$；

ρ——水的密度，$\rho=1$ g/cm^3；

g——重力加速度，一般取 $g=981$ cm/s^2。

颗粒在煤泥水中的沉降为干扰沉降，其沉降速度可按利亚申柯公式计算：

$$v_{st}=v_{0s}(1-\lambda)^n \tag{3-2}$$

$$\lambda=\frac{1}{R\delta+1}$$

式中 v_{st}——颗粒在煤泥水中的干扰沉降速度，cm/s；

n——试验指数，一般取 $n=5\sim6$；

λ——煤泥水的固体容积浓度（以小数表示）；

R——煤泥水的液固比。

把上述已知数值代入式(3-2)，可得：

$$v_{st}=1\ 635(\delta-1)d^2\left(1-\frac{1}{R\delta+1}\right)^n \tag{3-3}$$

从上式可以看出，v_{st}取决于颗粒的粒度、颗粒的密度以及悬浮液的浓度。其中，v_{st}与 d^2 成正比，即颗粒的粒度对 v_{st}影响最大。而 v_{st}又决定分级，因此可以说，对分级起主要作用的是颗粒的粒度，或者可以说粒度决定分级。而分级同时又受到密度与悬浮液浓度的影响，在实际中应尽量克服两者的干扰。选煤厂分级设备的分级粒度应与主选设备的分选下限相一致，因为分级的目的是把主选设备已完成分选的部分和未完成分选的部分区分开来，再分别进行处理。一般分选设备的分选下限为 0.3～0.5 mm。另外，在工艺上，分级设备的分级粒度还与沉淀面积、设备的入料量有关。

3.2.1.2　分级的原理

由于分散体系的煤泥水沉降可用层流状态下的斯托克斯公式来描述，那么分级设备中的沉降分离过程，一般可引用海伦模型。该模型假定：煤泥水中的颗粒和流动速度在整个水池断面上是均匀分布的，并保持不变。悬浮液在分级设备中的流动是理想的缓慢流动，颗粒只要一离开流动层，就认为已经成为沉淀物。该模型又称浅池原理。

在实际生产中，分级工作是一个连续的过程。以角锥沉淀池为例，如图 3-1 所示。物料由一端给入，溢流由另一端排出，沉淀物则由下部排出。若分级设备的长度为 L，宽度为 B，进入设备的煤泥水量为 W。如果分级设备有足够的深度，煤泥水溢流从另一端排出时，其上部有一流动层，其厚度设为 h，在流动层下部的煤泥水可以认为是静止的。流动层中的颗粒同时受到两个力的作用：其一为重力，使颗粒具有一个下沉速度 v；其二为水平向前的推动力，使颗粒具有一水平速度 u。所以，颗粒在流动层中的运动轨迹是条曲线。当入料量 W 一定时，曲线倾斜程度主要受颗粒粒度大小的影响。按照海伦模型，颗粒从给料端运动到溢流端之前，不管在何处由于轨迹的偏移离开了流动层，那么该颗粒在流动层下部将继续下沉，最终作为沉淀物排出。反之，颗粒从给料端运动到溢流端，仍处于流动层中，则该颗粒将从溢流端排出，成为溢流产品。

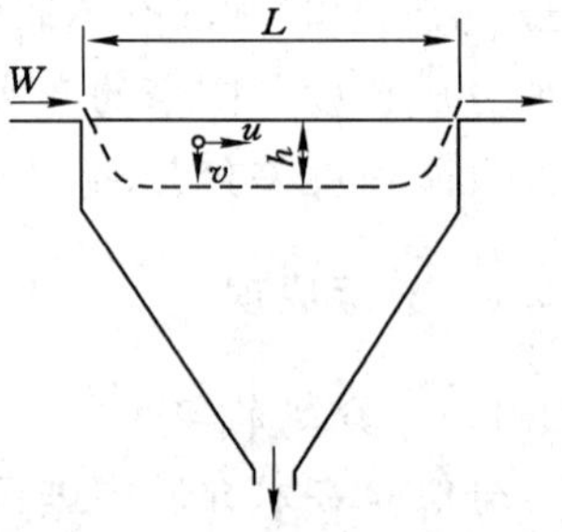

图 3-1　分级原理示意图

按上面的分析有如下关系，煤泥水在分级设备中的水平流速 u 为

$$u=\frac{W}{Bh} \tag{3-4}$$

颗粒从给料端运动到溢流端所需时间 t_1 为

$$t_1=\frac{L}{u}=\frac{Ah}{W} \tag{3-5}$$

式中　A——分级设备面积（$A=BL$）。

任一粒度为 d 的颗粒，其下沉速度为 v，通过流动层所需时间为 t_2，即

$$t_2=\frac{h}{v} \tag{3-6}$$

如果，某颗粒从给料端运动到溢流端所需时间 t_1 大于其通过流动层的时间 t_2，即 $t_1>t_2$，则该颗粒未达到溢流端时，已通过流动层，即成为沉淀物；反之，当 $t_1<t_2$ 时，颗粒到达溢流端时，仍处在流动层中，则从溢流口排出，成为溢流产品。如果某颗粒的 $t_1=t_2$，则该颗粒运动到溢流端时，恰好在流动层的边界上，这种颗粒成为沉淀物和成为溢流的机会均等，因此把有可能成为溢流、也有可能成为沉淀物的颗粒称为分级粒度。

当 $t_1=t_2$ 时，可得下式

$$W=Av \tag{3-7}$$

该式为煤泥水流量、分级设备面积和分级粒度下沉速度之间的关系。对于固定的设备，不同的处理量，可求出不同的 v 值，即有不同的分级粒度。当要求分级粒度一定时，所需要的分级面积 A 与煤泥水的流量 W 成正比。当煤泥水的流量 W 一定时，所需的分级面积 A 与分级粒度 d 的下沉速度成反比，即与分级粒度成反比。要求的分级粒度越细，所需要的分级设备面积则越大。因此，可以通过控制分级设备的面积来控制分级粒度。

通常以每平方米沉淀面积、每小时所能处理的矿浆量表示分级沉淀设备的能力，称为分级沉淀设备的单位负荷，用 ω 表示。

式(3-7)中的 A 以 1 m^2 代入，得

$$W=v=\omega \tag{3-8}$$

该式说明分级粒度的下沉速度与分级设备的单位负荷在数值上是相等的，只要已知所需分级粒度的下沉速度，即可求出所需分级设备最小分级面积。因为该沉降速度的数值代表该分级粒度下的最大单位面积负荷。

3.2.1.3　分级设备面积的计算

分级设备面积的选取，在设计中常用分级设备的单位负荷来计算。计算公式如式(3-9)。该法为经验数据法。

$$A=\frac{KW}{\omega} \tag{3-9}$$

式中　K——不均衡系数(煤泥水系统通常取 1.25)。

常用分级沉淀设备的单位负荷见表 3-1。

表 3-1　常用分级沉淀设备的单位负荷

分级沉淀设备	斗子捞坑、角锥沉淀池	倾斜板沉淀池	煤泥捞坑	沉淀塔	浓缩机
单位负荷 ω/[m^3/(m^2·h)]	15～20	50～70	13～15	5～8	2.0～3.5

若取斗子捞坑的单位负荷为 17.5 m^3/(m^2·h)，则分级粒度沉降速度约为 4.86 mm/s。

3.2.1.4　分级设备工作效果的影响因素

影响分级设备工作效果的因素主要有分级设备面积、溢流宽度、水流运动状态等。

(1) 分级设备面积

由式(3-7)可见，在矿浆量一定时，随分级面积的减小，增加了分级粒度的沉降速度，即导致分级粒度增大，反之降低分级粒度。过大和过小的分级设备面积，都会给生产带来不利的影响。因此，决定分级设备面积应该慎重。

(2) 溢流宽度

溢流宽度增大，流动层厚度 h 变小，使 t_2 变小。细小的颗粒也容易穿过流动层进入底流产品，使分级粒度变小，起到了增加分级设备面积的作用。溢流宽度增加后，还可以减小水体流动中的死角，充分利用沉淀面积，增大面积利用系数。

(3) 水流运动状态

颗粒在分级设备中，完全依靠重力进行沉降。煤泥由于粒度细、密度小、重量轻，受水流运动状态的影响很大。为了提高自然沉降设备的工作效果，应尽量保持液面稳定，通常工作中应注意以下几点：

① 全宽给料。为了使入料平稳，应尽量降低入料速度，做到全宽给料，使物料进入设备后能平稳地流向溢流端。

② 物料沿水平方向给入。物料应沿水平方向给入，而不是沿垂直方向给入，这样不致破坏流动层的平稳。

③ 给料处加稳流圈或稳流罩。对于中心给料的设备，应尽量在中心给料管处加稳流圈或稳流罩，使物料从四周均匀流出，减少入料对周围水流的影响。

④ 底流排放应尽量均匀。底流排放均匀、及时，可以使底流排放量保持稳定，从而使沉淀物流态保持稳定，不会影响溢流量的波动。为达到此目的，最好对底流排放进行自动控制。

（4）各作业之间的配合

各作业之间能力应互相适应，实现稳定操作，避免造成局部循环，使部分作业工作状态恶化，影响其他作业。

3.2.2 常用的分级设备

3.2.2.1 重力场中的分级设备

1. 角锥沉淀池

角锥沉淀池由若干个并列的底部为角锥形的钢筋混凝土容器组成，各分级室之间及其内部无隔板，角锥底部的倾角为 65°～70°，一端为入料，另一端为溢流，沉淀物沉积在锥底，锥底设有闸门以便排出。煤泥水的入料方式有并联和串联两种，见图 3-2。当以串联方式给料时，入料端的底流排放物的粒度组成较粗，而出料端的底流排放量小且粒度组成较细；当以并联方式给料时，底流物的质量没有差别。若要获得不同粒度的产品时，可选择串联方式给料。但当给料量一定时，采用串联方式给料会使液流在角锥沉淀池中的流速变大，这对分级不利。因此，选煤厂在实际生产中通常采用并联方式给料。

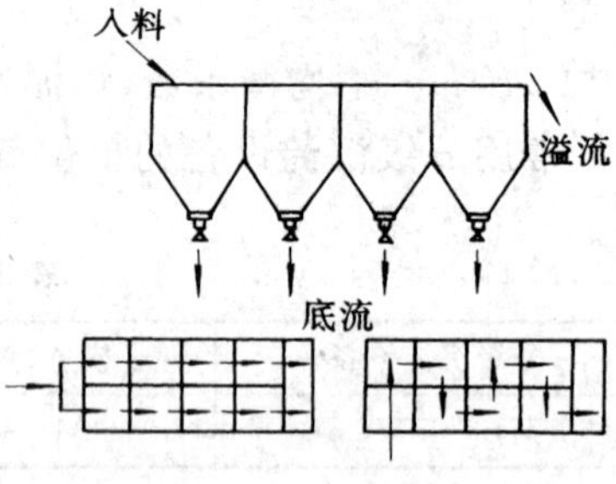

图 3-2 角锥沉淀池

角锥沉淀池对入料的浓度和粒度都有一定的限制，较理想的入料浓度是 100～150 g/L，入料粒度为 0～1 mm。根据现场试验，得出了关于角锥沉淀池的一组经验数据：当要求分级粒度为 0.3 mm，入料的固体物含量为 50 g/L 时，其单位负荷不应超过 15 $m^3/(m^2 \cdot h)$；当入料的固体物含量为 150 g/L 时，其单位负荷不应超过 9.5 $m^3/(m^2 \cdot h)$；当入料的固体物含量为 200 g/L 时，其单位负荷不应超过 8 $m^3/(m^2 \cdot h)$；当入料的固体物含量为 250 g/L 时，其单位负荷不应超过 7 $m^3/(m^2 \cdot h)$。由此可看出，入料浓度对角锥沉淀池的工作效果影响较大。

角锥沉淀池的溢流自动排出，其底流由阀门靠人工控制排放，有时为了防止堵塞底流排放管路，需在其管路的侧壁接清水管或压缩空气管。由于人工控制底流排放阀门，所以分级粒度难以掌握。这是角锥沉淀池的一大缺陷，应研制根据粒度检测自动排料的装置。

2. 斗子捞坑

捞坑通常为方锥形或圆锥形钢筋混凝土结构，锥壁倾角为 60°～70°，由中心或单侧给料，从周边或旁侧流出溢流。广泛采用的是中心给料周边溢流的方式。锥形容器中安有一台斗子提升机，用它来排出沉淀物，排出沉淀物的同时，还对物料有脱水的作用。沉淀物进入斗子的方式有三种：喂入式、挖掘式和半喂入式。喂入式的斗子提升机位于捞坑倒锥之外[图 3-3(a)]；挖掘式的斗子提升机置于捞坑之中[图 3-3(c)]；而半喂入式介于上面两者之间，吸取了前两种形式的优点，机尾在捞坑外部，但斗子位于捞坑之内，见图 3-3(b)。半喂入式既避免了检修斗子提升机时的不便，又避免了物料在池内堆积的缺点。因此，半喂入式应用最多。

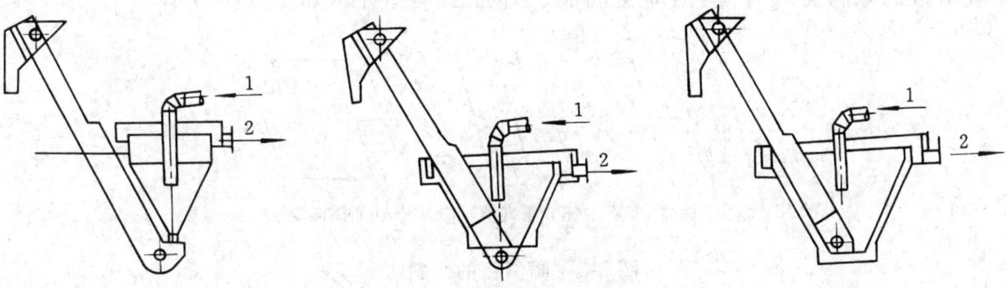

(a) 喂入式　　(b) 半喂入式　　(c) 挖掘式

1—入料；2—溢流。

图 3-3　斗子捞坑中斗子的给料方式

斗子捞坑在选煤厂应用十分普遍。它的适应能力较强，入料的粒度范围宽，一般为 0～50 mm。但有时为了提高斗子捞坑的分级精度，应尽量缩小斗子捞坑入料的粒度范围，实际斗子捞坑的入料粒度多为 0～13 mm。斗子捞坑的分级粒度一般为 0.2～0.5 mm。

斗子捞坑的工作原理同角锥沉淀池一样，都是借重力作用实现颗粒沉淀的。但是，斗子捞坑中颗粒沉淀的条件与角锥沉淀池不同，一是煤泥在斗子捞坑中将随同较粗精煤颗粒(如 6～13 mm)一起沉淀，这对较细颗粒的沉淀有利；二是沉淀物及时用斗子提升机从捞坑中排出，不受人为因素的影响。所以它的沉淀与排料条件都比角锥沉淀池理想。这也正是斗子捞坑的分级效率比角锥沉淀池分级效率高的原因。

为了保证斗子捞坑的分级效果，入料处应设缓冲套筒，以减小入料的流速对分级设备流动层的影响。锥壁若不光滑，其上容易“挂蜡”，严重时斗子捞坑“棚拱”，导致斗子捞坑不能正常工作。为了防止“挂蜡”，斗子捞坑的锥壁最好铺瓷砖。

3. 倾斜板分级设备

(1) 倾斜板的工作特点

倾斜板分级设备是一种高效率的分级设备，在选煤厂应用取得了明显的效果。在浓缩机、沉淀池等煤泥水浓缩、澄清设备中设置倾斜板，作为强化手段来加速煤泥水沉降，不仅大幅度地增加了有效沉淀面积，而且改善了煤泥水中细颗粒在沉淀过程中的水力条件。

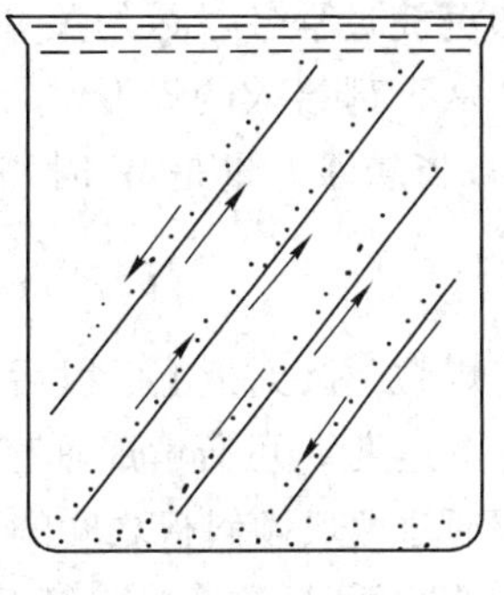

图 3-4　倾斜板沉降示意图

倾斜板的安装可以缩短颗粒的沉降距离，减少沉降时间，增大分级设备的沉淀面积，使沉淀好的物料顺利排出，如图 3-4 所示。倾斜板的安装角度 α 为 50°～60°，α 越小越有利于增大沉淀面积，但不利于沉积矿物的排出，在实际中多采用 60°。倾斜板的层数越多，也越有利于增加沉淀面积。但层数过多则板间距变小，过小的板间距会使水流的流动对沉淀物的沉淀和排放产生干扰。板间距一般可取 100～150 mm。

制作倾斜板的材料必须是质轻、平整光滑且耐磨耐腐蚀的，最好采用质轻的聚乙烯树脂板，也可采用塑料板、不锈钢板或铁板。用铁板时，必须涂上耐磨、耐腐蚀的涂料。

(2) 倾斜板的入料形式

倾斜板的入料方式有三种，即上向流、下向流和横向流，如图 3-5 所示。

(a) 上向流　(b) 下向流　(c) 横向流

图 3-5　倾斜板的入料方式

① 上向流

悬浮液由下部给入，溢流由上部排出，沉淀物由下部排出[图 3-5(a)]。其特点是液流运动方向与沉淀物运动方向相反，故液流对已经沉积在倾斜板表面上的物料有干扰作用，粗颗粒先沉到倾斜板的下部，细颗粒沉在倾斜板的上部，细颗粒沉淀物容易被上升流带走；另外上升流还会对沉淀物的滑落有阻滞作用。但是，上向流的有效沉淀面积最大。

② 下向流

悬浮液从上部给入，沉淀物由下部排出，溢流亦由下部排出[图 3-5(b)]。其特点是液流运动方向与沉淀物运动方向相同，细颗粒沉在倾斜板的下部，粗颗粒沉在倾斜板的上部。下向流对沉淀物排放有利，但是将沉淀物和溢流很好地分开却比较难。

③ 横向流

入料由一侧给入，沉淀物由下部排出，溢流从另一侧排出[图 3-5(c)]。其特点是液流运动方向与沉淀物运动方向有一定的夹角，故液流对沉淀物的干扰作用较小，沉淀物的排出也容易实现。

(3) 倾斜板设备的工作原理

以上向流为例分析倾斜板设备的工作原理。图 3-6 所示为上向流倾斜板装置的几何尺寸和沉淀过程各参数的关系。

从下部给入的煤泥水，沿着与水平成 θ 角的一组平行倾斜的空间，以平均速度 u 向上方运动，当悬浮液量是 W 时，其流速 u 为：

$$u=\frac{W}{Bl\sin\theta} \tag{3-10}$$

煤粒下沉到板上面以后就不再受水流运动的影响只能沿倾斜板下滑。煤粒在倾斜板空间的下沉速度 v，可分解成垂直于倾斜板和平行于倾斜板两个方向的分速度 $v\sin\theta$ 和 $v\cos\theta$。当颗粒通过两块倾斜板之间的垂直距离 cb' 所需时间等于物料从倾斜板一端到另一端的距离 ac 所需的时间时，这个颗粒有 50%的机会落在 b' 上，也有 50%的机会成为溢流产品，该颗粒的大小即为分级粒度。分级粒度颗粒的实际运动途径为 ab' 曲线。

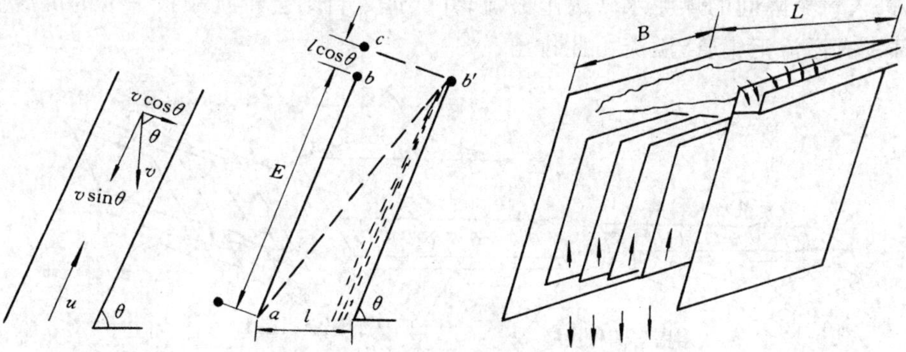

图 3-6　上向流倾斜板装置

由上述条件可知，分级粒度的颗粒通过两块板之间的垂直距离所需时间与从倾斜板一端运动到另一端所需时间相等，即

$$\frac{E+l\cos\theta}{u-v\sin\theta}=\frac{l\sin\theta}{v\cos\theta} \tag{3-11}$$

将式(3-10)代入上式，经整理得：

$$v=\frac{W}{Bl+BE\cos\theta} \tag{3-12}$$

对于长为 B、宽为 l 的地方，其本身具有的沉淀面积为 Bl。加板后增加的面积为板的面积在水平方向上的投影，即 $BE\cos\theta$。那么对于长为 L 的空间所加倾斜板的间距为 l、加倾斜板的个数为 $n=L/l$，则加 n 个倾斜板在水平方向上总的投影面积为 $nBE\cos\theta$。若用 A 表示加倾斜板前原有的沉淀面积，用 A_e 表示加倾斜板后所增加的面积，则式(3-12)可写成：

$$v=\frac{W}{A+A_e} \tag{3-13}$$

为了充分利用倾斜板沉淀设备中的倾斜板面积和原有设备的沉淀面积，在实际工作中倾斜板上面应该有一定高度的自由水面，才能保证分级粒度的颗粒恰好落到 b' 上。

以上是以上向流为例推导出的公式，同理可得下向流和横向流的公式：

下向流：

$$v=\frac{W}{A_e-A} \tag{3-14}$$

横向流：

$$v=\frac{W}{A_e} \tag{3-15}$$

(4) 倾斜板的应用

① 倾斜板沉淀槽

倾斜板沉淀槽是在沉淀槽内加入一组或几组倾斜板的装置，用于煤泥水的分级。图 3-7 是上向流倾斜板沉淀槽的简图。槽体是一个斜方体的容器，下部连接两个倒锥形容器，用于收集和排放沉淀物。斜方体容器内排列着斜置的倾斜板，每块板的下部都有“L”形入料隔板。容器的侧板下部有很多开口，每个开口均与“L”形入料隔板相接。侧板与扩散状的入料槽相连，煤泥水通过入料槽和开口分配到各个倾斜板之间。由于“L”形入料隔板的作用，进入每个隔间的煤泥水转为上升流，并保证入料不会干扰顺板下滑的沉淀煤泥。槽体的上部设有溢流汇集管，溢流由此排出。

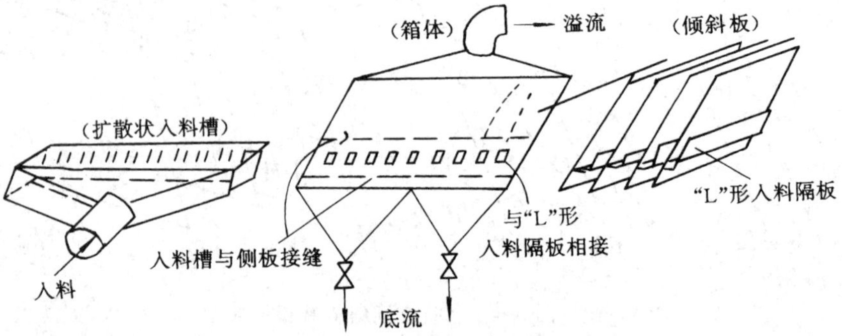

图 3-7　上向流倾斜板沉淀槽

通过大量的生产实践，发现沉淀槽的溢流排放不合理。溢流是按整个槽宽产生的，而排放时却汇集到一个很细的溢流管，这就使得溢流管处的液流速度急剧增高，对分级不利；而沉淀槽两端由于受锥形罩的阻力，溢流运动速度很低，大量煤泥淤积在溢流箱两端，堵塞了板与板之间溢流水通道，如图 3-8 所示，使板的利用率下降。改进后的倾斜板沉淀槽将封闭的溢流箱改为敞开式，消除了原溢流箱两端对上升水流的阻力，防止沉淀槽两端煤泥的淤积，使溢流的流速正常，分级效率提高。

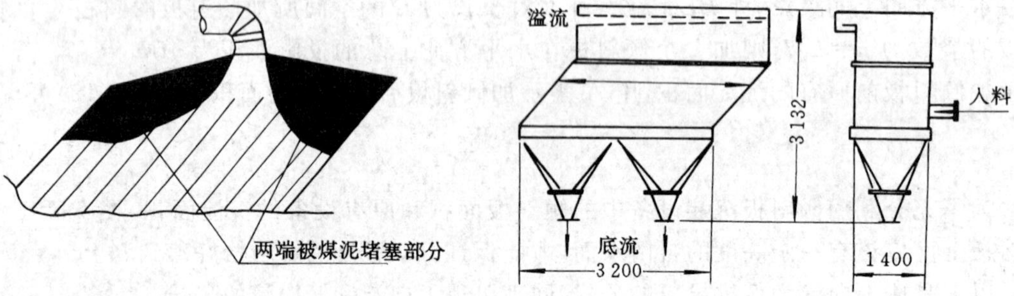

图 3-8　倾斜板沉淀槽的弊端及改进

② 圆锥形倾斜板沉淀池

倾斜板沉淀槽的单位面积处理量虽较大，但单台体积小，单台的处理量也小。在大型选煤厂中，由于煤泥水量大，需要的台数很多，从而造成物料收集、排放管路复杂。因此，倾斜板沉淀槽的应用面并不广。为了充分发挥倾斜板沉淀设备体积小、效率高、配置灵活、投资省等优点，应该寻找新结构的倾斜板沉淀设备。圆锥形倾斜板沉淀池即是一种新型的倾斜板沉淀装置，见图 3-9。

圆锥形倾斜板沉淀池是在圆锥形混凝土池中加设倾斜板的装置。加设倾斜板的类型有上向流型（图 3-9）和横向流型。上向流型的布置按同心圆进行，矿浆进入倾斜板沉淀设备的位置较深，由布水帽均匀分布，自倾斜板的下端进入后向上运动；横向流型可按辐射状布置，矿浆进入位置较浅，由倾斜板的一侧进入。

圆锥形倾斜板沉淀池的工作过程是，煤泥水从沉淀池中心的进料筒进入，进入时受到布

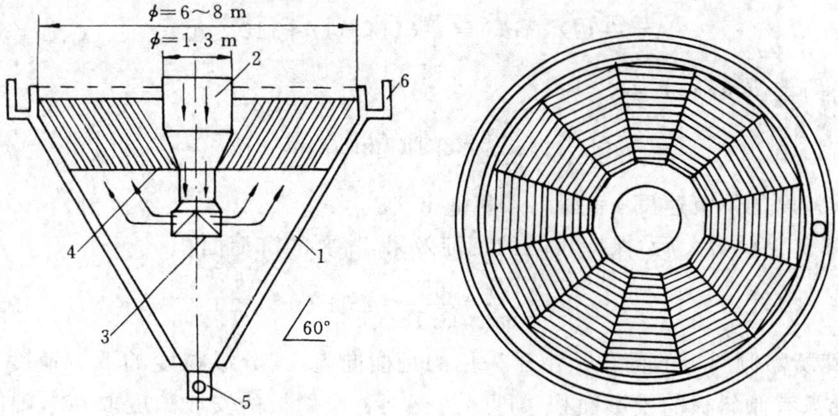

1—上部敞开的圆锥形混凝土池；2—进料管；3—布水帽；4—斜板沉淀区；5—排料管及闸门；6—溢流槽。

图 3-9　圆锥形倾斜板沉淀池

水帽的阻挡，使之沿倾斜板入料方向均匀分布，并改变水流方向，成为上升流，进入倾斜板沉淀区。为了排除一些混入、可能堵塞沉淀池下部排料口的杂物，进料筒中可设置滤网。

煤泥水进入倾斜板沉淀区后，按照颗粒在倾斜板中沉降的原理，一部分煤泥颗粒沉淀在倾斜板上，并沿倾斜板下滑，落到沉淀池下部，进一步浓缩后，经闸门排出；另一些来不及沉淀的细煤泥随水流上升，从溢流排出，从而完成了分级作用。

圆锥形倾斜板沉淀池的工作效果与其布水和集水关系极大。圆锥形倾斜板沉淀池的布水帽可以在一定高度范围内进行调节，力求使布水均匀、平稳；集水采用全池周边溢流方式；底流的排放可用核辐射密度计和电动闸门以及相应的电控系统，对管道内的煤浆密(浓)度进行连续、快速和准确测量并控制闸门，达到根据需要合理排放的目的。

(5) 倾斜板装置的设计

由于倾斜板设计安装很容易实现，所以它可以应用到很多分级设备中去，以补充分级设备的面积不足。倾斜板装置的设计应注意以下几个问题。

① 决定采用倾斜板的形式(矿浆流动方式)。

② 确定需要的分级粒度颗粒的下沉速度。如在原有设备中加设倾斜板，则应算出原设备分级粒度的下沉速度，亦即沉淀设备的单位面积负荷。

③ 计算达到上述分级粒度应采用的沉淀面积，或保持相同沉降效果时所需的沉淀面积。

④ 计算所需倾斜板的面积和相应的安放角度。

⑤ 决定每块倾斜板的长宽及放置距离。

(6) 计算实例

某选煤厂原有一个直径 12 m 的沉淀塔，处理煤泥水量为 350 m^3/h，由于生产量增加，预计煤泥水量将增加到 650 m^3/h。要求不增建沉淀塔，而保持相同的沉淀效果。准备在沉淀塔中安装倾斜板，增加沉淀面积。要求设计倾斜板的大小及安装形式。

① 采用横向流装置，矿浆从中心流向沉淀塔的周边，倾斜板呈辐射状排列。

② 计算原沉淀设备的单位负荷。

沉淀塔中心管直径为 2 m，因此，沉淀塔用于进行沉淀分级的面积 A 为：

$$A=\frac{\pi}{4}(D^2-d^2)=\frac{\pi}{4}(144-4)\approx 110\ (\text{m}^2)$$

沉淀塔的单位负荷 ω 为：

$$\omega=\frac{W}{A}=\frac{350}{110}=3.18\ [\text{m}^3/(\text{m}^2\cdot\text{h})]$$

则分级粒度的下沉速度 $v=\omega=3.18$ m/h。

③ 计算矿浆量增大后，保持相同的沉淀效果，需要的沉淀面积：

$$A_1=\frac{W_1}{\omega}=\frac{650}{3.18}=204\ (\text{m}^2)$$

④ 计算所需倾斜板的面积。由于采用的是横向流，其分级粒度的下沉速度 $v=W/A_e$，此时利用的只有倾斜板的投影面积。即 $A_e=A_1$，若倾斜板的安放角度取 60°，则保持原有的沉淀效果所需倾斜板本身的面积为：

$$A_2=\frac{A_e}{\cos\theta}=\frac{204}{\cos 60^\circ}=408\ (\text{m}^2)$$

⑤ 倾斜板的长宽及放置位置。为了保证倾斜板拆装、检修方便，每块倾斜板面积不应过大，其长和宽一般取 2 m 以下。本例中，每块倾斜板尺寸取长 $E=1.5$ m，宽 $B=1$ m，因此所需倾斜板的块数为：

$$n=\frac{A_2}{BE}=\frac{408}{1.5\times 1}=272$$

倾斜板呈辐射状排列，见图 3-10。放置时倾斜板中心直径取 9 m，则倾斜板中心的平均距离 l 为：

$$l=\frac{9\pi}{n}=\frac{9\times 3.14}{272}=0.104\ (\text{m})$$

距离过大或过小，可对倾斜板中心位置进行调节，达到最有利于工作时为止。

为了充分利用设备的沉淀面积，倾斜板放置时应没入水面一定深度。对横向流没入深度计算见图 3-11。其没入深度 H 为：

$$H=l\tan\theta=0.104\tan 60^\circ=0.18\ (\text{m})$$

由于倾斜板的固定装置要占据部分板面积，对其利用率有一定影响，水流在倾斜板间的流动状态也不是完全理想的，所以设计倾斜板时，板的面积一定要取得大一些。

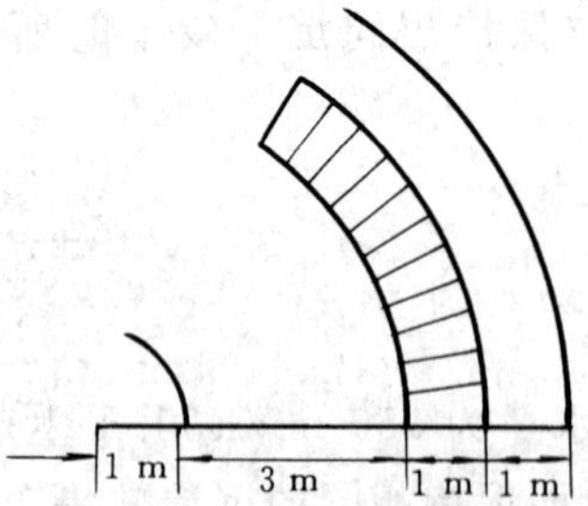

图 3-10　倾斜板在沉淀塔中的放置位置

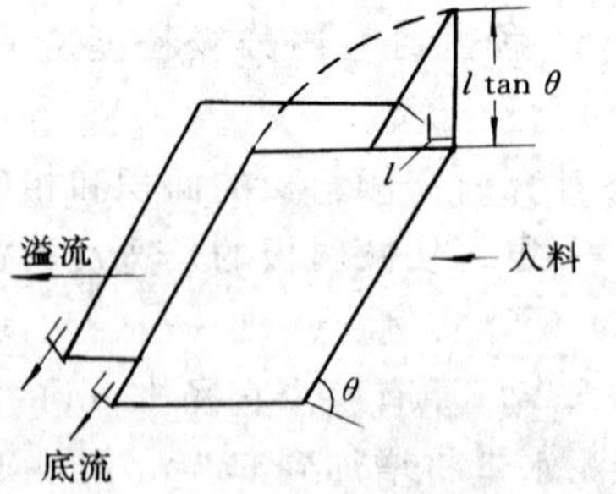

图 3-11　倾斜板的没入深度计算图

按上述方法安设倾斜板后，沉淀塔的沉淀面积为 A_e+A，即

$$\text{沉淀面积}=204+110=314\ (\text{m}^2)$$

实际上，在计算过程中有很多因素未加考虑，如倾斜板放置时，可能有部分板面没入在流动层以下，使倾斜板的面积不能充分利用；倾斜板的固定装置要占据部分板面面积，对其利用率有一定影响；水流在倾斜板间的流动状态，不是完全的理想状态。

因此，其实际沉淀面积要小于上述计算面积。即倾斜板设计面积与实际所得面积相比，应该有一定的富余。否则，在实际工作中由于面积不足，而使生产处于不利状态。

3.2.2.2　离心力场中的分级设备

分级过程中起主要作用的是颗粒的粒度，同时，颗粒的密度和悬浮液的浓度对分级也有一定的影响。

在自由沉降的条件下，设密度分别为 δ_1、δ_2，直径分别为 d_1、d_2 的两个颗粒，其沉降速度可由式(3-16)计算。当两个颗粒的沉降速度相等时，有下式成立：

$$\frac{d_1^2(\delta_1-\rho)g\chi}{18\mu}=\frac{d_2^2(\delta_2-\rho)g\chi}{18\mu} \tag{3-16}$$

$$d_1^2(\delta_1-\rho)=d_2^2(\delta_2-\rho) \tag{3-17}$$

则其等沉比为：

$$e=\frac{d_1}{d_2}=\sqrt{\frac{\delta_2-\rho}{\delta_1-\rho}} \tag{3-18}$$

由式(3-18)可知，如有 $\delta_1=1.4\ g/cm^3$、$\delta_2=1.8\ g/cm^3$ 的两个煤泥颗粒，在自由沉降速度相等时，其等沉比约为 1.5。由此可见，在重力场的分级设备中，即使煤泥处于自由沉降的情况下，如保证 $\delta_1=1.4\ g/cm^3$、$d_1\geqslant 0.5$ mm 的低灰煤泥颗粒成为沉淀物，则 $\delta_2=1.8\ g/cm^3$，$d_2\geqslant 0.5/1.5=0.34$ mm 的高灰煤泥颗粒也将成为沉淀物。这些未经分选的高灰细颗粒将污染已经分选过的低灰粗粒煤泥，使分级效果恶化。所以，颗粒的密度对分级的影响是很明显的，这也是重力场中水力分级设备效率不高的原因。

另外，随着选煤技术的进步，选煤厂主选设备的分选下限已降至 0.3～0.2 mm，这要求分级粒度更细，对分级粒度要求更严。只有这样才能保证主选设备的分选下限，提高主选设备的分选精度。

为了克服密度对分级效果的影响，保证分级的粒度和精度，人们又开发研制了离心力场中的水力分级设备。

1. 水力旋流器

水力旋流器是一种在离心力场中进行分级和浓缩的设备。其基本分离原理为离心沉降，即悬浮颗粒受回转流作用所产生的离心力而进行沉降分级。由于在水力旋流器中产生的离心力通常要比重力大几十倍乃至几百倍，所以大大加快了固体颗粒在旋流器中的沉降速度，可以说沉降分离是在瞬间完成的。水力旋流器构造简单，本身无运动部件。

(1) 结构

水力旋流器上部为一空心圆柱体，下部为一空心圆锥体，内部设有溢流管，圆锥体下部是一可更换的底流口。图 3-12 为水力旋流器结构图。水力旋流器的构造简单，体积小。最小的旋流器直径仅 50 mm，最大的直径达 2 m，常

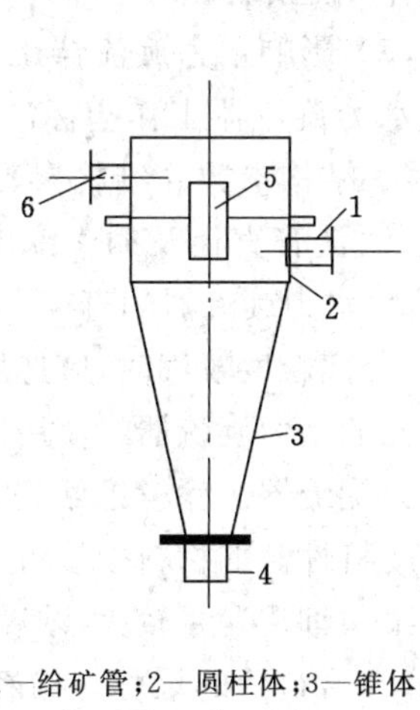

1—给矿管；2—圆柱体；3—锥体；4—底流口；5—溢流管；6—溢流排出口。

图 3-12　水力旋流器的结构

用的为 125～500 mm 直径的旋流器。水力旋流器的主要技术特征见表 3-2。

表 3-2　水力旋流器的主要技术特征

型号	直径/mm	入料压力/MPa	处理能力/(m^3/h)	分级粒度/mm
FX125	125	0.10～0.15	—	0.04～0.10
FX150	150	0.10～0.15	20～35	0.04～0.10
FX250	250	0.10～0.15	60～85	0.04～0.12
FX350	350	0.10～0.15	70～120	0.06～0.16
FX380	380	0.10～0.15	130～180	0.06～0.16
FX450	450	0.10～0.15	150～220	0.10～0.20
FX500	500	0.10～0.15	180～270	0.10～0.20
FX610	610	0.10～0.15	280～380	0.10～0.20
FX660	660	0.10～0.15	340～460	0.15～0.25
FX710	710	0.10～0.15	400～560	0.15～0.25
FX850	850	0.10～0.15	560～850	0.20～0.30
FX1000	1 000	0.10～0.15	800～1 050	0.20～0.40
FX1300	1 300	0.10～0.15	1 000～1 300	0.20～0.40

(2) 工作原理

煤泥水在一定压力下由给料口以切线(也可采取摆线、渐开线等方式)方向给入,绕中心轴做螺旋形旋转运动,从而产生惯性离心力,使旋流器中心产生一个空气柱。由于离心力的作用,煤粒在径向产生相对运动,粗粒集中在外沿,并沿锥壁向下从底流口排出;而大部分液体及一部分细粒则由上部溢流口排出。

水力旋流器在选煤厂广泛应用于煤泥水的分级、浓缩。随着新型高分子和复合耐磨材料的采用,结构简单、质量轻、耐磨、耐腐蚀、不老化、寿命长的新型旋流器在煤泥水处理中发挥的作用越来越大。

(3) 影响水力旋流器工作的因素

水力旋流器工作指标的影响因素可分为结构参数和工艺因素。

① 结构参数。结构参数指水力旋流器的几何尺寸,主要有水力旋流器的直径、给料管尺寸、溢流管直径及插入深度、底流口直径、锥角和圆柱体部分的高度等。

a. 水力旋流器的直径 D。直径 D 主要影响处理能力和粒度,两者均随直径增加而增大。因此,分离粒度较细时,应选用小直径的旋流器。但在处理量相同时,大直径的水力旋流器比小直径的水力旋流器组使用简单可靠,不易堵塞。如能取得相同工艺指标,则应该选用大直径的水力旋流器。除考虑处理能力和分离粒度外,选择水力旋流器直径时,还应考虑给料中物料的粒度特性。如物料中接近分离粒度含量较少、矿浆浓度较低时,可选用大直径水力旋流器。当矿浆中细泥含量较大、浓度较高时,宜选用中等直径和小直径的水力旋流器。

b. 给料管的尺寸。给料管尺寸主要影响处理能力,并与其直径成正比。水力旋流器给料管的直径常用直径 d_G表示,一般 $d_G=0.15D\sim0.25D$(给料管为矩形断面时,以其等值面积的圆直径表示)。

c. 溢流管直径及插入深度。溢流管的直径几乎影响水力旋流器所有工作指标。当入料压力不变时，在一定的溢流管直径范围内，水力旋流器的生产能力与其成正比。但溢流管直径不能大于给料管直径的 2.5～3 倍。溢流管插入深度要求溢流管下端须高于水力旋流器锥体底面及低于矿浆进入的水平面，最佳插入深度常为 $D \sim D/6$。溢流管插入深度导致内旋流的高度变化。插入深度增加，内旋流高度减小，相应地增加了溢流粒度。有时也可借助溢流管插入深度调节水力旋流器工作指标，其位置可调节到轻而粗的颗粒随同轻而细的颗粒一起进入溢流。

d. 底流口直径。底流口直径通常对生产能力影响较小。当底流口直径减小时，底流排出物的固体含量增加，但达到某一极限时（对于重而粗的物料，最大可 80%～85%），固体含量不再变化，如继续减小底流口直径，水力旋流器将被沉淀物堵塞；而溢流粒度和溢流产率也随之增大；另外，水力旋流器的分级效率在开始时，随底流口直径减小而增加，达到最大值后，转为降低。通常，底流口的直径不应大于溢流管直径，两者的比值常为 0.15～1，该比值又称排口比，是工业用水力旋流器最重要的几何参数，对所有指标（如底流物和溢流物体积的分布、底流物的浓度、分级效率等）都有很大影响，可结合底流口的直径进行分析。

e. 锥角和柱体高度。锥角指水力旋流器锥体部分的角度。当锥角增大时，流体在水力旋流器中阻力增加，致使在相同进口压力时，矿浆处理量减少。同时，由于颗粒在内旋流中的停留时间缩短，溢流粒度增大，溢流物中混入的细颗粒比较少。当要求分级粒度小、入料矿浆浓度较低时，宜采用小锥角，通常为 $10° \sim 15°$，而入料浓度较高、底流产率较低时，锥角可大于 $40°$。一般工业上做分级用的水力旋流器的最佳锥角接近 $20°$。柱体高度主要影响分级效率和分级粒度，对处理能力影响不大。柱体高度增加，起到减小锥角的作用，可降低分级粒度并提高分级效率。

② 工艺因素的影响。水力旋流器的工艺因素包括入料压力、入料粒度组成、矿浆浓度和矿浆黏度等。

a. 入料压力。入料压力对处理量、分级粒度、分级效率和底流浓度均有影响。入料压力增高时，矿浆流速增大，处理量提高，分级粒度降低，底流浓度增加，并使黏度的影响减小，改善了分级效果。因此，当要求溢流粒度较粗时，可用低压入料，如 4.9×10^4 Pa，反之，用较高压力，如 3×10^5 Pa。但压力增大，将加剧设备的磨损。为了得到比较满意的分级指标，应尽量保持入料压力恒定。

b. 入料粒度组成。当入料粒度较粗时，溢流粒度也较粗，并可得到高浓度的底流，对于这种物料，如必须得到细粒溢流，应对溢流进行再次处理。粒度组成中接近分级粒度物料量越大，分级效果越差。因此，在含有大量循环物料时，分级效率通常较低。

c. 矿浆浓度和其中固相和液相的密度。随矿浆浓度增加，固体颗粒径向运动速度减小，在接近底流锥体顶部，粗粒形成堆积，使部分该进入底流的物料进入溢流，结果增大了溢流浓度，并使溢流粒度发生变化。当浓度达 70%，分级过程完全被破坏。

d. 矿浆黏度。当水力旋流器中 $Re > 5\ 000$ 时，矿浆黏度对处理能力没有影响，当 $Re < 5\ 000$ 时，处理能力随黏度的提高而增加，并将改变矿浆在底流和溢流中的分配率。当矿浆黏度增加时，其切向速度减小，内旋流的回转速度降低，空气柱的直径变小，底流排矿口环形面积增大，使矿浆在底流中分配量提高。

e. 水力旋流器用于分级作业时，其底流应呈伞状喷出，在伞的中心有一空气吸入孔，空气向上流动并带动内旋流矿浆由溢流管排出，从而使分级效率提高。但用于浓缩作业时，中心没有空气吸入孔，这样可增加底流排出物的浓度。

水力旋流器除作为分级和浓缩设备外，还可用于分选过程。如加拿大曾为南非设计了一座完全使用水力旋流器的选煤厂。不过，其结构尺寸需作改变，详见有关分选设备书籍。为了保证水力旋流器在工作中有稳定的压力，其给料常用具有一定压力的泵直接给入，或采用定压箱给料。

2. 电磁振动旋流筛

电磁振动旋流筛构造如图 3-13 所示。该筛的外壳由钢板焊制而成，上、下壳体用螺栓连接。其主要工作部件是导向筛和锥形筛。导向筛固定不动，筛面向外倾斜 15°，由三块或四块筛板组成，可根据磨损情况及时进行更换。锥形筛支撑在外壳下部四个支柱橡胶弹簧上，圆形防水电磁振动器与锥形筛底部用螺栓固定，振动时使锥形筛面沿垂直方向上下振动。

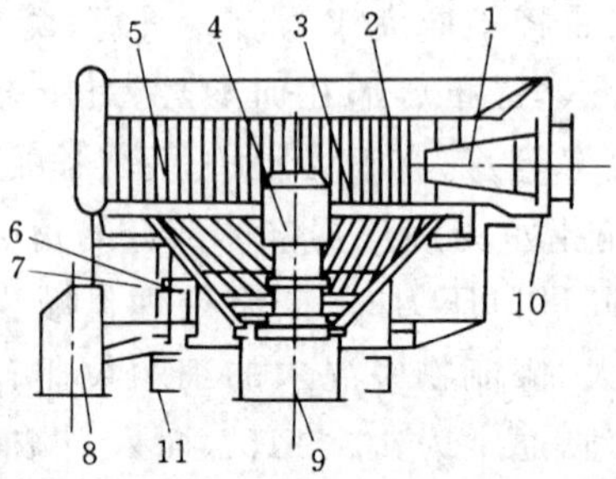

1—喷嘴；2—导向槽；3—锥形筛；4—电磁振动器；5—导向筛；6—橡胶弹簧；
7—壳体；8—滤液出口；9—固体物料出口；10—固液混合物入口；11—支撑架。

图 3-13 电磁振动旋流筛

锥形筛的外形呈倒圆台形，筛面与竖直方向成 45 度角。筛条在上部垂直布置，而在下部呈环形水平排列，且筛缝比上部宽 50%。由于物料运动到下部已经脱除了部分水分而使物料浓度增加和阻力增大，因此横向布置筛条有利于物料的输送。此外，随着浓度的增加，物料的运动速度减小，透过筛孔的概率降低，因此为了保持相同的分级粒度，需要增加筛缝的宽度。

旋流筛工作时，将固液混合物料用定压箱或泵导入旋流筛喷嘴，物料经喷嘴沿切线方向进入导向筛。在离心力、摩擦力及物料重力的联合作用下，混合物料由直线运动转变为沿筛壁呈螺旋式下降的旋流运动。大颗粒物料因为重量大，受的离心力也大，贴着导向筛及锥形筛网旋转形成外物料层。含有细颗粒的液流形成内层，而外层和内层都分别做螺旋式向下流动。

在沿筛网纵向的旋流运动中，外层的大颗粒物料受到更大的摩擦阻力，因此旋流速度较低（切向运动速度小），向下螺旋坡度较大（即纵向运动速度大）。而内层的物料含有较多液体，颗粒较小且密度较小，受到的阻力较小，因此旋流速度较高（切向运动速度大），向下螺旋坡度较小（即纵向运动速度小）。因此，切向运动速度和纵向运动速度的差异，造成合成运动明显不同，使得内层的液体和外层的物料错开。内层液体中含有的小颗粒固体（或高灰细泥）通过粗粒固体之间的间隙和筛缝排出，而外层的大颗粒物料则经由锥形筛底部排出。

电磁振动旋流筛主要应用于选煤厂粗颗粒物料的预先脱水、脱泥、分级等回收作业。允许的入料粒度范围为 13～0 mm。在用于水力分级作业时，它可代替斗子捞坑。如七台河某选煤厂，用 Mϕ1600 型电磁振动旋流筛代替斗子捞坑进行跳汰精煤脱水，获得了理想的效果。筛上产品比较稳定，浓度在26%～28%之间波动，可以直接进入离心机脱水。与斗子捞坑相比，电磁振动旋流筛单位面积处理量较大，能有效控制分级粒度，使脱水工艺大大简化，并有一定的脱泥降灰作用。

电磁振动旋流筛的主要缺点是筛网(特别是导向筛网)使用寿命较短。可以通过调整入料方向使混合物料在导向筛网内做左旋或右旋运动，以增加筛网的使用寿命。另外，还应研制更耐磨的材料来满足选煤厂生产的需要。

3. 煤泥离心筛分器

煤泥离心筛分器是由煤炭科学研究总院唐山分院研制的一种高效矿物筛分设备。该设备以离心力作为筛分动力源。其构造由圆形筛篮、切向入料管、筛上物收集漏斗和筛下水收集室组成。

煤泥离心筛分器的入料由切线方向给入筛篮内，由于离心力的作用，悬浮液沿筛篮内表面向下做螺旋运动并使煤粒进行筛分。细粒物料和大部分水透过筛篮缝隙由筛下水收集室收集后排出；粗粒物料则运动至筛篮下端的收集漏斗，其中所夹带的部分细粒物料随上升的内旋流返回筛篮再次进行筛分，而最终的粗粒物料则由收集漏斗的排出口排出。

该设备不仅结构简单、无运动部件、占地面积小、操作容易，还有以下优点：

① 采用封闭式结构，入料压力可较高，因而增大了离心力，提高了单位面积筛篮的处理能力和筛分效率。每平方米筛篮面积的处理能力可达200 m^3/h，筛分效率大于80%。

② 由于它本身的离心力较大，允许采用较小的筛缝，就能实现降低分级粒度的目的。

③ 它完全按粒度筛分，其筛上物中含高灰细泥少，而筛下水中不含低灰粗煤泥。

④ 筛上物浓度和筛分效率可通过改变筛上物收集漏斗排出口口径的大小来调节。

⑤ 筛篮安装方便，筛缝调节容易。筛缝可根据实际需要自由选择。筛缝有1 mm、0.75 mm、0.5 mm、0.3 mm等尺寸。煤泥离心筛分器的系列规格如表3-3所示。

表3-3 煤泥离心筛分器的系列规格

直径/mm	200	300	400	500	700
筛缝/mm	任选	任选	任选	任选	任选
筛篮面积/m^2	0.25	0.57	1.0	1.57	3.08
处理能力/(m^3/h)	30～50	70～90	110～140	200～260	400～500

从煤泥离心筛分器的工作效果看，其筛上物性质可满足高频振动筛的要求，即筛上物可直接用高频脱水筛进行脱水。

3.2.3 其他分级设备

3.2.3.1 螺旋分选机

螺旋分选机是一种不含运动部件的设备。利用引力及离心力将各种密度的小颗粒分开。螺旋分选机主要由矿浆分配器、给料管、螺旋溜槽、中心柱、产品截取器、产品排料管和机架等组成。其结构图如图3-14所示。螺旋溜槽分为稳定槽、变径分选槽和排料槽。螺旋叶片之间用螺栓连接，并用螺栓固定在支架上，每台螺旋溜槽安装有双头螺旋槽。入选的煤经矿浆分配器给入螺旋分选机的各槽内进行分选，并用截取器截取尾煤、中煤、精煤，选后各产品从排料管排出。

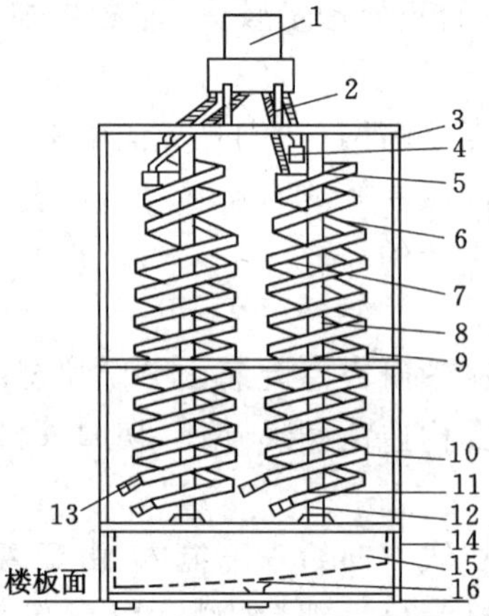

1—矿浆分配器；2—分配器支架；3—螺旋分选机机架；4—螺旋入料管；5—螺旋入料门；
6—稳定槽；7—变径槽；8—中心柱；9—分选槽；10—排料槽；11—精煤排料管；12—中煤排料管；
13—尾煤排料管；14—螺旋分选机下支架；15—精煤集料槽；16—中煤集料槽。

图 3-14　螺旋分选机结构图

螺旋分选机的工作原理为液流在螺旋槽面上不断改变运动方向，在螺旋槽横断面上形成从槽面外缘到内缘的横向液面坡降，横向离心力和横向液面坡降综合作用的结果使上层水流中质点流向槽的外缘，下层水流中质点向内缘移动，中层液流横向流速为零，水流运动的连续性形成了螺旋槽断面环流。

螺旋分选机主要是通过连接弯管将每组螺旋与入料分配器连接，达到均衡给料目的的。在每组螺旋的表面都有滑动导流板，可及时调节螺旋分选机的工作状况。螺旋分选机的表面为高耐磨光滑的聚氨酯材料。

该设备的优点是处理能力大、紧凑，模数化的设计，减少了设备空间，并节约了成本，材料性能优越，无动力部件，无其他外协配件要求。

西铭矿选煤厂 50～1.0 mm 原煤分选采用了分选精度高、处理能力大、分选粒级宽的大直径两产品重介质旋流器工艺；1.0～0.1 mm 采用螺旋分选机分选；小于 0.1 mm 的细煤泥采用压滤机回收。分选过程产品包括精煤、煤泥和矸石。因此，根据选煤工艺和产品结构的要求，西铭矿选煤厂螺旋分选机采用的是中煤入料、截取器截取精煤和尾煤两种产品的结构。

中国矿业大学研究的 ZK-LX1100 螺旋分选机，是目前国内处理能力最大、分选精度最高的选煤用分选机，技术水平居国际领先。用该分选机对陕西、山西、山东等焦煤（难选煤）、气煤（较难选煤）、1/3 焦煤（中等可选煤）等粗煤泥进行了半工业性试验，取得了令人满意的效果，设备适应性强，已申报 2 项国家专利。

该研究成果的主要应用范围：对于重介质选煤厂，螺旋分选机是原生粗煤泥、精/中磁尾粗煤泥进一步降灰提质的可靠分选设备；对于新建选煤厂，可采用全部煤泥进行分级，粗粒入螺旋分选机，细粒入浮选；对于没有浮选的选煤厂，可设计以成套螺旋分选机为煤泥精选回收设备；对于老选煤厂改造，可用螺旋分选机替代原系统中分选下限较高而不适合粗煤泥分选的部分设备、部分环节或替代粗粒浮选；对一些氧化程度严重或硫分较高、不适宜用浮选法分选的煤泥，用螺旋分选更有其独到之处，对这种原料，螺旋分选效果强于浮选。

3.2.3.2　干扰床分选机(TBS)

1. TBS 的工作原理

TBS 是一种利用上升水流在槽体内产生紊流的干扰沉降分选设备。TBS 槽内的紊流床层被视为自生介质床层，它可把粒度小于 5 mm 物料分为两个粒度级，或利用物料密度的不同来分选物料。一定压力和流速的上升水流进入压力水箱，通过紊流板均匀地分布到 TBS 底部。固体物料进入 TBS 后在上升水流的作用下开始分层，粗颗粒高密度的物料集中于槽体的底部，细颗粒低密度的物料则流向槽体上部。TBS 外形如图 3-15 所示。

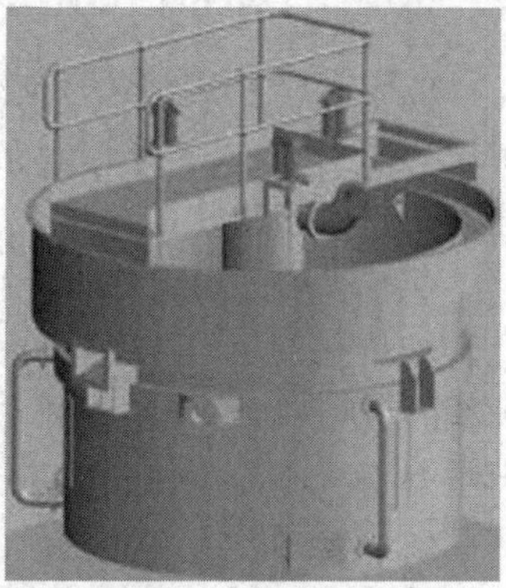

图 3-15　TBS 的外形图

2. TBS 的工作过程

随着物料的连续给入，细而轻的物料不断流至溢流收集槽，高密度的物料通过由 PID 闭环控制器控制的排料阀排出。密度传感器浸入到紊流层中相应高度，对槽体内的床层密度进行不间断的监测。当床层的密度达到或超出设定值，控制器即送出一个 4～20 mA 的信号到气动执行机构，气动执行机构开始动作，并打开底流排料阀排料，直至床层密度降低至设定值，排料阀关闭。通过 PID 闭环控制器控制排料阀开启，使槽体内干扰床层保持稳定的设定密度。气动执行机构的行程大约为 40 mm，在此范围内气动执行机构可自由平稳地运动，排料阀在气动执行机构的作用下同时工作。

3. TBS 的结构组成

TBS 的结构组成如图 3-16 所示。

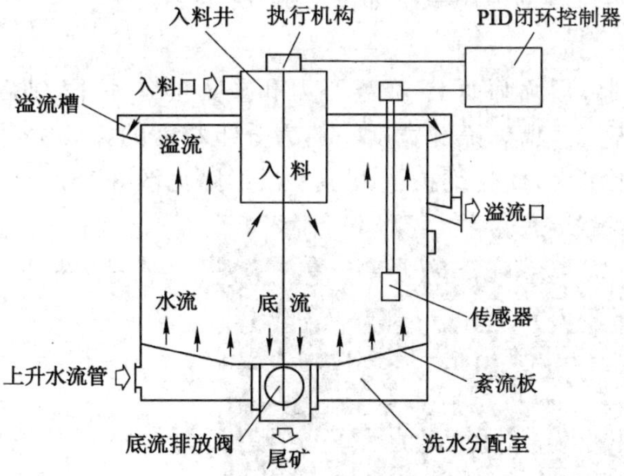

图 3-16　TBS 的结构示意图

(1) 入料井

物料沿切线方向给入入料井，入料直接进入到 TBS 的中部。整个入料井采用了含 90%氧化铝的瓷砖作为内衬以防止磨损。

(2) 执行机构

执行机构由气缸和定位器组成，定位器接收来自就地控制器或控制系统 PLC 的 4～

20 mA 的电流信号。每个执行机构与排料阀相连，气动机构向下运动使排料阀离开阀座以打开阀门。每个执行机构都有手动控制装置，以备定位器失灵时可进行人工调节和日常检修维护。

(3) 传感器

位于 TBS 槽中部的传感器采集紊流床层的密度，将一个 4～20 mA 的电流信号输入控制系统的 PLC 或就地控制箱，床层的任何密度变化都反馈至控制系统，并最终通过控制系统去操作执行机构。

(4) 球形阀门组件——排料阀及阀座

排料阀置于 TBS 槽体底部的阀座内，当紊流床层密度增加超出设定值，需要阀门开启排料时，执行机构便推动排料阀推杆向下使锥形阀离开阀座排出粗重的物料。锥形阀及其阀座都由含 90％氧化铝陶瓷制成以保证这些部件的耐磨性。

(5) 紊流板

紊流板(扰动板)的作用是使上升水流均匀地分布于整个槽体床层底部，每块紊流板上分布一定数量的孔，孔径为 5 mm，孔的数量和布置方式是经过精密计算得出的，每个孔均装有可以更换的耐磨塞。

4. TBS 的控制系统

TBS 的控制系统包括传感器、控制器和执行机构。通过调整控制系统的设定密度值，紊流床层可达到所要求的密度。如前所述，紊流床层的密度是由浸入到紊流槽内的传感器监测的。为使紊流床层的密度保持稳定，控制器将来自床层密度计的实际值与设定值进行比较，通过 PID 闭环控制器确定输出值即阀门开度，由控制器传出的 4～20 mA 电流信号到执行机构，执行机构开始动作，控制排料阀开启或关闭，通过控制底流物料的排出量，达到控制床层密度的目的。TBS 的控制系统如图 3-17 所示。

3.2.3.3 弧形筛

将矿浆正切给到弧形筛筛面上，在离心力和重力的作用下，细粒和水透筛排出，粗粒在筛面上滑动而进入筛上溜槽。筛缝宽度一般为分级粒度的 1.5～2 倍。该筛无可动部件，结构简单，效率高，泄水量大，而且维护量很小。弧形筛见图 3-18。

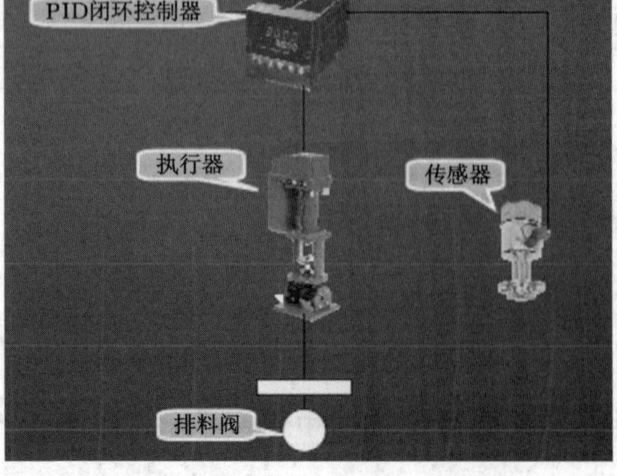

图 3-17 TBS 的控制系统

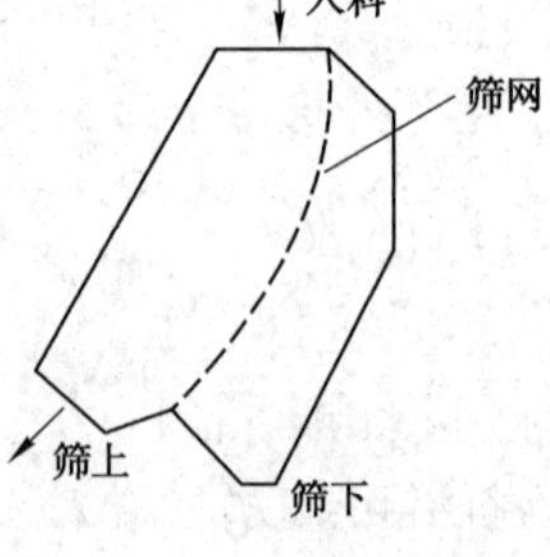

图 3-18 弧形筛示意图

3.3　细颗粒煤泥水处理的原理及设备

细颗粒煤泥水就是水力分级设备产生的溢流。本节主要介绍与细颗粒煤泥水处理相关的沉降、浓缩原理及设备。

3.3.1　沉降试验及沉降曲线

3.3.1.1　沉降试验

沉降试验是在量筒中进行的。试验的目的是确定矿浆在设备中的停留时间，并以此决定分级、浓缩设备所需的沉淀面积。粒度组成不同的煤泥水，在量筒中静置沉淀时，液体的澄清或固体颗粒的沉降是分阶段进行的，较粗的煤粒最先沉淀到容器底部，细小的则形成混合液，沉降得较慢，煤泥水在沉降过程中出现分区现象，即由上至下形成不同粒度组成和不同浓度的区域，煤泥的粒度大小和各层的浓度从上至下逐渐增加。将一定浓度的煤泥水装入量筒中，经过均匀搅拌并静止放置，然后进行观察。其沉降过程见图 3-19。

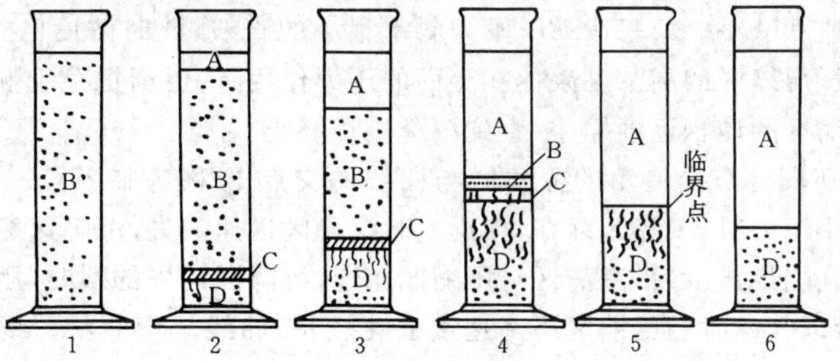

A—澄清区；B—沉降区；C—过渡区；D—压缩区。

图 3-19　量筒沉降过程

在沉降开始时，整个悬浮液浓度均匀，如图中的量筒 1。沉降开始后，悬浮液中的固体颗粒以其沉降末速进行沉降，颗粒越大沉降越快，并逐渐堆积在容器的底部。因此，底部悬浮固体密度增大，如量筒 2 中的 D 区，称为压缩区。同时，量筒的上部出现澄清区 A。澄清区的下部是沉降区，称作 B 区。该区的浓度和开始沉降时的悬浮液浓度相同。沉降区和压缩区之间没有明显的界线，中间存在一个过渡区 C。随着沉降时间变长，A 区和 D 区均逐渐增加，B 区则逐渐减小直到消失。B 区消失后，过渡区 C 也随之消失，只剩下澄清区 A 和压缩区 D，如图中的量筒 5。再过一段时间，压缩区 D 的煤泥由于重力挤压作用，其高度还要继续减小，澄清区 A 继续扩大。过渡区 C 区消失时的点称为临界点。

3.3.1.2　沉降曲线

根据沉降试验，每隔一定时间，记录澄清区的高度。以沉降时间为横坐标，澄清区的高度为纵坐标，作出沉降时间与澄清区高度的关系曲线，称为沉降曲线，如图 3-20 所示。

沉降曲线由三段组成。第一段和第三段为直线，而中间段为弧线段。第一段如图中的 *AB* 段，为直线段，表明悬浮液在沉降区是等速沉降的，直线的斜率越大，沉降速度越快；而后，曲线的斜率减小，并且是个渐变过程，曲线呈弯曲状，如 *BC* 段，表明体积减小，浓度渐

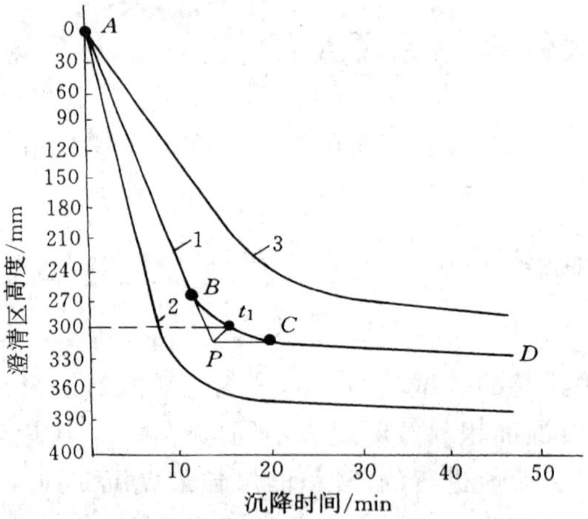

1—煤泥水浓度 25 g/L;2—煤泥水浓度 10 g/L;3—煤泥水浓度 50 g/L。

图 3-20 沉降曲线

增,使界面下沉速度减小。第三段 *CD* 段为斜率很小的直线,此时浓度已经很高,已属沉淀物被压缩的阶段,压缩区的高浓度浆体在上面的压力作用下,逐渐把存于颗粒间的部分水向上压挤出去,压缩区的体积逐渐缩小,直到沉降过程终止。

AB 段和 *CD* 段延长线夹角的分角线与曲线的交点 *P* 称为临界点。在达到临界点之前,即沉降时间小于 t_1 时,沉降区存在,接近 t_1 时沉降区迅速消失,沉降速度减慢。沉降时间大于 t_1 时,即达到临界点以后,澄清区与压缩区相连,沉降区消失的瞬时,压缩区致密程度稍差,空隙较多,所以开始时的压缩区沉降速度变化较快,曲线呈弯曲状。线段 *CD* 的斜率代表悬浮液在压缩区的沉降速度。

实际生产中的沉淀、浓缩设备都是连续的沉降过程。矿浆连续进入设备,并且连续不断地排出沉淀物。因而,沉降区总是存在的。矿浆的澄清速度可由沉降区的沉降速度计算。

3.3.1.3 沉积曲线

以沉降时间为横坐标,沉积层高度为纵坐标,作出的关系曲线称为沉积曲线,如图 3-21 中的曲线 *OCD*。将沉降曲线与沉积曲线画在同一图上,即为沉降-沉积曲线。

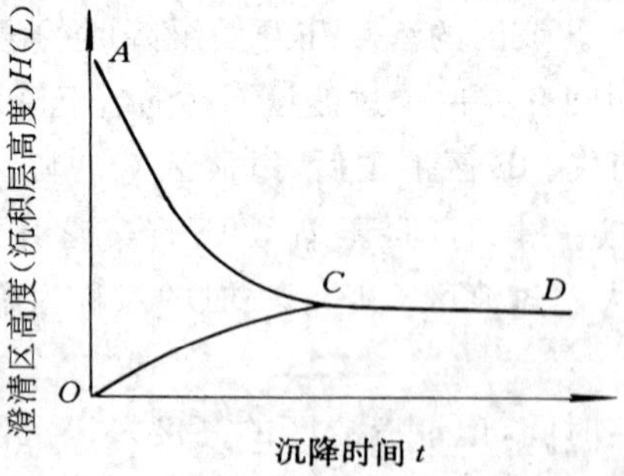

图 3-21 沉降-沉积曲线

根据物料性质,沉降-沉积曲线可分为三种,如图 3-22 所示。

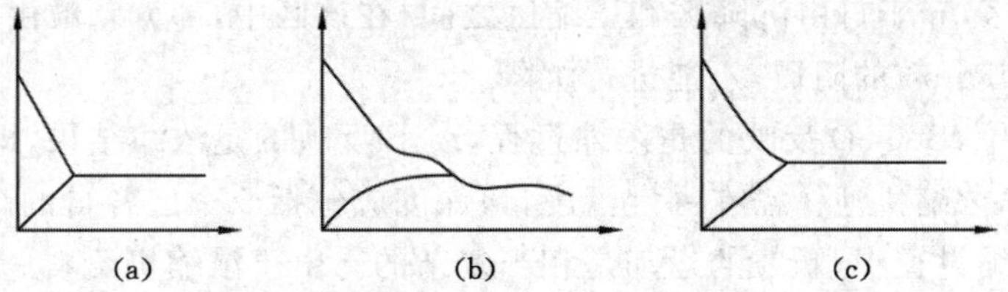

图 3-22　不同类型的悬浮液沉降-沉积曲线示意图

(1) 沉降时不出现浓度过渡区,沉降和沉积过程同时结束,且物料在沉积过程中没有压缩效应。物料粒度较粗且可压缩性较差的悬浮液具有这类沉降-沉积曲线[图 3-22(a)]。

(2) 过渡区比较大,物料沉降结束后沉积层中的物料浓度没有达到最大,还有部分水被挤压而渗出。煤泥水具有这类沉降-沉积曲线[图 3-22(b)]。

(3) 在沉降过程中,沉降速度会发生突变。具有特殊粒度组成的物料的悬浮液具有这类沉降-沉积曲线[图 3-22(c)]。

3.3.2　浓缩原理

3.3.2.1　浓缩过程

借助重力或离心力作用提高煤泥水浓度的过程,称为浓缩。在自然沉降过程中,主要是借助于固体颗粒本身的重力作用来实现浓缩的,其实质也是分级过程。

煤泥水的浓缩是在浓缩机中实现的,浓缩机是一种利用煤泥中固体颗粒自然沉淀的原理来完成对煤泥水进行连续浓缩的设备。煤泥水在浓缩机中的沉淀浓缩过程通常可分为五个区。如图 3-23 所示。

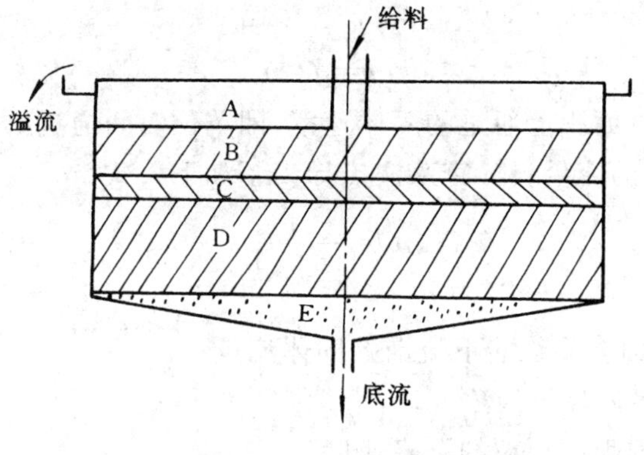

图 3-23　浓缩机的浓缩过程

A 区为澄清水区,得到的澄清水经该区从溢流堰中排出,称为浓缩机的溢流产物。

B 区为自由沉降区,亦称悬浮沉降区,需要浓缩的煤泥水首先进入该区,颗粒靠自重迅速下沉,进入压缩区 D。

D 区为压缩区。在该区中,矿浆中的固体颗粒已成为紧密接触的絮团,絮团继续下沉,但其速度已缓慢。

压缩区的下面,便是浓缩物区 E。由于该区有刮板运输,刮板对浓缩物产生挤压作用,使水分渗出,进一步提高浓度。最终由浓缩机的底流口排出,成为底流产品。

C区为过渡区，介于自由沉降区和压缩区之间，在该区中，部分颗粒由于自重作用下沉，部分颗粒受到密集颗粒的阻碍，不能进行沉降。

在这五个区中，B、C、D反映的是浓缩过程，A、E反映的是浓缩结果，即产物区。为使浓缩过程顺利进行，浓缩机池体需有一定深度，该深度应包括5个区各自的高度。

在煤泥水浓缩过程中，颗粒的运动是相当复杂的。由于浓缩机给料一般浓度不高，所以可视B区的颗粒运动为自由沉降；在C区以后，煤浆浓度逐渐增加，颗粒实际上是在干扰沉降条件下运动的，所以煤泥颗粒在浓缩过程中的下沉速度是变化的，其与煤泥颗粒的粒度和密度、煤泥水的浓度、环境温度及水的pH值等多种因素有关，一般只能通过试验来确定。

3.3.2.2 浓缩原理

浓缩过程是由数个不同的区域组成的。在间断试验中，这几个区域随时间相应变化，但在连续工作的浓缩机中，工作达到平衡状态后几个区域不再发生变化。不同的区域，颗粒沉降有不同的特点。其中，最主要的区域为自由沉降区和过渡区。

1. 科-克莱文杰(Coe-Clevenger)静态模型

科-克莱文杰静态模型是针对浓缩过程的自由沉降区进行描述的，该模型的中心论点是：

(1) 自由沉降区的浓度通常等于进入浓缩机的悬浮液的初始浓度；

(2) 在自由沉降区内颗粒呈群体以相同速度沉降，称为区域沉降，以区别于两相流中固体颗粒的自由沉降；

(3) 区域沉降的特点是在该区内每一个截面均以同一速度下降，同一层的颗粒也以同一速度下降，而且各层均相同；

(4) 悬浮液在自由沉降区的这种沉降速度只是该区浓度的函数，而与颗粒大小、密度无关。即

$$v=f(c) \tag{3-19}$$

固体通量，是指单位面积上通过的固体速率，即单位时间通过的固体物的量。对于任一水平面上固体向下流动的流量，科-克莱文杰导出了如下公式：

$$Q=\frac{v}{\frac{1}{c}-\frac{1}{c_u}} \tag{3-20}$$

式中 Q——任一水平面上颗粒向下流动的固体流量；

c——该水平层固体颗粒的浓度；

v——对应浓度的固体颗粒的沉降速度；

c_u——浓缩机底流中固体颗粒的浓度。

由式(3-20)可见，固体颗粒向下流动的量，除与通过水平层的固体浓度有关外，还与底流的排放浓度有关。对于浓度较低的自由沉降区，底流排放浓度的影响可以忽略，则式(3-20)可写成：

$$Q=vc \tag{3-21}$$

该式即为重力作用下，在自由沉降区中的固体流量。

2. 凯奇第三定理

由上面的假定 $v=f(c)$ 可知，利用连续性研究手段得出，只用一个单元沉降试验，便可

得到浓缩机所有沉降区域的沉降数据。

过渡区属于变浓区，亦称凯奇区。随浓度变化，固体流量也发生变化，而且浓度是逐渐增加的过程，按照前述原则，各层的沉降速度必逐渐减小，可以想象必会存在一个最小通量 Q_{min}，此 Q_{min} 限制了浓缩机的处理能力或者说浓缩机的处理能力不能超过 Q_{min}，或其最大处理量为 Q_{min}。理论上把具有最小单位面积处理能力的浓度层称为速度限制层。

如图 3-24 所示，在沉降试验中对应于浓缩机中速度限制层的浓度为 c，其中固体颗粒相对于筒壁的沉降速度为 u。由于是速度限制层，下部高浓度物料有一向上的扩散速度 u_x，此层中固体颗粒相对于该层的沉降速度为 u_x+v。因为，速度是渐变的，在该层的上层浓度为 $c-\mathrm{d}c$，上层固体颗粒相对于筒壁的沉降速度为 $v+\mathrm{d}v$，相对于速度限制层的速度则为 $v+\mathrm{d}v+u_x$。假定这一层固体颗粒的浓度不变，并从上层进入该层，再从该层排出，其物料平衡关系为

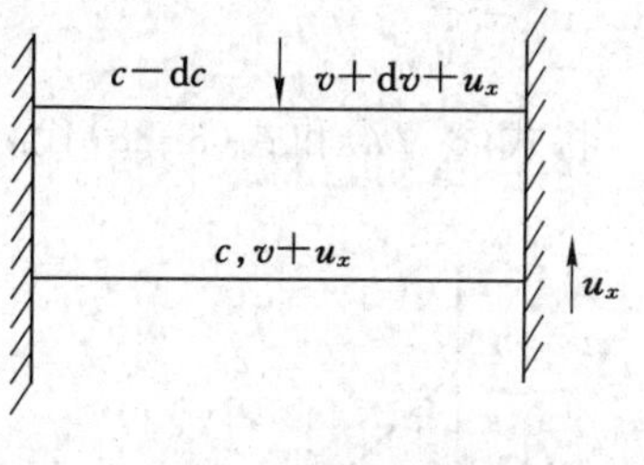

图 3-24　浓缩机中沉降速度分析简图

$$(c-\mathrm{d}c)(v+\mathrm{d}v+u_x)A=c(v+u_x)A \tag{3-22}$$

式中　A——垂直于固体物料流的面积，m^2。

由式(3-22)可得到

$$u_x=c\frac{\mathrm{d}v}{\mathrm{d}c}-v-\mathrm{d}v \tag{3-23}$$

由于 $\mathrm{d}v$ 项很小，将其忽略，得

$$u_x=c\frac{\mathrm{d}v}{\mathrm{d}c}-v \tag{3-24}$$

根据 $v=f(c)$ 的关系，$\mathrm{d}v/\mathrm{d}c=f(c)$，式(3-24)可写成 $u_x=cf'(c)-f(c)$。

因为这一层浓度 c 是常数，故 $f'(c)$、$f(c)$ 及 u_x 均为常数。

假设沉降试验中矿浆的初始浓度和高度分别为 c_0、H_0，A 为量筒的横断面面积，则矿浆中固体的总质量为 c_0H_0A。沉降过程中如果有速度限制层存在，开始时首先在底部形成，然后逐步向上推移，达到界面所需时间为 t，该层的浓度假设为 c_x，则从该层通过的固体量为 $c_xAt(v_x+u_x)$，该量应等于全部的固体量，即

$$c_xAt(u_x+v_x)=c_0H_0A \tag{3-25}$$

凯奇在研究悬浮液颗粒的沉降行为时引入了“特征浓度”这一概念。因为在悬浮液沉降过程中，必发生浓度分层，下层高浓度浆体必向上层低浓度层扩散，其扩散速度必为浓度的函数，每个浓度均有其相应的扩散速度 u，凯奇把这种浓度称为特征浓度，把它们向上扩散的轨迹，即随时间的变化曲线称为特征浓度曲线。因为每个浓度均有其相应的扩散速度，所以每一条特征浓度线都是直线。因为扩散现象实际上自悬浮液开始沉降便已出现，所以凯奇认为每条特征浓度线均发自沉降曲线的原点，即 $H=0$ 处，如图 3-25 所示，亦即特征浓度方程应为：

$$H=ut \tag{3-26}$$

上式也表明，在此直线上的每一点的悬浮液浓度均相等。

在沉降过程中，速度限制层首先在底部形成，再逐渐向上推移，因此速度限制层是向上

扩散的。所以悬浮液在沉降过程中存在着一个向上的流速和一个向下的沉速。其相对速度为两者的代数和。

由图 3-25 和图 3-26 可得：

$$u_x = \frac{H_x}{t} \tag{3-27}$$

$$v_x = \frac{H_z - H_x}{t} \tag{3-28}$$

将式(3-27)和式(3-28)代入式(3-25)中，于是可得到：

$$c_x H_z = c_0 H_0 \tag{3-29}$$

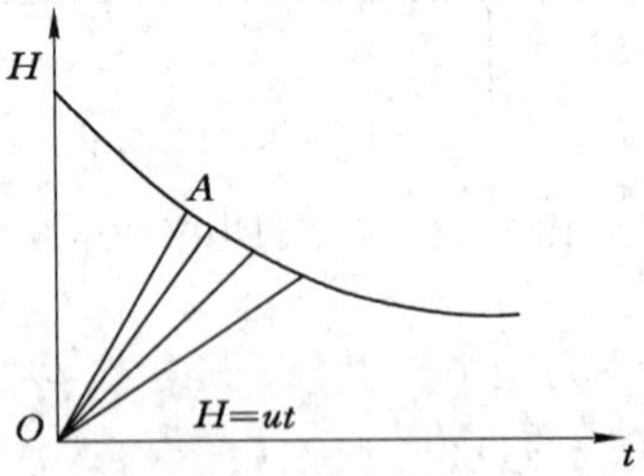

图 3-25 悬浮液沉降曲线及特征浓度曲线

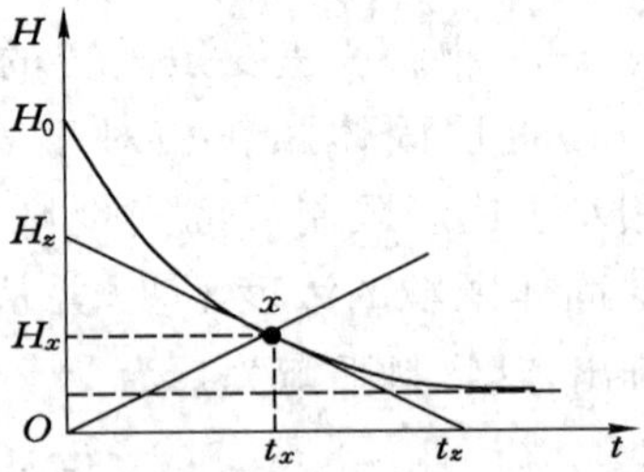

图 3-26 悬浮液沉降曲线解析

式(3-29)称为凯奇第三定理。此关系式表明：① 在量筒的任一高度 H_z 处的浓度 c_x 可由该式计算；② 任一浓度为 c_x 的悬浮液的沉降速度可由式(3-29)计算，所以只用一个单元沉降试验就可以得到任一时刻的浓度和沉降速度。

利用试验数据可绘出沉降速度与浓度关系曲线，见图 3-27，用以求出浓缩机在不同浓度下的单位浓缩面积 f：

$$f = \frac{c_u - c}{c_u \cdot c \cdot v} \tag{3-30}$$

式中 c_u——浓缩产品浓度，即底流浓度。

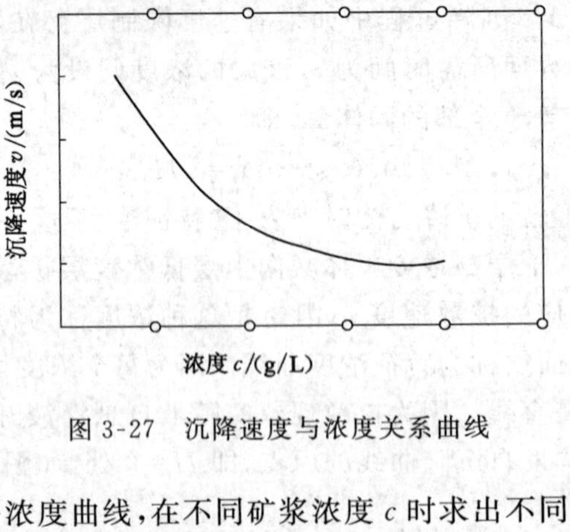

图 3-27 沉降速度与浓度关系曲线

因此，利用沉降速度-浓度曲线，在不同矿浆浓度 c 时求出不同的 v 值，选浓缩机面积时应选用最大的 f 值。

以上计算只能知道浓缩机的内部情况，下面介绍应用沉降-沉积曲线法计算浓缩机底流浓度及比浓缩面积。

底流浓度

$$c_u=\frac{c_0H_0}{H_2-H_j}\frac{t_2}{t_2-t_1}\exp\left(\frac{-t_1}{t_2-t_1}\right) \tag{3-31}$$

比浓缩面积

$$q=\frac{t_2-t_1}{c_0H_0}\exp\left(\frac{t_1}{t_2-t_1}\right) \tag{3-32}$$

工作步骤：① 配制与设计的浓缩机给料浓度相同的悬浮液，进行静态沉降试验，作出沉降-沉积曲线，如图 3-28 所示；② 在沉降曲线上的过渡段任取一点 $B(t_2,H_2)$，过该点作沉积曲线的切线，与纵轴交于 H_j，切点为 $A(t_1,L_1)$；③ 根据式(3-31)和式(3-32)计算浓缩机底流浓度 c_u 及比浓缩面积 q，重复地在沉降曲线过渡段上取点并计算相应的 c_u 及 q 值；④ 根据计算出的几组 c_u 及 q 值，作出比浓缩面积与底流浓度的关系曲线，如图 3-29 所示。根据要求从曲线上找出合适的 c_u 及 q 值。

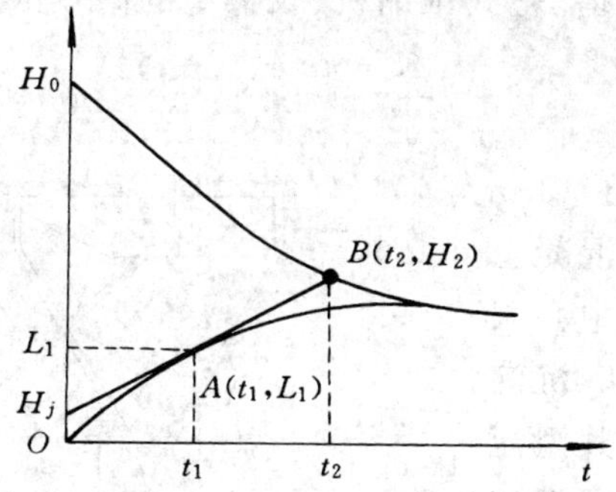

图 3-28　沉降-沉积曲线

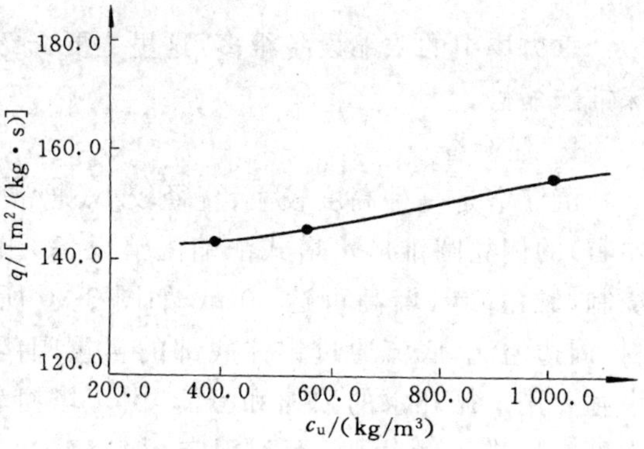

图 3-29　比浓缩面积与底流浓度的关系曲线

已知 q 后就可计算浓缩机的面积及直径，即

$$A=qG \tag{3-33}$$

$$D=1.13\sqrt{A} \tag{3-34}$$

式中　G—浓缩机入料中的干煤泥吨数，t/h；

q—浓缩机的比浓缩面积，$m^2/(t\cdot h)$，可按表 3-4 选取比浓缩面积 q 值。

表 3-4　煤泥沉淀时的比浓缩面积

入料液固比	比浓缩面积/[m²/(t·h)]											
	沉淀煤泥粒度＞0.05 mm 时的底流液固比						沉淀煤泥粒度＞0.1 mm 时的底流液固比					
	8	6	5	4	3	2	8	6	5	4	3	2
25	17.5	19.6	20.6	21.6	22.7	23.7	4.4	4.9	5.2	5.4	5.7	5.9
20	12.6	14.7	15.8	16.8	17.9	19	3.2	3.7	4.0	4.2	4.5	4.8
15	10	11.1	12.2	13.3	14.4	15.6	1.95	2.5	2.8	3.1	3.35	3.6
12	4.7	7.0	8.1	9.35	10.5	11.7	1.2	1.75	2.06	2.3	2.6	2.9
10	2.5	4.95	6.2	7.4	8.65	9.9	0.6	1.2	1.5	1.85	2.15	2.5
9	1.3	3.85	6.15	6.4	7.7	9.0	0.3	1.0	1.3	1.6	1.95	2.25

表 3-4(续)

入料液固比	比浓缩面积/[m^2/(t·h)]											
	沉淀煤泥粒度>0.05 mm时的底流液固比						沉淀煤泥粒度>0.1 mm时的底流液固比					
	8	6	5	4	3	2	8	6	5	4	3	2
8		2.7	4.0	5.4	6.7	8.05		0.7	1.0	1.35	1.7	2.0
7		1.45	2.85	4.8	5.7	7.15		0.35	0.7	1.1	1.45	1.8
6			1.6	3.15	4.7	6.6			0.4	1.1	1.2	1.6
5				3.15	3.7	5.5				0.8	0.9	1.4
4				1.8	2.45	4.9				0.45	0.6	1.2

3.3.3 浓缩设备

重力场中的浓缩设备很多，这里主要介绍沉淀塔、耙式浓缩机、较典型的高效浓缩机和深锥浓缩机。

1. 沉淀塔

沉淀塔是一种高度较大、直径较小(通常直径在 12 m 左右)的倒立圆锥形水塔式浓缩澄清设备，用钢筋混凝土浇制，锥角 60°，塔高可达 20 m，如图 3-30 所示。中心入料，周边溢流，底流通过锥体底部的自重阀门排放。沉淀塔主要用于循环水的浓缩和澄清，由于塔身较高，其溢流水可直接进入跳汰机，而不用定压水箱。该设备由于处理量较小，逐渐被其他浓缩设备取代。

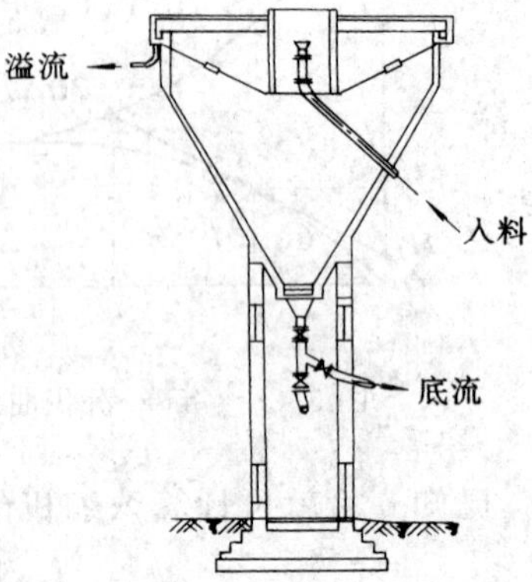

图 3-30 沉淀塔

2. 耙式浓缩机

耙式浓缩机是利用煤泥水中固体颗粒自然沉淀来完成对煤泥水连续浓缩的设备。实质上是由一个供煤泥水沉淀的池体和一个将沉淀物收集到排出口的运输耙联合组成的，它的生产过程是连续的。煤泥水从池体上方中部给入，澄清后的溢流水从池体周边流入溢流水槽，沉淀后的产物(底流)从池体锥底中央的排料口用泵抽出。同时，在运输耙将沉淀物沿池底向中心运输过程中，还产生挤压作用，从而使沉淀物的水分得到进一步的排除。

耙式浓缩机可分为中心传动式和周边传动式两大类，其构造大致相同，都由池体、耙架、传动装置、给料、排料装置、安全信号和耙架提升装置组成。这种设备中心给料，周边溢流，底流经池底中心出口用砂泵抽走，或用管道靠自重排放。

浓缩机的池体一般用水泥制成，小型号的可用钢板焊制，为了便于运输物料，底部倾角为 6°～12°；与池底距离最近的是耙架，耙架下有刮板；浓缩机的给料一般是先由给料溜槽将矿浆给入池中的中心受料筒，而后再向四周辐射；矿浆中的固体颗粒逐渐浓缩沉降到底部，并由耙架下的刮板刮入池底中心的圆锥形卸料斗中，再用砂泵排出；池体的上部周边设有环形溢流槽，最终的澄清水由环形溢流槽排出；当给料量过多或沉积物浓度过大时，安全装置发出信号，通过人工手动或自动提耙装置将耙架提起，以免烧坏电动机或损坏机件。

(1) 中心传动耙式浓缩机

大型中心传动耙式浓缩机的结构见图 3-31。其耙臂由中心桁架支承，桁架和传动装置置于钢结构或钢筋混凝土结构的中心柱上，由电动机带动的蜗轮减速器的输出轴上安有齿轮，它和内齿圈啮合，内齿圈和稳流筒连在一起，通过它带动中心旋转架[图 3-31(b)点划线]绕中心柱旋转，再带动耙架旋转。可以把一对较长的耙架的横断面做成三角形，三角形的斜边两端用铰链和旋转架连接，因为是铰链连接，耙架便可绕三角形斜边转动，当发生淤耙时，耙架受到的阻力增大，通过铰链的作用，可以使耙架向上向后提起。大型中心传动浓缩机的国产规格为 16 m、20 m、30 m、40 m 和 53 m，已有直径达 100 m 的产品，国外已达 183 m。

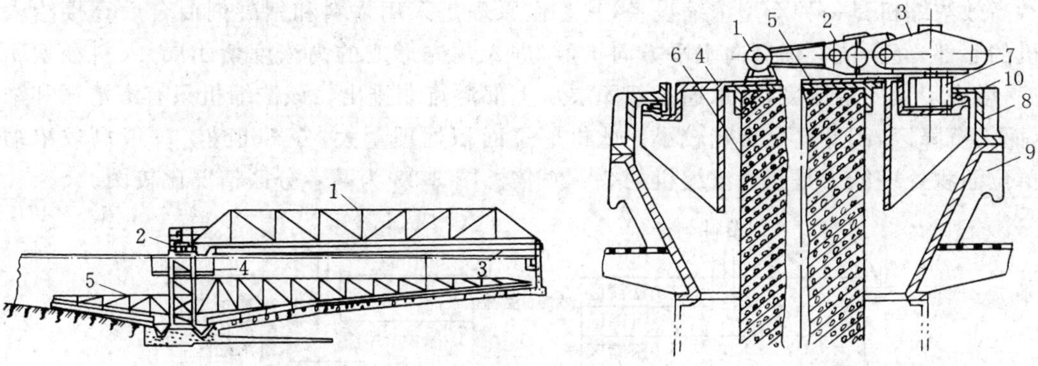

(a) 中心柱式中心传动耙式浓缩机　　(b) 耙式浓缩机传动机构

(a) 1—桁架；2—传动装置；3—溜槽；4—给料井；5—耙架；

(b) 1—电动机；2—减速器；3—蜗轮减速器；4—底座；5—座盖；6—混凝土支柱；7—齿轮；8—内齿圈；9—稳流筒；10—滚球。

图 3-31　中心传动耙式浓缩机结构

(2) 周边传动耙式浓缩机

周边传动耙式浓缩机的构造如图 3-32 所示。池中心有一个钢筋混凝土支柱，耙架一端借助于特殊轴承置于中心支柱上，其另一端与传动小车相连接，小车上的辊轮由固定在小车上的电机经减速器、齿轮齿条传动装置驱动，使其在轨道上滚动，带动耙架回转。为了向电机供电，在中心支柱上装有环形接点，而沿环滑动的集电接点则与耙架相连，将电流引入电机。

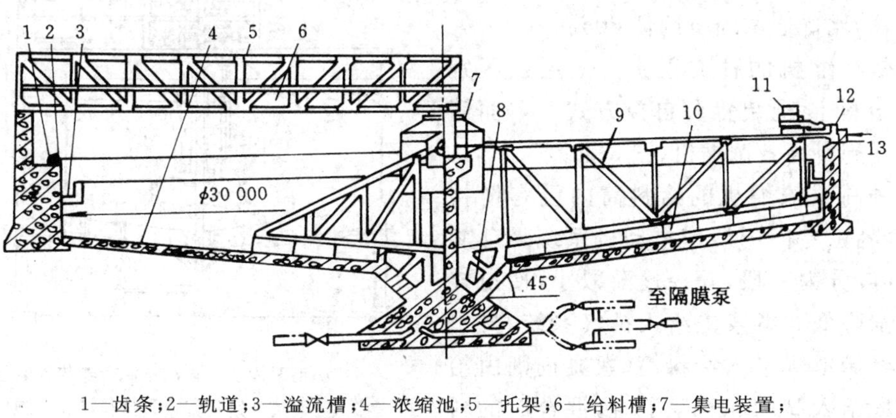

1—齿条；2—轨道；3—溢流槽；4—浓缩池；5—托架；6—给料槽；7—集电装置；

8—卸料口；9—耙架；10—刮板；11—传动小车；12—辊轮；13—齿轮。

图 3-32　周边传动耙式浓缩机结构

借助于辊轮和轨道间的摩擦力而传动的浓缩机，无须设特殊的安全装置，因为当耙架所受阻力过大时，辊轮会自动打滑，耙子就停止前进。但这种周边传动的浓缩机仅适用于较小规格，不适用于寒冷的北方。在直径较大的周边传动耙式浓缩机上，与轨道并列安装有固定齿条，传动装置的齿轮减速器上有一小齿轮与齿条啮合，带动小车运转。在这种浓缩机上要设过负荷继电器来保护电动机和耙架。

我国生产的周边传动浓缩机的直径有 15 m、18 m、24 m、30 m、38 m、45 m、和 53 m，并已生产出 100 m 的浓缩机，但国外的最大直径已达 198 m。

3. 高效浓缩机

高效浓缩机是一种新型浓缩设备，其工作原理是采用入料和絮凝剂混合后直接给入浓缩机的底部，经折流板强制向水平方向扩散，进入预先形成的高浓度絮团层，入料经絮团层过滤，增大了絮团层厚度，清水通过絮团层从上部溢流堰排出。该浓缩机只有澄清区和浓缩区，而无沉降区，因此高度影响较小。此机单位面积处理量大，分离迅速。一般高效浓缩机的单位面积处理能力是普通浓缩机的 3～20 倍。图 3-33 为两者分区情况比较图。

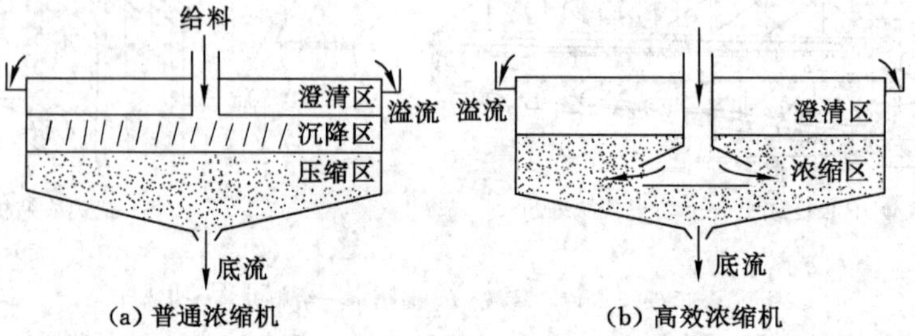

图 3-33　普通浓缩机和高效浓缩机内料浆沉降过程分区情况比较

高效浓缩机的结构与耙式浓缩机相似。主要特点是：① 在待浓缩的物料中添加一定量的絮凝剂，使矿浆中的固体颗粒形成絮团或凝聚体，加快其沉降速度，提高浓缩效率；② 给料筒向下延伸，将絮凝料浆送至沉积及澄清区界面下；③ 设有自动控制系统，控制药剂用量、底流浓度等。有资料报道，高效浓缩机的单位处理能力为普通耙式浓缩机的 4～9 倍，单位面积造价虽然较高，但按单位处理能力的投资来算，比普通浓缩机约低 30%。

高效浓缩机的种类很多。但主要区别还在于给料-混凝装置和自控方式。下面简要介绍艾姆科高效浓缩机（图 3-34）。

这种高效浓缩机的给料筒内设有搅拌器，搅拌器由专门的调速电动机系统带动旋转，搅拌叶分为三段，叶径逐渐减小，使搅拌强度逐渐降低。料浆先给入排气系统，排出空气后经给料管进入给料筒，絮凝剂则由给料管分段给入筒内和料浆混合，混合后的料浆由下部呈放射状的给料筒直接进入浓缩-沉积层上、中部，料浆絮团迅速沉降，液体则

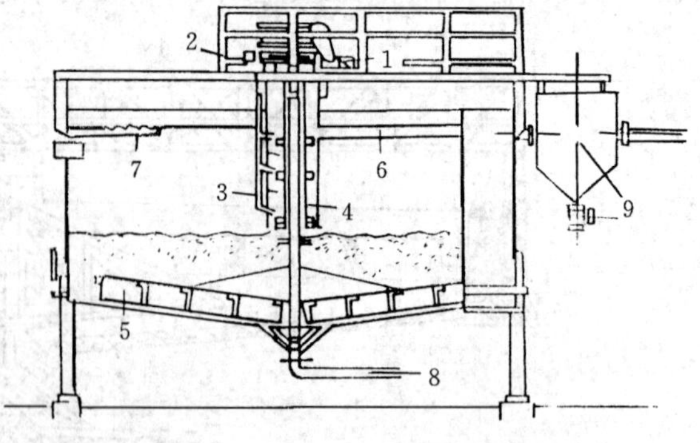

1—耙架传动装置；2—混合器传动装置；
3—絮凝剂给料管；4—给料筒；5—耙臂；
6—给料管；7—溢流槽；8—排料管；9—排气系统。

图 3-34　艾姆科高效浓缩机结构图

在浆体自重的液压力作用下向上经浓缩-沉积层过滤出来，形成澄清的溢流排出。

此种高效浓缩机具有分离速度快、单位处理能力大等特点。它的机械结构与一般中心浓缩机相似，因为在浓缩过程中需要靠絮凝剂加速固液分离，所以在给料和混合方式上不仅与一般浓缩机存在差异，而且与各种高效浓缩机也不尽相同。它的给料及混合方式如图 3-35 至图 3-38 所示。

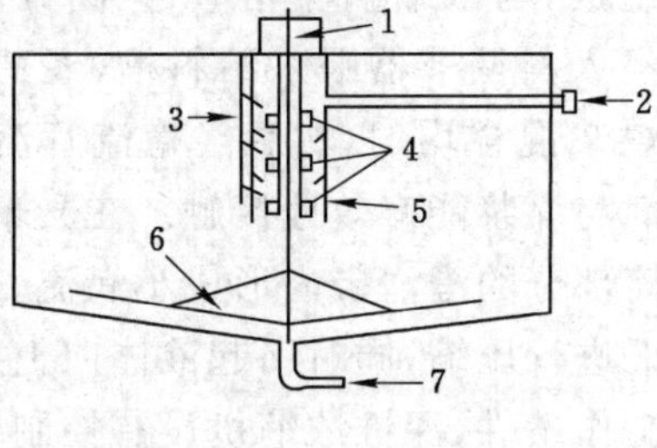

1—传动装置；2—给料；3—絮凝剂给料管；
4—搅拌叶轮；5—混合室；6—耙架；7—底流。

图 3-35　机械搅拌混合示意图

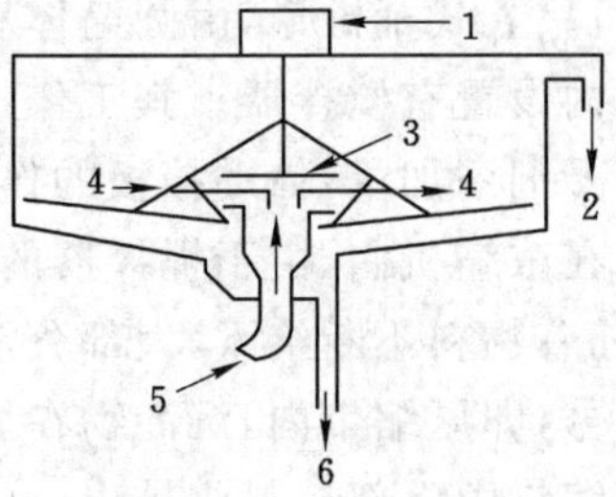

1—传动装置；2—溢流；3—折流板；
4—矿浆流向；5—给料；6—底流。

图 3-36　底部给料-折流板方式示意图

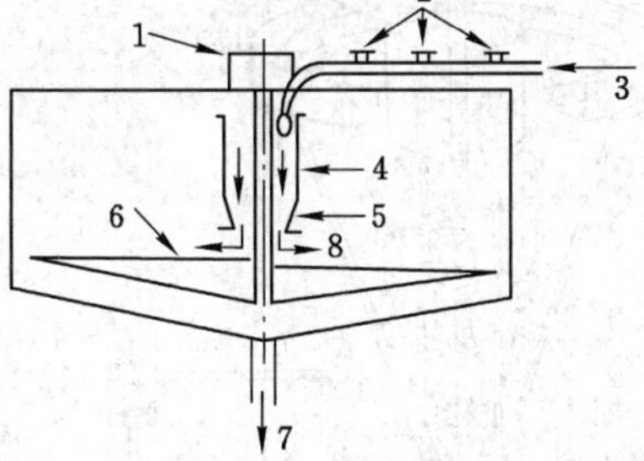

1—传动装置；2—絮凝剂添加点；3—给料；4—给料井；
5—折流板；6—耙架；7—底流；8—矿浆流向。

图 3-37　上部给料-折流板方式示意图

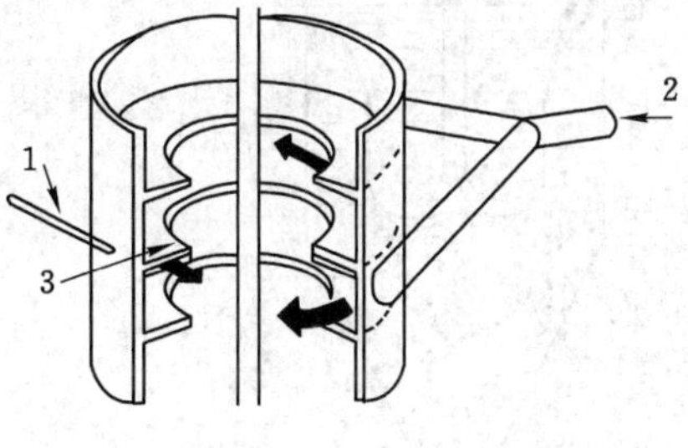

1—给料；2—絮凝剂添加给入管；3—导流板。

图 3-38　双侧给料-导流板方式示意图

高效浓缩机工作时应注意的事项：

① 针对不同的煤泥粒度组成和浓度，应采用合适的絮凝剂及用量，一般应先在实验室进行试验。

② 在煤泥水进入浓缩机时不应夹带气泡，因为气泡进入浓缩区内会产生类似浮选的效果，使浓缩区的沉淀层受到干扰，溢流澄清度会下降。

③ 下列几种情况可能不适合采用高效浓缩机：有些煤泥需加大量凝聚剂才能有一定效果，此时必须做加药剂费用与浓缩机基建费用的对比，前者小于后者是可行的；有些厂浓缩机还有储存及缓冲功能，用于各种意外情况存放煤泥水，此时应采用普通型。

4. 深锥浓缩机

深锥浓缩机是一种用于处理各种煤泥水（特别是浮选尾煤）的浓缩澄清设备。与耙式浓缩机相比，由于深锥浓缩机利用了在入料中加入絮凝剂和高度产生的自然压力，所以可获得较纯净的溢流和高浓度的底流。

深锥浓缩机不但有澄清带和浓缩带，而且还有一个压缩带。它的圆锥部分充满不断被压紧和浓缩的沉淀物，由于圆筒部分高度大，可依靠沉淀物本身的压力压紧凝聚下来的物料，同时在沉淀过程中，凝聚物受慢速转动搅拌器的辅助作用，将水从凝聚体内挤出，进一步提高了沉淀物的浓度。深锥浓缩机工作原理如图 3-39 所示。

深锥浓缩机结构如图 3-40 所示。深锥浓缩机的结构特点是其池深尺寸大于池的直径尺寸，整机呈立式桶锥形，由圆筒体和圆锥体两部分组成，与浓缩漏斗相似，但圆锥部分长，且在锥体内设置有搅拌器。其工作过程是浮选尾煤经入料调节器喂入给料槽，经药剂调节阀控制絮凝剂添加量，借助挡板的作用，使絮凝剂与煤浆混合均匀，然后经稳流管流入深锥浓缩机。在浓缩机内，由于搅拌器的轻轻搅拌，絮凝剂与煤浆能有效地接触。在凝聚和重力作用下，随着物料不断给入，大部分液流在浓缩机圆筒部分的澄清带内形成小涡流。在机体的圆锥部分，即压缩带内，沉淀物在固体的重力作用下进行压缩，同时引起液体向上层运动，压缩的浓缩物由下部排料阀排出。为了保持稳定的工作条件，深锥浓缩机设有控制装置，可对絮凝剂添加量、给料量及排料量进行控制。

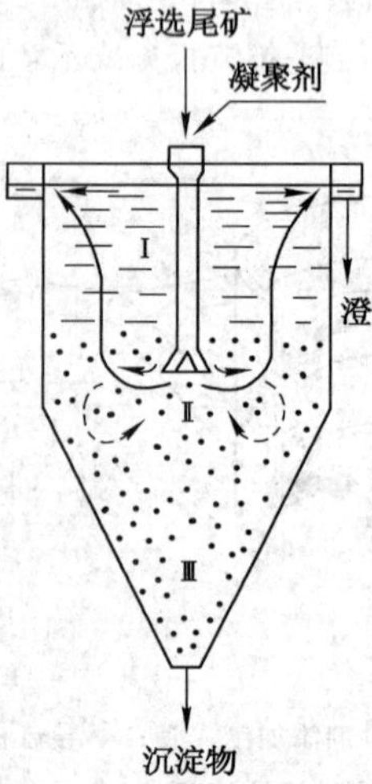

Ⅰ—澄清带；Ⅱ—沉降带；Ⅲ—压缩带。

图 3-39　深锥浓缩机工作原理

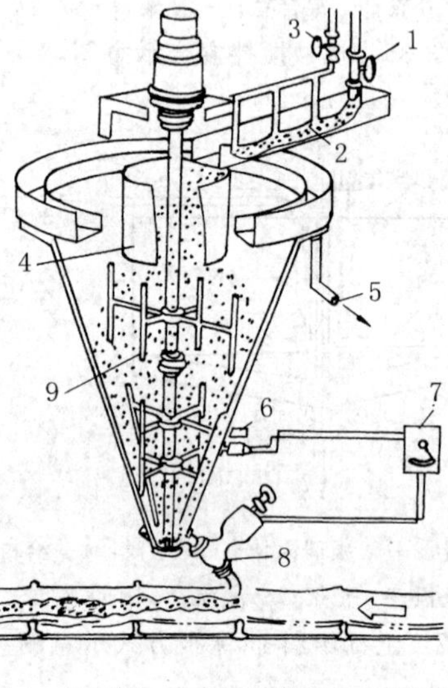

1—入料调节器；2—给料槽；3—药剂调节阀；4—稳流管；5—溢流管；6—测压元件；7—排料调节器；8—排料阀；9—搅拌器。

图 3-40　深锥浓缩机结构

矿浆和絮凝剂的混合，是深锥浓缩机工作的关键工序。为了使絮凝剂与矿浆均匀混合，理想的加药方式是连续多点加药。

深锥浓缩机不加药剂也可用于浓缩浮选尾煤，其浓缩结果如表 3-5 所示。

表 3-5　深锥浓缩机不添加絮凝剂处理浮选尾煤的效果

单位处理量 /[m³/(m²/h)]	溢流水中固体含量 /(g/L)	单位处理量 /[m³/(m²·h)]	溢流水中固体含量 /(g/L)
0.2～0.25	—	0.6	3～4
0.4	0.5～0.8	0.8～1	15～18

由表 3-5 可知，当单位处理量高时，深锥浓缩机溢流中固体含量大，不宜做循环水使用。所以，当处理量超过 0.5 $m^3/(m^2 \cdot h)$时，必须添加絮凝剂。如果不加絮凝剂，浓缩产品的浓度则比较低。实践表明当添加絮凝剂时，即使处理量为 2.5～3.5 $m^3/(m^2 \cdot h)$，底流固体含量也在 200～800 g/L 的范围内变化。

深锥浓缩机占地面积小，处理能力大，同时电耗低，管理方便。但是由于其浓缩产品仍不能满足最终的储、装、运要求，因此与其他脱水设备配合使用最为理想。

我国生产的用于浓缩浮选尾煤的深锥浓缩机，其直径为 5 m，在尾煤入料浓度为 30 g/L、入料量为 50～70 m^3/h、添加 3～5 g/m^3 絮凝剂的条件下，底流浓度可达 55%。

3.4　极细颗粒煤泥水处理的原理

所谓极细颗粒煤泥水主要是指浮选的尾矿水，其特点是粒度组成很细。根据斯托克斯公式，颗粒的沉降速度与其直径的平方成正比，如直径 10 μm 的颗粒，其沉降速度约是 1 μm 颗粒的 100 倍。而粒度越小，其重力作用也越小，布朗运动加剧，促使颗粒保持悬浮状态并自由运动，成为“分散状态”。由此看来选煤厂的极细粒煤泥水是很难沉降的。选煤厂为保证清水洗煤、实现洗水闭路循环，对这些极细粒煤泥水必须进行彻底处理，使其相互黏附团聚，成为“聚集状态”，就得寻找强化细颗粒物料团聚沉降的方法。选煤厂通常采用凝聚和絮凝，使微细颗粒形成絮团，增大粒度，提高沉降速度，强化细颗粒煤泥水的沉降，以达到脱水、澄清的目的。

3.4.1　颗粒处于分散状态的原因

颗粒在液体中保持分散而不聚集沉淀，主要有以下三个原因：

① 颗粒具有双电层结构，同种颗粒表面带有相同符号的电荷，互相之间有一定的排斥力，使颗粒处于分散状态。

② 颗粒表面具有未得到补偿的键能，水偶极子可以在表面进行定向排列，颗粒表面形成一定厚度的水化膜，阻止颗粒互相接触。

③ 颗粒较细时，所受重力作用极小，而布朗运动的作用相当强烈，促使颗粒处于分散状态。当然，布朗运动有时也促使颗粒碰撞，进行凝聚。

为了破坏颗粒的悬浮分散状态，使之产生凝聚或絮凝，首先必须破坏分散系统的稳定性。即采取措施增大颗粒尺寸，如减少甚至消除颗粒表面电性；减少或消除颗粒之间的排斥力；破坏颗粒表面的水化膜，使之相互接近，达到凝聚和絮凝的目的。

3.4.2　凝聚原理

3.4.2.1　DLVO 理论

凝聚是在悬浮液中加入电解质后，使悬浮液失稳的现象。主要是外加电解质消除其表面电荷、压缩双电层的结果。

由于选煤厂的极细颗粒煤泥水可以近似地看成胶体，我们引用 DLVO 理论来分析凝聚原理。该理论认为胶体微粒之间具有范德瓦耳斯力和静电斥力。即颗粒的凝聚和分散特性受颗粒间双电层静电能和分子作用能的支配，其总作用能为两者的代数和。

颗粒之间分子作用能是指分子间的范德瓦耳斯力，两个单分子的范德瓦耳斯力与其间距的六次方成反比。间距增大时，分子之间引力显著减小。当颗粒直径减小时，微粒间的引力是多个分子综合作用的结果，它们与间距的关系不同于单分子，该力与间距的三次方、二次方和一次方成反比，间距越小，方次越低。因此范德瓦耳斯力的作用较单分子更大。

颗粒间的静电能产生是由于颗粒接近到一定距离时带有同号电荷的微粒产生斥力引起的。由于固体颗粒表面常带有剩余电荷，在固液界面上存在有一定的电位差，因而在颗粒周围便形成了双电层结构，如图 3-41 所示。在自然 pH 值下，多数颗粒带有负电。由于这种带电性，因而在固体外围常吸附一定数量的反号离子而使整个颗粒处于电中性状态。当两个颗粒相互靠近时，其间产生斥力。特别是当两个颗粒双电层重叠时，产生的斥力就更大。

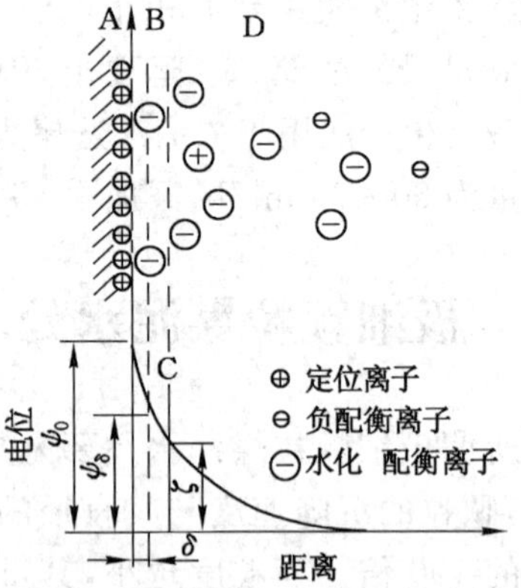

A—内层；B—紧密层；C—滑动层；D—扩散层；ψ_0—表面总电位；ψ_δ—Stern 电位；ζ—电动电位。

图 3-41 颗粒表面双电层示意图

通过以上分析可知，范德瓦耳斯力是引力，对于颗粒的凝聚有利。而静电力是斥力，对于颗粒的凝聚不利。在正常情况下，两者处于力的平衡状态。若减小颗粒间的斥力，就会破坏这一平衡而使凝聚发生。向悬浮液中加入电解质，正好实现这一意图。煤泥颗粒一般带有负电荷，加入电解质后在悬浮液中很快电离出带正电的离子，这些离子可中和颗粒表面的电荷，使其双电层被压缩，从而降低了其电动电位，减小了斥力，使凝聚发生。

由于凝聚改变了颗粒表面的电性质，所以产生的凝聚体小而密实。凝聚体有时易破碎，但破碎后又可重新凝聚，所以说凝聚过程是一种可逆过程。大量试验表明，凝聚对胶体粒子或悬浮液中的微细粒子作用明显。

3.4.2.2 *颗粒受力分析*

上述两个力都与颗粒之间的距离有关，根据 DLVO 理论，颗粒之间的引力和斥力是平衡的。当两个颗粒接近时，在任何距离都同时存在斥力和引力，综合能量大小取决于两力的强弱。

(1) 分子作用能

分子作用能是由构成颗粒分子间的瞬时偶极矩引起的，通常总是相互吸引的力。对于两个半径为 r_1 和 r_2 的球形颗粒，相距为 H_0 时，其分子作用能可用下式表示：

$$V_a = -\frac{A r_1 r_2}{6(r_1 + r_2)H_0} \tag{3-35}$$

式中 V_a——分子作用能；

A——哈马克(Hamaker)常数(表示分子间凝聚力的大小，A 越大，表示物质分子间的吸引力越大)。

当物料 1 和物料 2 浸在液体 3 中时，哈马克常数可写成 $A_{12/3}$，并可由下式计算：

$$A_{12/3} = (\sqrt{A_{11}} - \sqrt{A_{33}})(\sqrt{A_{22}} - \sqrt{A_{33}}) \tag{3-36}$$

式中 A_{11}、A_{22}、A_{33}——分别表示物料 1 颗粒之间、物料 2 颗粒之间及液体 3 本身在真空中的哈马克常数。

(2) 静电作用能

静电作用能是颗粒双电层之间同号离子所产生的静电排斥力。该力是由颗粒表面电位或电荷和溶液中离子组成的函数。上述两个颗粒的静电作用能 V_e 为：

$$V_e=\frac{r_1 r_2 \varepsilon}{4(r_1+r_2)}\left\{2\psi_1 \cdot \psi_2 1n\frac{1+\exp(-KH_0)}{1-\exp(-KH_0)}+(\psi_1^2+\psi_2^2)\ln[1-\exp(-2KH_0)]\right\} \tag{3-37}$$

式中　ψ_1、ψ_2——两颗粒的表面电位；

ε——介质的介电常数；

K——德拜(Debye)参数(表示双电层的扩散程度，其倒数为双电层的厚度 δ)。

$$K=\frac{1}{\delta}=\left(\frac{8\pi ne^2Z^2}{\varepsilon kT}\right)^{\frac{1}{2}} \tag{3-38}$$

式中　n——配衡离子的浓度，离子个数/cm^3；

e——电子电荷；

Z——离子价数；

k——玻耳兹曼常数；

T——绝对温度。

由式(3-37)可知，颗粒之间静电能是颗粒间距 H_0 的指数函数，电解液浓度对其有一定的影响。

当两个颗粒的表面电位 ψ_1、ψ_2 同号时，静电作用能为正值，颗粒互相排斥；反之，当两个颗粒的表面电位异号时，静电作用能为负值，颗粒之间互相吸引。

介质中颗粒所处状态，是由静电作用能和分子作用能之总和决定的。

$$V=V_a+V_e \tag{3-39}$$

当两个颗粒间斥力占优势时，颗粒处于分散状态；反之，引力占优势，则颗粒处于凝聚状态。它们之间的关系如图 3-42 所示。由图中可知，颗粒距离较远时，其排斥力很小，几乎等于零但仍有一定吸引力。随距离缩小，排斥力、吸引力均随之增大，但其合力具有不同形式。

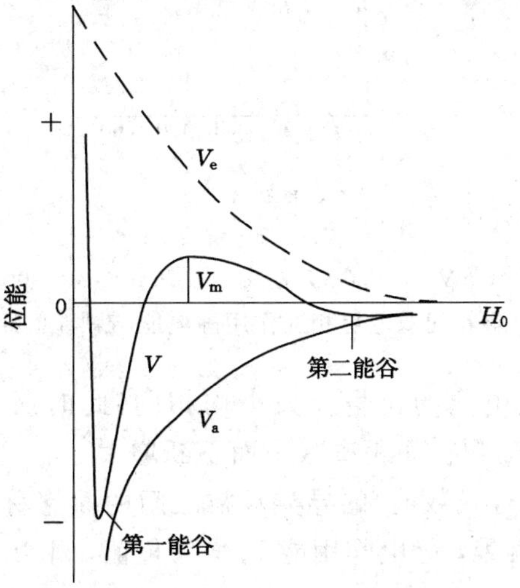

图 3-42　颗粒间总作用能 V、静电作用能 V_e、分子作用能 V_a 与颗粒间距离 H_0 的关系

对函数 V 求导，$dV/dH_0=0$ 时，得颗粒间总作用能 V 的极大值和极小值，在 H_0 较大时，有一缓平的极小值，称为第二能谷，此时可能形成准稳态的凝聚体。即形成的凝聚体系存在可逆性倾向，经过搅动，体系容易再次分散。随颗粒间距减小，总能量逐步增大，直至达到极大值 V_m，称为“势垒”。为了形成稳定的凝聚体，必须降低势垒。势垒越小，越容易形成凝聚体。颗粒间距继续减小，又出现极小值，称第一能谷，此时颗粒可获得稳定的凝结状态。如要进行分散，需要相当大的能量。当 V_m 较小时，颗粒可借助分子热运动所赋予的动能克服势垒，形成稳定的凝聚体，克服势垒形成稳定的凝聚体后，随颗粒之间距离减小，总能量又有可能会骤然上升。

势垒及所对应的颗粒之间距离的大小受电解质浓度、双电层反号离子和电价等因素影响。反号离子浓度越高、电价越大时，德拜参数 K 也越大，双电层被压缩。颗粒的表面电位低，静电斥力降低，甚至不产生势垒，因而可使颗粒近距离互相接近，并使颗粒分散状态的稳定性发生变化，一直到形成凝聚为止。

3.4.2.3　同相凝聚和异相凝聚

由组分 1 和组分 2 组成的悬浮体，在介质中的表面电位有如下四种情况：① $\psi_1=\psi_2$；② $\psi_1\neq\psi_2$，符号相同；③ $\psi_1\neq\psi_2$，符号相反；④ $\psi_1=0$，$\psi_2\neq0$。

上述四种情况，颗粒之间双电层相互作用的静电作用能与颗粒间距离的关系见图 3-43。

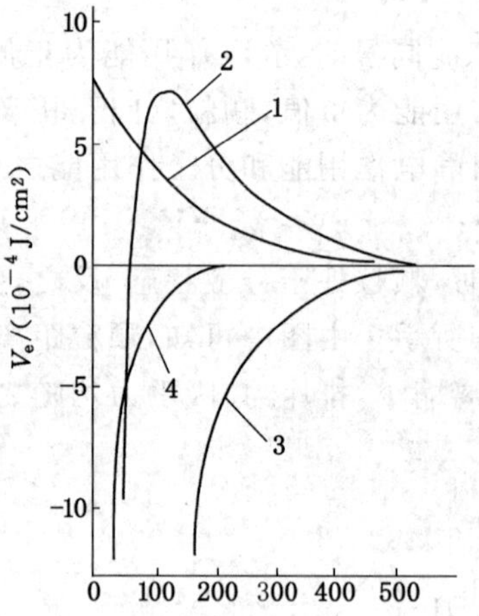

$K=1\times10^6$（1-1 型电解质 1 mol/m³）

1—$\psi_1=\psi_2=10$ mV；2—$\psi_1=-10$ mV，$\psi_2=30$ mV；3—$\psi_1=-10$ mV，$\psi_2=30$ mV；4—$\psi_1=0$ mV，$\psi_2=10$ mV。

图 3-43　颗粒间双电层相互作用静电能与颗粒间距离的关系

当 $\psi_1=\psi_2$ 时，颗粒表面电位的符号及大小均相同，此时所产生的凝聚称为同相凝聚。其静电作用能 V_e 为正值且随颗粒间距离减小而不断增大。

表面电位不同（包括符号或数值）的异类颗粒之间的凝聚称为异相凝聚。在 ψ_1，ψ_2 异号或两者之一为零时的异相凝聚，静电作用能 V_e 均为负值，相互之间的静电作用能始终表现

注：① 1 Å$=10^{-10}$ m。

为引力，如曲线 3 和曲线 4 所示。如果 ψ_1 和 ψ_2 符号相同，但数值不同，相互作用力在距离较大时表现为斥力，颗粒接近并达到一定距离时，变为引力，且有一极大值，其值取决于 ψ 值较低者。由斥力转变为引力的点即 V_e 为最大值时的点。

异类颗粒间的分子作用能由哈马克常数 $A_{12/3}$ 决定，当 A_{33} 介于 A_{11} 和 A_{22} 之间时，$A_{12/3}$ 为负值，分子作用能为正值，颗粒间分子的作用力为排斥力。意味着异类颗粒间的分子引力小于颗粒与介质之间的分子引力。介质对颗粒的相互接近产生排斥作用，但在多数情况下，分子作用力表现为引力。

综上所述，颗粒的互凝与分散主要取决于颗粒的表面电位 ψ_1 和 ψ_2。当 $\psi_1 \times \psi_2 < 0$ 时，静电作用力为引力，互凝易于发生，$\psi_1 \times \psi_2$ 的绝对值越大，互凝越激烈；当 $\psi_1 \times \psi_2 \geqslant 0$ 时，其中一个值很小，静电排斥力也很小，互凝有可能发生；当 $\psi_1 \times \psi_2 \gg 0$ 时，颗粒将处于分散状态。颗粒在介质中的哈马克常数，对互凝有一定影响。

综合势能曲线如图 3-44 所示。通常吸引势能曲线不受双电层变化的影响，而排斥势能曲线随双电层扩散层厚度和电位值的大小而变化。图中曲线 1 和曲线 2 表示稳定分散状态的势能曲线，曲线 3 和曲线 4 为不稳定分散状态的势能曲线。因此，依靠颗粒本身的布朗运动是无法越过势垒而实现凝聚的，势垒恒为正值。势垒的大小可用以判断体系的稳定性强度。

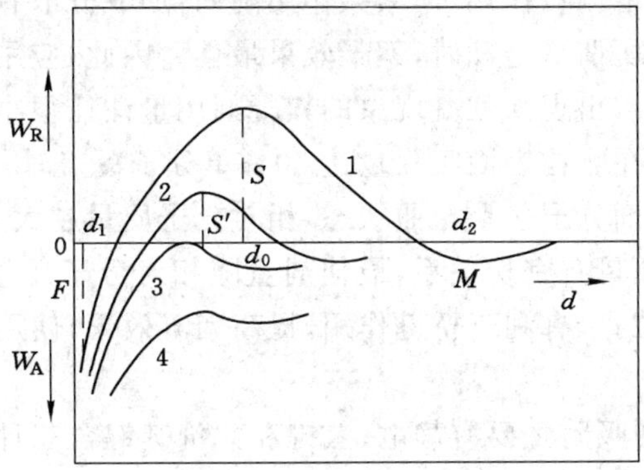

1、2—稳定分散状态的势能曲线；3、4—不稳定分散状态的势能曲线。

图 3-44　综合势能曲线

如要破坏这种稳定体系，必须向体系中添加电解质，降低颗粒表面电位，压缩扩散层，使颗粒双电层重叠产生排斥力的颗粒之间距离变小，故排斥力也变小。部分动能较大的颗粒冲破势垒，产生凝聚。但由于排斥势能阻的存在，该种凝聚是慢速的，即缓慢凝聚。药剂用量增多时，扩散层继续被压缩，产生排斥力的颗粒间距更小，甚至开始产生排斥力的同时，吸引力已超过排斥力，此时可形成快速凝聚。

3.4.3　絮凝原理

絮凝是在悬浮液中加入高分子化合物后，由于架桥作用而使悬浮液出现失稳的现象。用于絮凝的高分子化合物称为絮凝剂，一般高分子化合物都有很长的分子链，而且链上有很多活性基团，这些活性基团能在颗粒的表面进行吸附。若一个这样的分子链能同时吸附两个或两个以上的微粒，那么就会把微粒像架桥一样地连接起来而形成絮团。

这种作用又称架桥作用，如图 3-45 所示。用高分子化合物进行架桥时，无论悬浮液颗粒表面荷电状况如何，只要添加的絮凝剂具有可在颗粒表面吸附的官能团或吸附活性，便可实现絮凝。

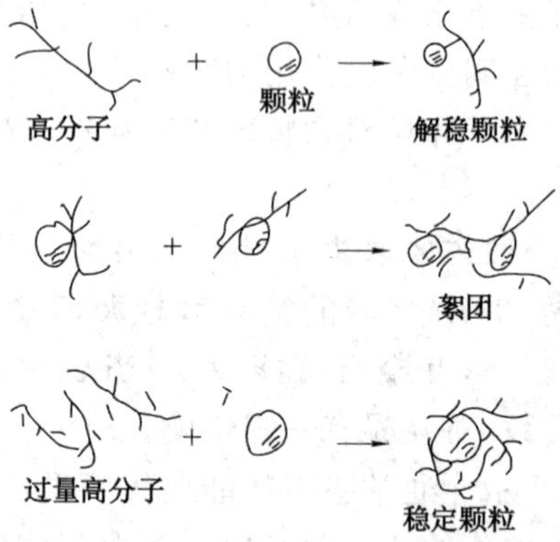

图 3-45　架桥作用示意图

絮凝剂分子可以与多个颗粒接触形成絮团，使原来的悬浮体系失稳。过量的絮凝剂将颗粒包裹住，不利于与其他颗粒作用，使絮凝作用削弱，形成分散状态。试验表明，只要颗粒表面部分被絮凝剂覆盖，所谓半饱和时，絮凝效果最佳。因此，应用絮凝剂一定要适量，避免过量起相反作用。实际中，出现强絮凝现象的絮凝剂用量往往很小，大量添加将导致颗粒分散。Lamar 提出，絮凝剂在颗粒表面吸附量达 50％单分子覆盖时，效果最好。

此外，在溶液中絮凝剂分子多呈扭曲状态，相对分子质量越大，卷伏现象越严重。因此，絮凝剂用量与相对分子质量有密切关系，最佳剂量随相对分子质量增大而增加。经恰当处理使卷伏分子适当舒展拉直，有利于桥键作用，提高絮凝效果，使用过量絮凝剂，容易导致颗粒分散。

絮凝剂在颗粒表面的吸附主要有静电、氢键和共价键键合三种类型。

① 静电键合——主要由双电层的静电作用引起。

② 氢键键合——当絮凝剂分子中有$—NH_2$和$—OH$ 基团时，可与颗粒表面电负性较强的氧进行作用而形成氢键，虽然氢键键能较弱，但由于絮凝剂聚合度大，氢键键合的总数亦大，所以该项能量不可忽视，但单纯氢键的选择性较差。

③ 共价键键合——高分子絮凝剂的活性基团在矿物表面的活性基区吸附，并与表面离子产生共价键键合作用。此种键合，常可在颗粒表面生成难溶的表面化合物或稳定的络合物，并能导致絮凝剂的选择性吸附。

三种键合可以同时起作用，也可以仅一种或两种起作用，具体视颗粒与聚合物体系的特性和水溶液的性质而定。

大量试验表明，使用絮凝剂时用量不宜过大。这是因为，过量的絮凝剂会将煤泥颗粒表面包裹住，不利于与其他颗粒作用而使絮凝作用削弱。一般情况下，颗粒表面被絮凝剂半饱和覆盖时，絮凝效果最佳。图 3-46 所示为高分子絮凝过程模型。絮凝作用由于没有改变颗粒表面的电性质，即颗粒与颗粒之间的斥力仍然存在，所以产生的絮团大而蓬松，其间含有大量水分。絮团虽有一定的强度，但强烈搅拌会使其破碎，且破碎后一般不再成团，即过程不可逆。絮凝对于粒度较粗的颗粒作用明显。

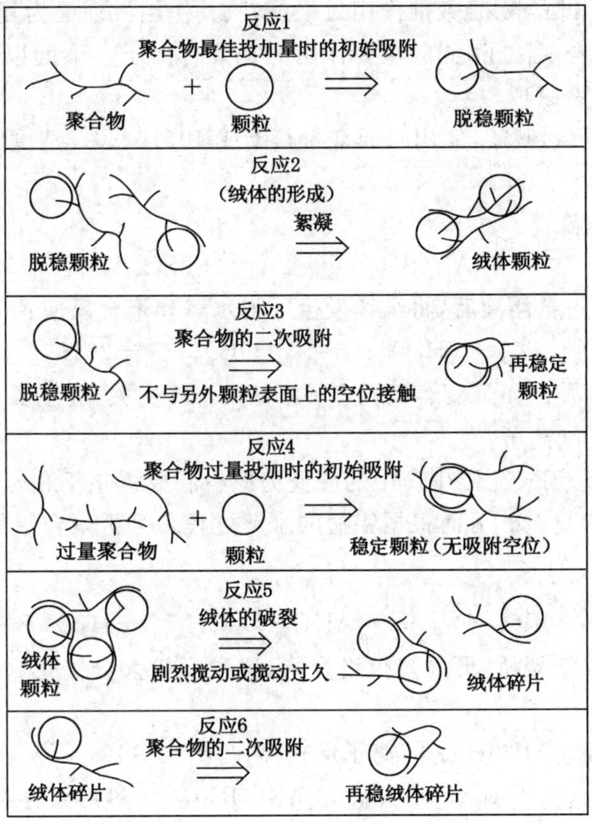

图 3-46　高分子絮凝过程模型

3.4.4　凝聚剂和絮凝剂

3.4.4.1　凝聚剂

不同的凝聚剂能以不同的方式使分散的微细胶体颗粒凝聚成较大的集合体。但一般的凝聚剂作用主要依靠凝聚剂电离出的离子(与颗粒表面电荷相反)压缩颗粒表面的双电层,减少由于电动电位引起的颗粒之间的斥力来实现。对一些特殊的凝聚剂,还包括其他方面的作用。以下介绍几种凝聚剂及其作用。

凝聚剂主要为无机电解质。其电离出来的离子应与颗粒所带电荷离子的电性相反,且离子的价态越高所起凝聚作用越强。凝聚剂分为阴离子型和阳离子型两类,由于大部分物质的颗粒荷负电,因此工业上常用的凝聚剂多为阳离子型。

凝聚剂可分为以下几种:

① 无机盐类:硫酸铝、硫酸钾、硫酸铁、硫酸亚铁、碳酸镁、氯化铁、氯化铝、氯化锌、铝酸钠等。

② 金属氢氧化物类:氢氧化铝、氢氧化铁、氢氧化钙和生石灰等。

③ 聚合无机盐类:聚合铝和聚合铁。聚合铝可细分为碱式氯化铝(BAC)$[Al_2(OH)_nCl_{6-n}]_m$和碱式硫酸铝(BAS)$[Al_2(OH)_n(SO_4)_{3-n/2}]_m$;聚合铁可分为碱式氯化铁(BFC)$[Fe(OH)_nCl_{6-n}]_m$

和碱式硫酸铁(BFS)$[Fe(OH)_n(SO_4)_{i-n/2}]_m$。上述各分子式中的 m 均为聚合度。

在各类凝聚剂中，聚合物凝聚剂作用效果最好，其作用机理最为复杂。这是因为其凝聚作用并非只是单个的金属离子，而起主要作用的是聚合离子。下面以硫酸铝和碱式氯化铝为例来进一步分析凝聚原理。

① 硫酸铝，是强酸弱碱盐，使用时通常将其配成10%～20%浓度的溶液，溶液的 pH 值为 4。

硫酸铝在水中电离：

$$Al_2(SO_4)_3 = 2Al^{3+} + 3SO_4^{2-}$$

将硫酸铝溶液加入悬浮液后，将继续发生下列水解和聚合反应：

$$Al^{3+} + nH_3O^+ = [Al(OH)_n]^{3-n} + 2nH^+$$

反应式中的 n 值为 1～6。显然此反应和溶液的 pH 有关，起主要凝聚作用的不是 Al^{3+} 离子而是 $[Al(OH)_n]^{3-n}$ 离子。

② 碱式氯化铝，是用氧化铝生产中的废渣为原料制成氯化铝和氢氧化铝中间物的水解产物，其凝聚作用更为复杂。下面根据铝盐的水解过程来分析聚合铝的凝聚作用。

水解方程式：

$$Al(OH)_6^{3+} \xrightarrow{H_2O} [Al(OH_2)_6OH]^{2+} + H_3O^+$$

水解产物通过 OH^- 架桥，形成多核络合物，这种无机大分子化合物和悬浮液的 pH 值关系十分密切。

当 pH<4 时，它以 $[Al(OH)_n]^{3+}$ 离子形式存在，$n=6～10$。

当 4≤pH<6 时，它以 $[Al_6(OH)_{15}]^{3+}$、$[Al_7(OH)_{17}]^{4+}$ 等形式存在。

当 6≤pH<8 时，会发生 $Al(OH)_3$ 沉淀。

当 pH≥8 时，以 $[Al(OH)_4]^-$、$[Al_8(OH)_{26}]^{2-}$ 等离子形式存在。

从上面分析可知，在不同 pH 值矿浆中，聚合铝呈不同电性的高价离子，它们不仅可压缩颗粒双电层，而且吸附于颗粒表面。另外，这些水合氧化物都是络合大分子，又有很强的吸附能力，其本身也能同时吸附两个或两个以上的颗粒，而使其成团、发生沉降。在有的著作中，有人把这种作用称为聚团作用。

从以上碱式氯化铝的凝聚原理不难看出，使用凝聚剂时矿浆的 pH 值常常是很重要的。因此，硫酸、盐酸、苛性钠等酸碱化合物又被用作助凝聚剂。

碱式氯化铝具有较强的电荷中和能力，对于悬浮液中表面带同种电荷而难以沉降的颗粒，效果非常明显，得到了较广泛的使用。

聚合铁无机高分子化合物是利用废铁锈和废酸等制得的，故自身呈酸性，每升聚合铁溶液中含铁 90～130 g，是一种价廉高效的凝聚剂。实践表明，它不仅能使微细颗粒凝聚成团，而且对去除悬浮液中的 COD(生物需氧量)、BOD(化学需氧量)、色度有很好的效果。

可用的阴离子型凝聚剂很少，最常用的是六聚偏磷酸钠，但其价格较昂贵，一般不用于实际生产。

3.4.4.2 絮凝剂

絮凝剂是具有一定线性长度的高分子有机聚合物。絮凝剂的种类很多，一般将高分子絮凝剂分为无机高分子絮凝剂和有机高分子絮凝剂两大类，有机高分子絮凝剂按其来源可分为天然的和人工合成的两大类；按分子结构可分为聚合型、缩合型和混合型；按离子类型则可分为阴离子型、阳离子型、非离子型、阴阳两性型和混合型等。

1. 天然高分子絮凝剂

(1) 淀粉加工产品及其衍生物

淀粉主要来源于粮食作物，是一种高分子化合物，也是一种混合物。由可溶性的直链淀粉和不溶性的支链淀粉组成分子式$(C_6H_{10}O_5)_n$。多数淀粉虽不溶于水，但经过热处理或碱处理后可变为糊状的水溶性物质，具有很好的凝聚性能。淀粉相对分子质量可达 6 万～10 万，其分子链长度可达 200 nm 以上，多数在 400～800 nm 范围内。

(2) 纤维素的衍生物

自然界纤维素分布很广，是构成植物细胞壁的基础物质，其通式与淀粉相同。淀粉的结构单元是 α-葡萄糖，而纤维素的结构单元是 β-葡萄糖。纤维素本身不溶于水，但经化学方法处理后其衍生物能溶于水，是一种很有效的絮凝剂。其相对分子质量从十几万到几十万，国外此类产品有 CMC(羧甲基纤维素)、HEC 等。

(3) 腐植酸钠

腐植酸类化合物富存于褐煤、泥煤和风化煤中，是一种天然高分子聚合物电解质。其含量最高可达 70%～80%。其平均相对分子质量为 2.5 万～2.7 万，具有胶体化合物的性质。腐植酸本身不溶于水，其钾盐和钠盐则易溶于水。用风化的露头煤经苛性钠处理，就可得腐植酸钠，它是一种很好的絮凝剂。

2. 人工合成高分子絮凝剂

(1) 类型

人工合成的高分子絮凝剂种类很多，按其官能团分类，主要有阴离子型、阳离子型和非离子型三大类。表 3-6 为常见的人工合成高分子絮凝剂的官能团。

表 3-6　高分子絮凝剂主要官能团

阴离子型官能团	$-COOH$	羧基	阳离子型官能团	$-NH_2$	伯胺基
	$-SO_3H$	磺酸基		$-NH-R$	仲胺基
	$-OSO_3H$	硫酸酯基		$-N(R)-R$	叔胺基
非离子型官能团	$-OH$	羟基		$-N(R)(R)-R$	季胺基
	$-CN$	氰基			
	$-CONH_2$	酰胺基			

(2) 聚丙烯酰胺的制取

在人工合成的高分子絮凝剂中，应用最广的是聚丙烯酰胺及其衍生物，是我国目前使用最多的非离子型絮凝剂。

聚丙烯酰胺是由丙烯腈水解生成丙烯酰胺，然后在引发剂的作用下，加热聚合而成的。其方程式为：

$$CH_2CHCONH_2 \cdot H_2SO_4 + Ca(OH)_2 \longrightarrow CH_2CHCONH_2 + CaSO_4 + 2H_2O$$

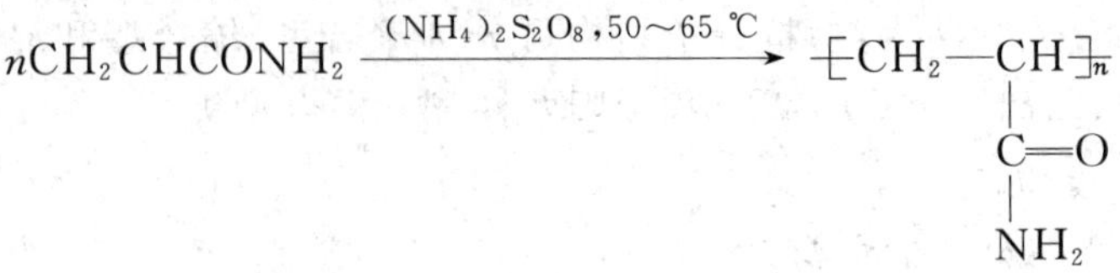

最终产品聚丙烯酰胺为黏稠状物质，含聚丙烯酰胺 8%。聚丙烯酰胺又叫作 PAM。

3. 聚丙烯酰胺的部分水解产品

由于聚合烯酰胺分子侧链上的酰胺基之间可形成氢键，整个分子链呈卷曲状。对于絮凝剂来说，分子链越长，絮凝效果越好，而卷曲的分子链势必影响絮凝效果。于是人们又研制了部分水解体的聚丙烯酰胺，又称 PHP。实际用于生产的多为 PHP，其水解方程式如下：

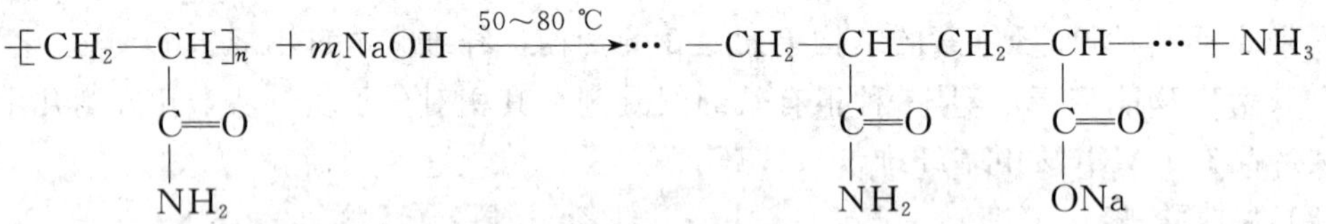

聚合物在碱性或中性溶液中进行水解，可电离出钠离子而使得—COO^-基团带负电，由此可知 PHP 是阴离子型絮凝剂。水解度越大，带负电的基团就越多，对伸长分子链有利。由于絮凝剂处理的微细颗粒大都带负电，而絮凝剂本身亦带过多的负电，所以对吸附颗粒不利。因此聚丙烯酰胺的水解有一定的限度。图 3-47 所示为水解度对分子卷曲程度的影响。

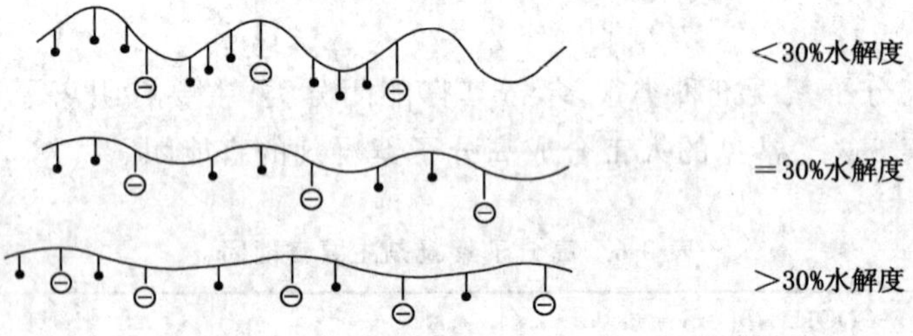

图 3-47　水解度对分子卷曲程度的影响

从图中可以看出，当水解度小于 30%时，—COO^-基团较少，相互间产生的斥力较小，分子链卷曲得比较厉害，其架桥作用较差，但受同性电荷的排斥力却较小。当水解度大于 30%时，—COO^-基团增加，产生的斥力增大，分子链比较伸展，但此时受同性电荷的排斥力也较大，可阻止架桥作用而使絮凝效果不理想。当水解度为 30%时，分子链上每隔两个酰胺基团就有一个—COO^-离子基团，此时电性适中，分子链也不过于卷曲，絮凝效果最好。

表 3-7 为不同水解度聚丙烯酰胺对瘦煤、浓度为 78 g/L、pH=7.5、药剂用量为 3 g/m^3 的煤泥水的澄清试验结果，图 3-48 所示是絮凝剂水解度与煤泥沉降速度特性关系。

由表 3-7 及图 3-48 可知，当水解中加碱量为絮凝剂质量(干基)的 15%时，所得水解度为 30%的阴离子型絮凝剂产品对煤泥水的澄清效果最佳，加碱量过多或过少时，其水解后产品的澄清效果均会降低。

表 3-7　不同水解度聚丙烯酰胺对煤泥水的澄清试验结果

加 NaOH 量/(g/kg)	所得阴离子产品的水解度/%	絮凝沉降速度/(cm/min)
25	5	58
50	10	66
75	15	72
100	20	84
125	25	96
150	30	115
175	35	105
200	40	88

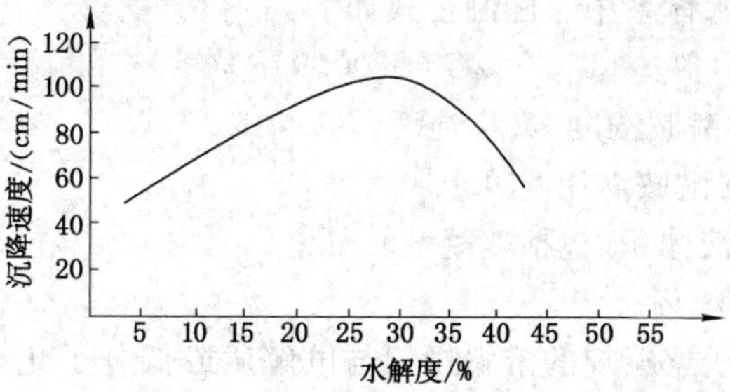

图 3-48　絮凝剂水解度与煤泥沉降速度特性曲线

3.4.4.3　絮凝剂的配制和使用

1. 絮凝剂的选择

由于絮凝剂与矿物之间的作用过程比较复杂，目前仍无法根据煤泥水体系的参数，预测絮凝剂的作用及效果，需要逐个进行试验，选定絮凝剂的种类及用量。

絮凝剂的用量应包括两部分：一部分消耗于包裹悬浮物的分子，有利于絮团的形成；另一部分消耗于一些破坏絮团重新吸附絮凝剂而聚集成新的絮团。形成絮团的用量与颗粒表面积呈线性关系，后者则与表面积无关，而与颗粒表面被絮凝剂包裹的程度有关。

选取高分子絮凝剂应注意以下几方面。

(1) 选择正确的类型

使用高分子絮凝剂时，应选择正确的类型。因其絮凝能力和电荷密度、相对分子质量等均有关，因此，需具体进行试验后确定。

(2) 用量恰当

絮凝剂的用量除了直接影响絮凝效果外，还影响选煤厂的成本，其用量应选择恰当。

其原因如下：

① 正如前面所述，絮凝剂在矿物表面的覆盖量约为 50%时，可达到最佳絮凝效果。用量过小，效力不足；用量过大，反而产生保护胶体作用，促使颗粒处于分散状态。

② 高分子絮凝剂本身价格昂贵，用量过大，导致选煤成本增加。

③ 使用聚丙烯酰胺时，由于丙烯酰胺单体是一种具有巨大毒性、影响神经的药剂。在

聚丙烯酰胺合成过程中，不可避免仍有部分单体存在，即使要求在聚丙烯酰胺中的残留单体含量小于 0.05%，仍应严格控制聚丙烯酰胺的用量，减少丙烯酰胺单体毒性对人体造成的危害。

2. 絮凝溶液的配制

絮凝剂在选煤厂中最主要的用途是提高澄清、浓缩设备固液分离的效果。另一个用途则是适应某些特殊设备的需要，如带式压滤机等许多新型设备需要有适当的絮凝剂配合使用，才能充分发挥作用。

目前使用的絮凝剂是聚丙烯酰胺系列产品，其多为胶体状、板块状和粉粒状。由于它们是高分子化合物，大都是粉末状，故溶解速度较慢。因此使用时，首先是将一定浓度的商品聚丙烯酰胺放入搅拌桶与一定量的清水充分搅拌，要求搅拌时叶轮的转速小于 400 r/min，时间为 1～1.5 h，配成浓度 0.1%～0.15%的溶液后，再送至储存箱备用，使用时将该储存液均匀定量地加入煤泥水体系中。配制公式如下：

$$cG = 1\,000 V_p c_p \tag{3-40}$$

式中 c——商品聚丙烯酰胺浓度，又称纯度，%；

G——商品聚丙烯酰胺需用量，kg；

V_p——所配水溶液体积(包括絮凝剂)，m^3；

c_p——水溶液浓度，%。

可溶性的有机高分子絮凝剂的溶解过程与电解质或低分子化合物不同。相比之下，后两者溶解较快，因为它们的溶解过程仅是一个扩散过程；而前者由于相对分子质量大，所以溶解较慢，通常需要几个小时，其溶解过程首先是水分子向聚合物内部的结构逐渐疏松、溶胀到一定程度，高分子才开始从边缘的水中扩散。由于它的相对分子质量较大，行动不便，所以扩散也慢得多。显然，相对分子质量越大，越难溶解。若分子中含有亲水基团如—COO^-，溶解较快，如 PHP 溶解快于 PAM；且水解度越高，溶解也越快。使用热水可加快溶解(但不要高于 55°)。搅拌是最常用加速溶解的方法，但不要剧烈搅拌。尽量避免用离心泵抽吸和输送，避免线性高分子被剪断，降低相对分子质量。输送尽量采用自流。

当自然混合不能满足要求时，则应该安设混合装置，如在浓缩机的入料槽中加混合板，从而造成足以使煤泥水和絮凝剂水溶液混合均匀的涡流，如图 3-49(a)所示；也可在入料点安设回转筒，将煤泥水沿切线方向给入，絮凝剂水溶液沿相反的切线方向给入或在沿切线进入的煤泥水上部给入，如图 3-49(b)所示。

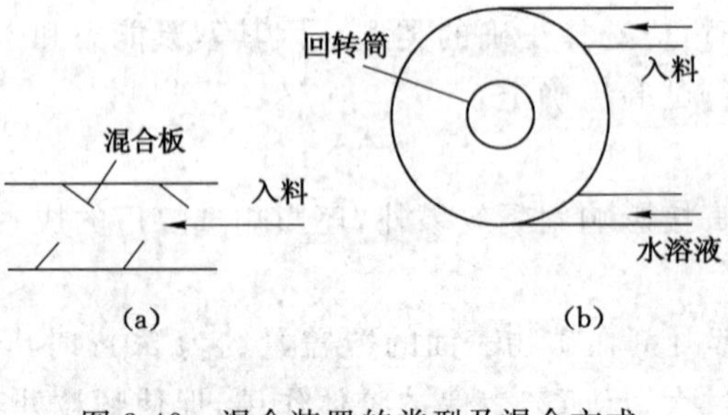

图 3-49 混合装置的类型及混合方式

3. 絮凝剂水溶液的储存

聚丙烯酰胺溶液容易变质、失效，所以最好现配现用以提高效能。储存时不宜采用铁质容器长期保存。因为聚丙烯酰胺水溶液会被铁氧化，在 $Fe(OH)_3$形成的过程中使絮凝能力降低。有学者认为，Fe^{3+} 较多时易使线性高分子相互之间发生交联作用，即通过 Fe^{3+} 使线性高分子相互连成立体型分子，使絮凝架桥能力降低。试验曾用新配的水溶液作用某煤泥水，其沉降速度为 25 mm/min。但与薄铁板作用 5 天的水溶液使煤泥水沉降速度降低为 6 mm/min，而且澄清层浑浊。而与薄铁板接触 15 天的水溶液则几乎完全丧失了絮凝能力。因此应尽量采用其他容器储存聚丙烯酰胺水溶液，如必须采用铁质容器，其接触面要刷漆。

4. 絮凝剂的添加

由于高分子絮凝剂的絮凝能力很强，所以添加量都很小，例如每立方米煤泥水仅需几克。即使采用 0.1%～0.15%的稀溶液，也需要将 1 L 左右的稀溶液迅速扩散到 1 m^3 的煤泥水中。因此，絮凝剂水溶液越稀越能保证絮凝剂分子在煤泥水中充分分散，并能有同样的机会和煤泥颗粒接触。但过稀的水溶液又会给制备、储存带来困难。理想的混合条件是快速有力地搅拌使絮凝剂充分分散并和颗粒迅速接触、吸附，然后煤泥水体系失稳后立刻转入比较稳定的絮凝沉降环境。这些要靠选择合适的加药地点以及加药方式来确定。加药地点决定了接触时间，一般是加在设备入料点前若干米溜槽或管道内。距离太近，接触时间短，影响絮凝剂的充分分散；距离太远，则会使已产生的絮团遭到破坏。加药方式决定了絮凝剂同煤泥水混合的均匀程度。一般尽可能在煤泥水溜槽的槽宽处采用单点和多点加药(图 3-50)。

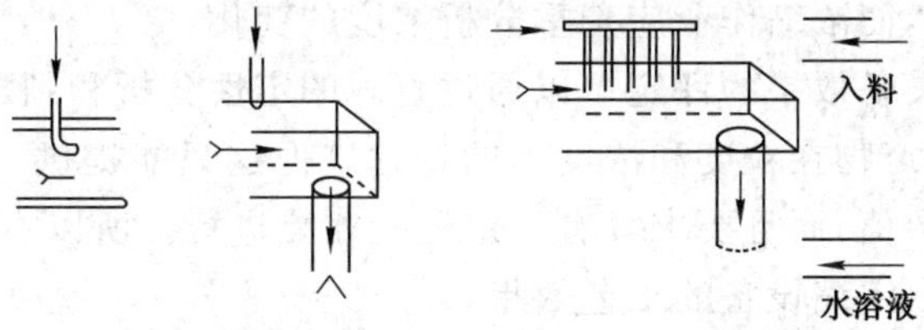

(a) 管道、溜槽内单点加药　　(b) 管道、溜槽内多点加药

图 3-50　加药方式

需要指出的是，絮凝剂通常加在浓缩设备(如耙式浓缩机、深锥浓缩机)中，而不能加在煤泥池中，因浓缩物(絮团)疏松，水分较大，难以自然脱水和晾干，还得进一步用其他设备脱水。通常尽量采用多点加药，使絮凝剂在煤泥水中充分分散，以提高药剂效能。

3.4.4.4　凝聚剂和絮凝剂的配合使用

由于凝聚剂是靠改变颗粒表面的电性质来实现凝聚作用的，当用它处理粒度大、荷电量大的颗粒时，使用量就会很大，从而导致生产成本增加。但是，凝聚剂对荷电量小的微细颗粒作用较好，得到的澄清水和沉淀物的质量都很高。而絮凝剂用于处理悬浮液时，由于它不改变颗粒表面的电性质，颗粒间的斥力仍然存在，产生的絮团蓬松，其间含有大量的水，澄清水中还含有细小的粒子，但絮凝剂的用量却较低。由此可以看出，凝聚剂和絮凝剂在处理悬浮液时各有优缺点。

实践表明，把两者配合起来使用可获得理想的效果。其作用原理是：凝聚剂先把细小颗粒凝聚成较大一点的颗粒，这些颗粒荷电电性较小，容易参与絮凝剂的架桥作用，且颗粒与颗粒间的斥力小所产生的絮团比较压实。由于细小的颗粒都被凝聚成团，产生的澄清水质量也比较高。图 3-51 所示凝聚剂在絮凝过程中的作用。

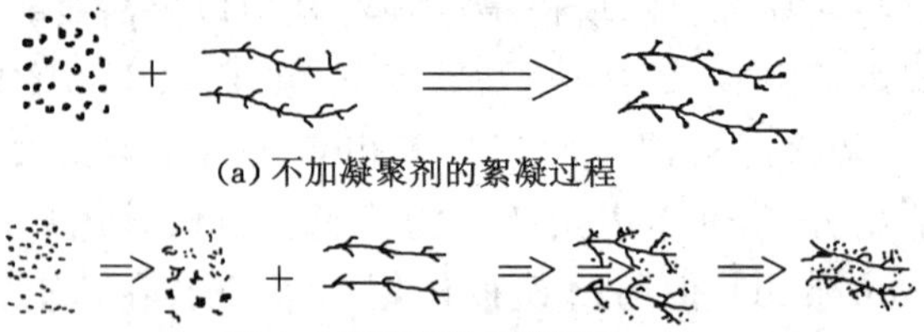

(a) 不加凝聚剂的絮凝过程

(b) 加入凝聚剂的絮凝过程

图 3-51　凝聚剂在絮凝过程中的作用

凝聚剂和絮凝剂在配合使用时，一定要先加凝聚剂后加絮凝剂，这样可以提高药剂作用效果。生产实践证明，两种药剂配合使用时，用药成本不仅不会大幅度增加，而且大多数选煤厂的用药成本反而大大降低了。

3.5　分级、浓缩效果的评定

煤泥水分级浓缩作业是选煤厂生产工艺过程的中间作业，其工作效果的好坏，将影响到其他作业的效果。由于分级浓缩作业的工作原理基本相同，因此，其工作效果评定的内容也基本相同。但由于它们的工艺要求不同，故对其评定的侧重点也有所不同，对于分级作业应着重考查粒度的变化，而浓缩作业应着重分析浓度的变化。

对于分级、浓缩设备效果的评定可以通过直观的定性分析和判断，即通过观察和手感来分析分级或浓缩后各产物在粒度和浓度上的变化。但这只能提供一个大致的效果，不能够给出精确、可比较的数值，而且要求具有一定经验才能进行。所以本节重点介绍采用评定指标的方法来评价分级、浓缩设备的工艺效果。

3.5.1　定性分析

通过产品外观可以粗略进行评价。现场有经验的操作人员和深入现场的工程技术人员，都有这方面的经验和能力。通过观察和手感判断分级设备溢流中是否有过粗粒，浓度是否符合要求，产物的大概灰分等。还可通过小筛分资料进行分析。

(1) 浓度

对分级、浓缩作业各产品都有一定的浓度要求，通过溢流、底流的浓度进行观察，对浓缩作业，底流浓度高、溢流浓度低，表示浓缩作业澄清效果好，但底流的具体浓度，需看实际生产的需要。浓缩机的溢流做循环水，浓度越低越好。特别是尾煤浓缩更应如此。溢流浓度增高，由于高灰细泥悬浮在溢流水中，返回到分选作业，容易造成对水洗精煤和粗煤泥的污染。

(2) 粒度

通过入料、溢流、底流三产品的小筛分资料分析产品的数量、质量情况，初步估计作业的工作效果。若分级粒度为 0.5 mm，则沉淀物中大于 0.5 mm 的量越大越好，说明已分选的合格物料回收越多，效果越好；而溢流中小于 0.5 mm 的量越多越好，否则脱泥效果不好，影响精煤质量。

3.5.2　定量分析

（1）分级作业

根据《选煤厂水力分级设备工艺效果评定方法》（MT/T 738—1997）规定，分级作业采用分级效率 η 和以分配曲线为基础的平均分配误差 PE_m 为评定指标，以通过粒度 S_{95} 为辅助指标。

通过粒度 S_{95} 是以溢流中 95%的量通过标准筛筛孔的大小来表示。通过粒度越接近规定粒度越好，但不应大于规定粒度。

标准规定，当评定选煤厂的水力分级设备（设施）工艺效果时用分级效率 η，当对新研制设备进行技术鉴定、对新投产设备进行验收或对重要的生产技术进行检查时，应同时使用分级效率 η 和平均分配误差 PE_m，通过粒度作为辅助评定指标，为了确定通过粒度，可对溢流产物做小筛分试验，作出粒度曲线，从曲线上查得。

（2）浓缩作业

浓缩的过程也是分离的过程，溢流水中只应含有一些来不及下沉的颗粒。因此，底流中的固体回收率应该越高越好。由于浓缩侧重于浓度，所以计算指标应采用浓度效率，计算公式如下：

$$\eta_N = \frac{100(C_G - C_Y)(C_G - C_D)}{C_G(100 - C_G)(C_D - C_Y)} \times 100\% \tag{3-41}$$

式中，C_G、C_Y、C_D 分别为给料、溢流、底流的质量浓度，%。

浓缩作业的辅助评价指标是底流固体回收率，即底流固体产率，可用下式计算：

$$\varepsilon_D = \frac{C_D(C_G - C_Y)}{C_G(C_D - C_Y)} \times 100\% \tag{3-42}$$

【思考题】

1. 分级、浓缩、澄清作业有何异同？
2. 绘图并说明分级设备的工作原理，并简述面积对分级效果的影响。
3. 分级的实质是什么？受什么因素干扰？
4. 简述倾斜板分级设备的分类及工作原理，并说明如何对其进行设计。
5. 何为沉降曲线？三段曲线的代表含义是什么？
6. 科-克莱文杰静态模型的内容是什么？
7. 简述凝聚和絮凝的原理。
8. 举例说明絮凝剂水解度对絮凝效果的影响。
9. 如何配制絮凝剂？简述使用聚丙烯酰胺时应注意的事项。
10. 凝聚剂和絮凝剂配合使用的原理是什么？添加时应注意哪些问题？
11. 分级和浓缩效果的评定指标有哪些？

第4章 煤泥水处理流程

根据用户对产品水分的要求，不同的产品要进行不同的脱水处理，选煤厂通常称煤泥水处理。为能够对产品顺利进行脱水，由不同的脱水设备、煤泥水不同流向组成了煤泥水处理流程。本章介绍煤泥水处理系统的原则流程、内部流程及主要评定指标等内容。

4.1 煤泥水处理系统的原则流程

煤泥水处理的原则流程有浓缩浮选流程、直接浮选流程和半直接浮选流程三种形式。

4.1.1 浓缩浮选流程

4.1.1.1 流程特点

我国大多数选煤厂采用浓缩浮选流程处理细颗粒煤泥水。其特点是全部煤泥水都进入浓缩设备进行浓缩。浓缩的溢流作循环水，其底流经稀释后作为浮选入料。为了防止粗粒物料进入浮选，常将煤泥回收筛的筛下水及离心机的离心液返回原分级设备，进行再分级。其流程图见 4-1。

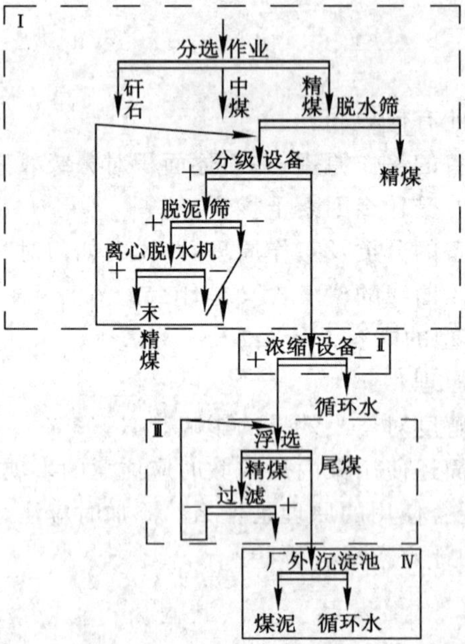

Ⅰ—选煤脱水作业区；Ⅱ—浓缩作业区；Ⅲ—煤泥精选作业区；Ⅳ—尾煤澄清作业区。

图 4-1 浓缩浮选流程

通常可以把上述流程分成 4 个作业区，即选煤脱水作业区、浓缩作业区、煤泥精选作业区及尾煤澄清作业区，以上 4 个区是选煤厂的基本组成部分。但对于不同的厂，相同的作业区可以采用不同的设备。煤泥水处理系统工作的好坏，通过循环水浓度、煤泥厂内回收和洗水闭路循环的程度来评判。

4.1.1.2　流程存在弊端

(1) 细泥不能从系统中排出

由于浓缩设备的溢流水有一定的浓度，这些溢流水又返回主选设备作为循环水使用，循环水经过分选设备和分级设备后，又将回到浓缩设备。浓缩设备一般都是在重力场中沉降，一些细粒和极细粒物料重量轻，不能全部沉淀，会导致一部分细粒和极细粒物料进入溢流，在系统中反复循环，经泵及管路的运输使其不断破碎和泥化，产生更细粒煤泥，恶化沉淀效果，使溢流中的细粒煤泥量增大，增加了细泥在系统中的循环。

(2) 水量不易平衡

由于细泥不能从系统中排出，循环煤泥越来越多，循环水的浓度越来越大，严重影响分选效果。为维持合适的循环水浓度，不可避免地补加清水来稀释循环水，同时外排高浓度煤泥水。这样，一方面造成煤泥流失，另一方面使循环水不能全部复用，造成水量无法平衡。

4.1.1.3　流程改革

为了解决洗水浓度过高、浮选补加清水过大的问题，一些选煤厂采用了底流大排放的办法。一般正常的浓缩流程，浓缩机底流的排放浓度在 300～400 g/L，现改为尽可能地多排快排低浓度的底流，低到矿浆作为浮选入料时，少加或不加清水。这可提高浓缩设备的沉淀效率，降低循环水浓度，减少浮选补加清水量，使水量容易平衡。如某选煤厂，采用底流大排放后，一直使循环水浓度保持在 10 g/L 以下。底流大排放法对老厂浓缩流程的改革具有很大的现实意义。

底流大排放法在很大程度上是浮选操作上的变革，因为实施该方法可使整个工艺不需要大的改动。但它也有一个限制条件，即浮选及过滤系统要有足够的处理能力。

4.1.2　直接浮选流程

4.1.2.1　直接浮选流程的由来

把图 4-1 中的 4 个作业区以 4 个方块表示，并对进入各作业区的煤泥进行平衡，则得如图 4-2 所示的煤泥分配关系图。其中，Q_0 表示原煤新带进系统的煤泥；a 表示由产品带走煤泥占新进入系统煤泥的比值；b_1 表示浓缩作业的沉淀效率，即经沉淀的煤泥量占作业入料煤泥量的比值；K 为循环系数，它是循环煤泥与新进入系统煤泥的比值；对于Ⅳ区假定煤泥全部沉降，溢流出清水。

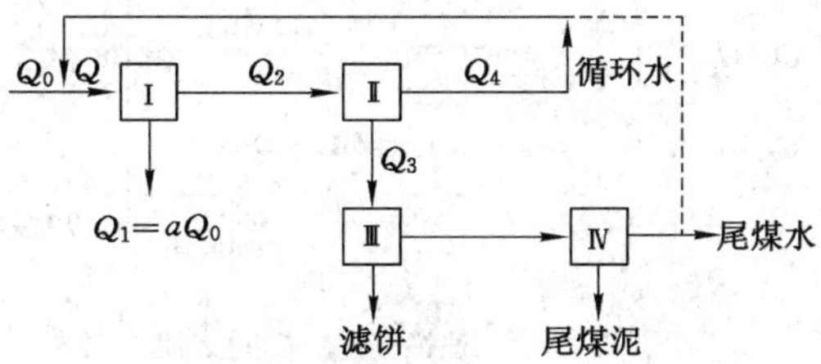

图 4-2　煤泥在系统中的分配图

根据平衡关系，进入系统的新煤泥量 Q_0 应等于系统中各产物排出煤泥量的总和。进入作业区Ⅰ的煤泥量，应该是 Q_0 和循环水中所带循环煤泥 Q_4 之和，即

$$Q = Q_0 + Q_4 = Q_0 + (1-b_1)(Q-aQ_0) \tag{4-1}$$

$$\frac{Q}{Q_0} = \frac{1-a(1-b_1)}{b_1} \tag{4-2}$$

图 4-2 所示流程的循环系数 K_1 为

$$K_1 = \frac{Q_4}{Q_0} = \frac{Q-Q_0}{Q_0} = \frac{(1-a)(1-b_1)}{b_1} \tag{4-3}$$

循环系数 K_1 值越大，说明循环煤泥量越大，循环水浓度越大，越不利于生产，应尽量减小循环系数 K_1 值。其途径有：① 增大 a，但从 a 本身意义上讲，a 只能在一个合适的范围内，不能过大，经验表明，a 一般在 0.2～0.4 之间。② 增大 b_1 值，即增大沉淀效率，可通过采用大面积先进浓缩设备或底流大排放法实现。b_1 值一般在 0.2～0.5 之间。若 a 取 0.2，b_1 取 0.3 则 $K_1=1.87$。它说明新进入系统 1 t 煤泥，实际循环煤泥则有 2.87 t。

若把浓缩设备的溢流水分出一部作为浮选入料的稀释水，其煤泥数量占浓缩设备溢流量的 n，此时可得图 4-3 所示的煤泥分配图。

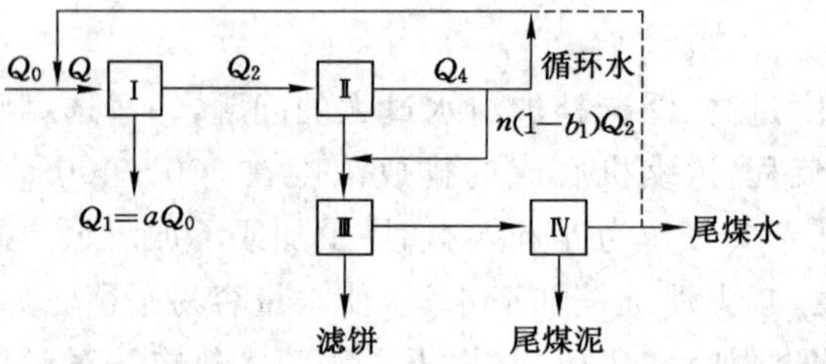

图 4-3　浓缩设备溢流水分出部分作浮选稀释水时的煤泥分配图

如图 4-3 所示，循环煤泥已发生了变化，此时的循环系数可用下式计算。

$$K_2 = \frac{(1-n)(1-a)(1-b_1)}{1-(1-n)(1-b_1)} \tag{4-4}$$

如果 n 值取 0.2，a、b_1 不变，此时 K_2 则等于 1.02，使循环煤泥量降低很多，几乎是原来的一半。

从式(4-4)可见，n 值越大，K_2 值越小。因此，增大 n 值对降低循环煤泥量和洗水浓度、促使细泥从系统中排出是有利的。若分出一部分溢流水作浮选稀释水，实际上是使一部分已经分离的溢流和底流重新混合，降低了设备的利用率。假如考虑把这部分物料不经浓缩直接去浮选，也可以起到同样的作用。设将去浓缩前的煤泥水分出 n，其煤泥分配情况见图 4-4。

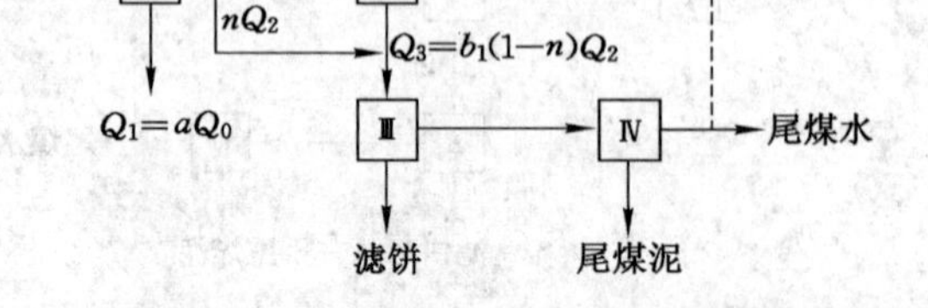

图 4-4　部分煤泥水不经浓缩直接去浮选的煤泥分配图

根据煤泥分配图,可以推出 $K_3=K_2$。两者的表达式虽说一样,但 n 值的意义已发生了变化,原来是浓缩后分出一部分,现在是浓缩前分出,一前一后使浓缩机的入料量减少了,使其沉淀效率提高。若 b_1 提高到 0.4,则 $K_3=0.74$,循环系数又降低了。只要浮选设备有足够能力,能满足按矿浆体积计算的处理能力,n 值就可不受限制地增加,直至煤泥水不去浓缩而直接去浮选,因而省去了浓缩作业,循环水全部由浮选尾煤经澄清后返回使用。此时 $n=1$,$K_4=0$。这种简化的煤泥水处理流程称为直接浮选流程。

4.1.2.2　直接浮选流程的优点

直接浮选流程具有以下优点:

① 取消了浓缩作业,流程简化。直接浮选流程取消了起浓缩作用的庞大浓缩设备,因此,流程简化,管理方便,并降低基建费用,减少维修工作量。

② 彻底解决了煤泥在系统中的循环,对主选作业有利。

由于从系统中排出了细泥,降低了洗水浓度,提高了分选效果,减少了清水用量,使水量易于平衡。取消浓缩作业,可以解决浮选滞后水洗的现象,使浮选入料的粒度和浓度较为均匀,提高工时利用率,并可提高过滤作业的效果。

③ 煤泥与水的接触时间缩短,使煤泥的可浮性和选择性提高。

省去了浓缩作业,缩短了煤泥在水中的浸泡时间,使煤粒表面疏水性提高,增加了煤和矸石表面性质的差别,提高了煤泥的可浮性,从而使精煤回收率提高。采用直接浮选流程时,由于没有循环煤泥,因此,减少了煤泥泵送次数,减轻了泥化现象,克服了细泥选择性差的弊端,也减少了极细粒杂质在煤粒表面覆盖的现象,使煤泥浮选过程的选择性提高,改善了精煤质量。

④ 加强Ⅳ区的作业管理,可实现清水洗煤。

4.1.2.3　直接浮选流程的缺点

直接浮选流程虽有很多优点,但也存在如下缺点:

① 浮选机及过滤机的单位处理能力低。浮选机一般仅为 0.25~0.4 t/(m^3·h),过滤机一般仅为 0.08~0.1 t/(m^2·h)。

② 浮选、过滤、压滤等工艺环节对原煤性质的变化反应敏感。当原煤泥质增多、灰分增高时,精煤灰分也随之增高。为了保持精煤灰分,必然压低尾煤灰分,使过滤效果急剧恶化,由于压滤机的入料粒度发生变化,也影响了压滤机的工作。

③ 生产成本较高,由于浮选机和过滤机的单位处理能力较低,势必增加了吨精煤的电耗;直接浮选的入浮浓度较低,使吨精煤的药耗也增高。

④ 直接浮选需要的浮选机的台数要比其他形式的浮选多。

4.1.2.4　直接浮选流程的使用条件

通过以上直接浮选流程缺点的分析,直接浮选流程并不是对每个选煤厂都适用,在应用直接浮选流程时,必须满足下列条件:

① 控制选煤脱水作业区的用水量。因为用水量过大,可导致浮选入料浓度过低,对浮选机、过滤机单位处理能力影响较大,增加生产成本。采用直接浮选流程时,其入料的浓度在 60~80 g/L。

② 浮选前应设适当容积的缓冲池。浓缩浮选时,浮选入料为浓缩设备的底流。容积庞大的浓缩设备可起到缓冲作用,对原煤的含泥量及用水量的变化进行调节。直接浮选取消

了浓缩设备，为了提高浮选效果，稳定浮选操作，故浮选前必须设置适当容积的缓冲池，以调节各种因素的变化。

③ 浮选尾煤需彻底澄清。使用直接浮选流程后，浮选尾煤澄清溢流水是选煤所用循环水的唯一来源，浮选尾煤粒度细、灰分高，若不彻底澄清，会随循环水进入选煤作业，导致精煤污染。

④ 细泥含量大的选煤厂不适宜采用直接浮选流程。如某选煤厂，设计初期采用的是直接浮选流程，由于该厂细泥含量太大（-0.074 mm 的含量为 81.35%，A_d为 60.58%），浮选和过滤系统一直不正常。后来该厂把浮选系统改成"原矿脱泥、分级浓缩"新工艺，才使浮选和过滤系统正常。

4.1.3 半直接浮选流程

半直接浮选流程介于浓缩浮选和直接浮选两种煤泥水处理流程之间，当浮选入料浓度低于 40 g/L 时，可采用半直接浮选，其处理流程主要有以下几种。

4.1.3.1 分级设备溢流不全浓缩流程

分级设备溢流不全浓缩流程如图 4-5 所示。该流程的特点是分级设备的溢流一部分去浓缩机浓缩，其底流和另一部分溢流合起来去浮选。

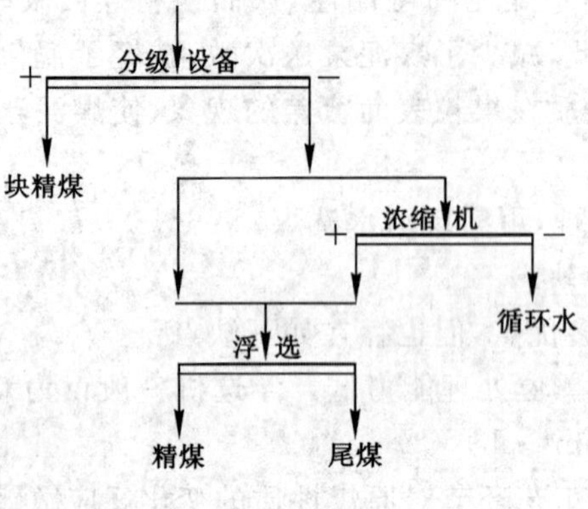

图 4-5　分级设备溢流不全浓缩流程

该流程的优点：

① 因分级设备的溢流分出一部分直接去浮选，从而有一部分细泥不参加系统循环，适当地调节分出量的大小，可实现系统的煤泥动平衡。

② 由于浮选入料是由分级设备溢流和浓缩机底流混合而成的，所以入浮浓度可根据需要任意调节。

该流程的缺点：

① 系统中仍有一部分细泥在循环泥化。

② 浓缩机并未取消，工艺环节较乱，生产管理不方便。

4.1.3.2 分级设备溢流不全浮选流程

分级设备溢流不全浮选流程如图 4-6 所示。该流程把分级设备的溢流分出一部分去浮选，另一部分做循环水。

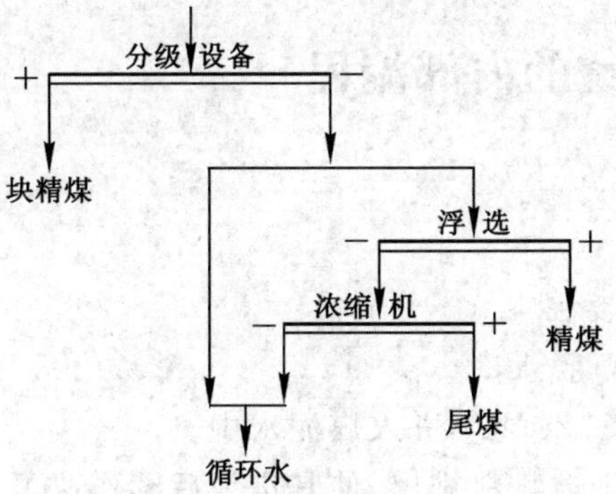

图 4-6 分级设备溢流不全浮选流程

该流程的优点：

① 取消了浓缩设备，流程简化。

② 浮选的入料浓度要比直接浮选的高。这有利于降低浮选成本。

③ 需要浮选机的台数要比直接浮选流程少。

该流程的缺点：

① 由于有一部分含细泥的溢流返回主选作业，就不可避免地仍有一部分细泥在系统中循环。

② 主选设备不能实现清水洗煤。

4.1.3.3 主、再选分级设备单设流程

主、再选分级设备单设流程如图 4-7 所示。该流程的特点是主选和再选的轻产物分别进入各自的分级设备，主选分级设备的溢流分成两部分：一部分作为再选设备的循环水，另一部分与再选分级设备的溢流合起来去浮选。

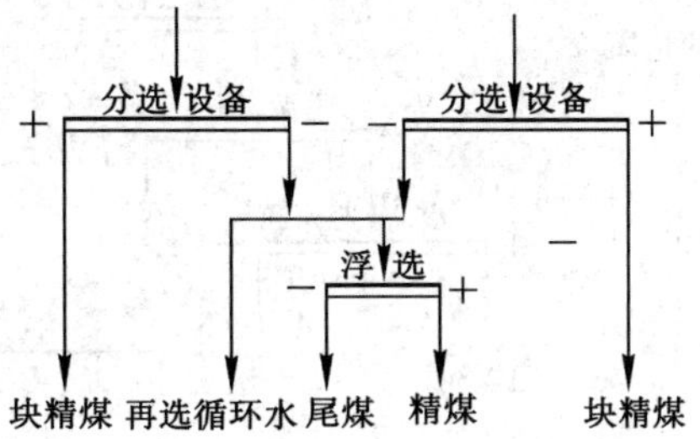

图 4-7 主、再选分级设备单设流程

该流程的优点：

① 取消了浓缩作业，流程简化。

② 浮选入料比直接浮选流程少，浓度比直接浮选流程高。

③ 主选实现清水洗煤，再选虽不是清水洗煤，但对分选效果影响不大。因为再选的入料本身含煤泥较少。另外，分出的这部分煤泥只在再选设备中停留一次，不会形成细泥积聚。

该流程的缺点：

① 浮选的入料浓度因受再选设备用水量的限制不能随意调整，灵活性差。

② 系统操作比较复杂。

4.2 煤泥水处理系统的内部流程

4.2.1 粗煤泥回收流程

4.2.1.1 粗煤泥回收的主要任务

① 对分选后的产物进行脱水。

② 回收质量合格的精煤,使之不进入煤泥水中。

③ 将没有得到分选的细粒物料排出,使其进入后续作业再处理。粒度的分界线取决于重选的分选下限,一般为 0.5～0.3 mm。

4.2.1.2 常见的粗煤泥回收流程

生产实践已证实,对于+0.5 mm 粒级的煤泥颗粒,在浮选中无法得到有效分选,严重影响浮选效果,造成浮选精煤灰分增高、尾煤灰分提不上去、浮选药剂消耗量增多。此外,一般经过重选后的+0.5 mm 级粗煤泥质量都比较好,再进入浮选重复分选,完全没有必要,必须严加控制,为此,在选煤厂生产实践中采用各种流程回收粗煤泥。

(1) 脱水筛-斗子捞坑粗煤泥回收流程

此种流程(跳汰-浮选联合的工艺流程)是选煤厂普遍使用的流程。脱水筛筛孔常为 13 mm,捞坑回收的粗煤泥经脱泥筛和离心脱水机脱水,成为最终产品。捞坑的溢流去细煤泥回收系统。其流程如图 4-8 所示。

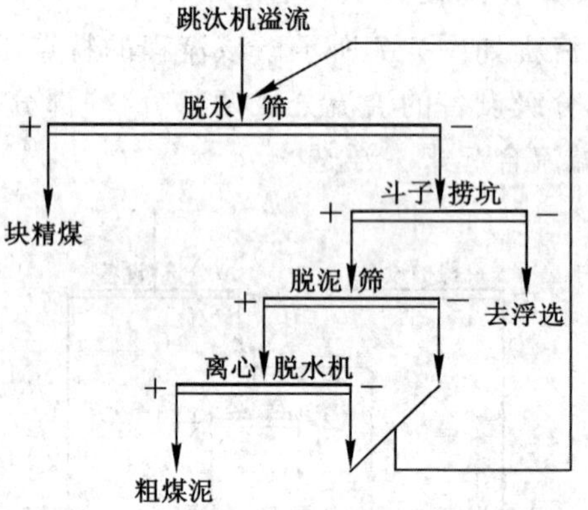

图 4-8 脱水筛-斗子捞坑粗煤泥回收流程

该流程的特点:

① 管理方便,使用可靠,经验丰富,应用广泛;

② 能很好地保证浮选的入料上限,但局部有循环量。

该流程的适用范围:

① 适用于主选设备分选下限较低时;若分选下限较高时,将会污染精煤质量。

② 不适于细粒煤泥含量大的情况。主要是由于脱泥筛的脱泥效率较低。

(2) 双层脱水筛-角锥池粗煤泥回收流程

双层筛的上层孔径为 13 mm 或 25 mm,下层孔径为 3 mm、1 mm、0.5 mm。角锥池作为粗煤泥回收设备。该流程如图 4-9 所示。

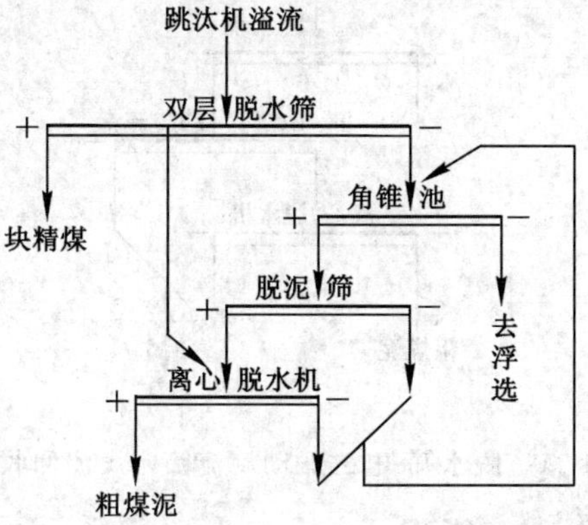

图 4-9　双层脱水筛-角锥池粗煤泥回收流程

该流程的特点：

① 进入角锥池的物料量较少，对分级有利。

② 高灰细泥对精煤的污染较小。主要是因为进入下层筛的水量大，易将筛网上物料表面的细泥冲走，从而提高了脱泥效率。

③ 能很好地保证浮选入料上限，但局部仍有循环量。

该流程的应用范围：适于细泥含量大且灰分较高的情况。

(3) 斗子捞坑-双层脱水筛粗煤泥回收流程

双层脱水筛的孔径同上。该流程如图 4-10 所示。

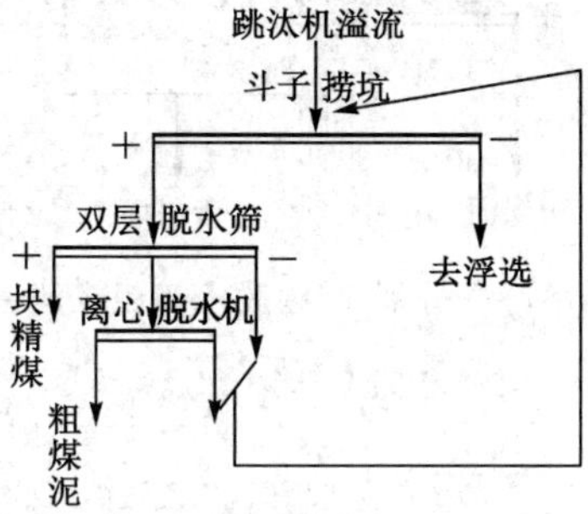

图 4-10　斗子捞坑-双层脱水筛粗煤泥回收流程

该流程的特点：

① 主选设备的轻产物全部进入捞坑，流程简单，设备少。

② 捞坑入料量大，分级精度低，对精煤有一定污染。当主选设备分选下限高时，污染更严重。

③ 捞坑捞起物进入双层脱水筛，导致双层筛的脱泥效率低，污染精煤。

该流程的应用范围：适用于轻产物含量少、煤泥含量低且灰分不高的情况。如很多选煤厂的矸石再选工艺，正是该流程的典型代表。

(4) 脱水筛-电磁振动旋流筛粗煤泥回收流程

脱水筛-电磁振动旋流筛粗煤泥回收流程如图 4-11 所示。

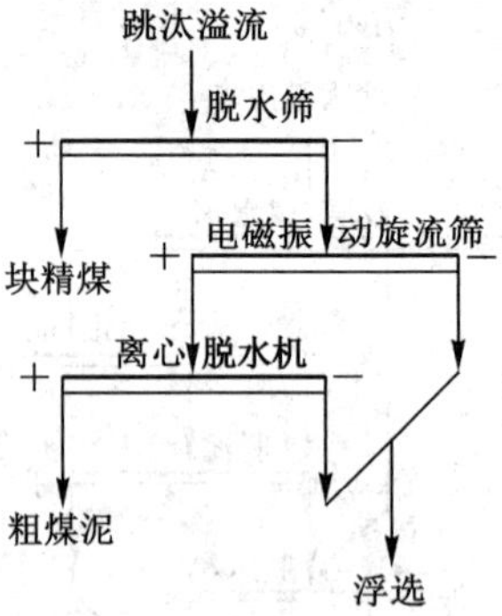

图 4-11　脱水筛-电磁振动旋流筛粗煤泥回收流程

该流程的特点：

① 旋流筛占地面积小，处理量大，分级准确。

② 旋流筛分级的同时，还有脱水降灰的作用。

该流程的适用范围：适于处理量不大的中、小型选煤厂。

(5) 煤泥离心筛分器-高频脱水筛粗煤泥回收流程

该流程用煤泥离心筛分器为水力分级设备，用高频脱水筛为脱水设备。其流程如图 4-12 所示。

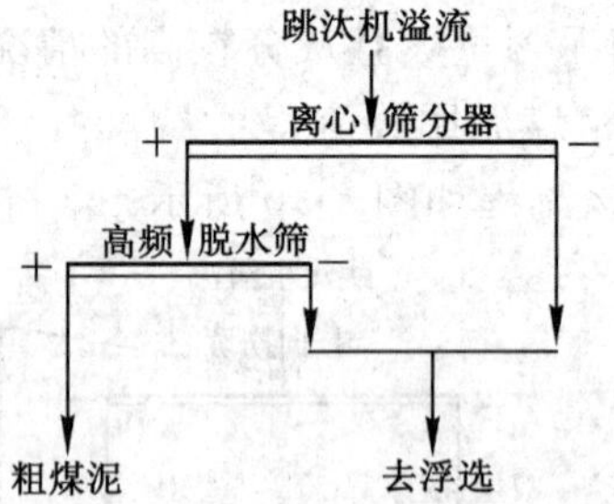

图 4-12　离心筛分器-高频脱水筛粗煤泥回收流程

该流程的特点：

① 流程简单，设备少。

② 本身体积小，处理量大，分级准确。

③ 能减小高灰细泥对精煤的污染。

④ 能有效地防止粗颗粒物料进入下一道工序。

该流程的应用范围：适于处理量不大的中、小型选煤厂。

(6) 脱水筛-斗子捞坑-旋流器粗煤泥回收流程

该流程与脱水筛-斗子捞坑粗煤泥回收流程相似，只是增加了粗煤泥回收旋流器。该流程如图 4-13 所示。

该流程的特点：

① 系统中循环煤泥量极少，能防止细泥积聚。

② 能有效地防止粗颗粒物料进入下一道工序。

该流程的应用范围：可用于离心机筛缝较宽、浮选入料上限要求较严的选煤厂。

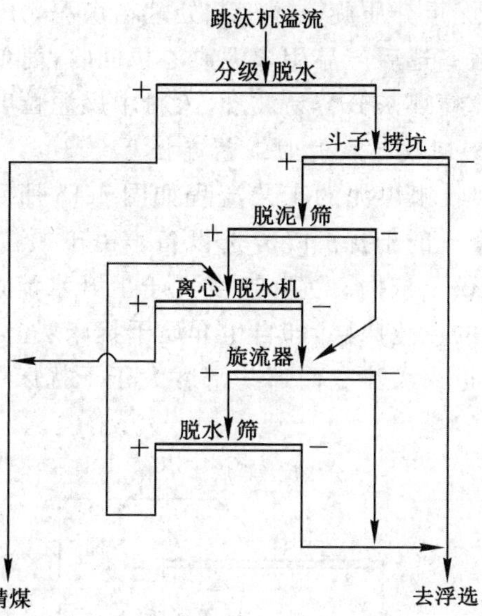

图 4-13 脱水筛-斗子捞坑-旋流器粗煤泥回收流程

4.2.1.3 其他粗煤泥回收工艺流程

1. 煤泥重介质旋流器回收粗煤泥的工艺流程

煤泥重介分选是主选工艺采用不脱泥无压三产品重介分选工艺的配套工艺。由于大直径重介质旋流器本身的分级、浓缩作用,绝大部分小于 0.5 mm 煤泥与磁性介质中最细的部分一起随轻产物从溢流口排出,这部分物料就是精煤脱介筛下低密度悬浮液(即合格介质)。它是一种煤介混合物料,其中非磁性物就是小于 0.5 mm 的煤泥,正是需要进一步分选的对象。这种在不脱泥重介分选过程中自然形成的重介悬浮液,恰好是煤泥重介质旋流器的最佳入料,直接用泵送入煤泥重介质旋流器分选,其有效分选下限可达 0.045 mm,分选的可能偏差 E_p 为 0.041～0.078。煤泥重介质旋流器回收粗煤泥的工艺流程如图 4-14 所示。

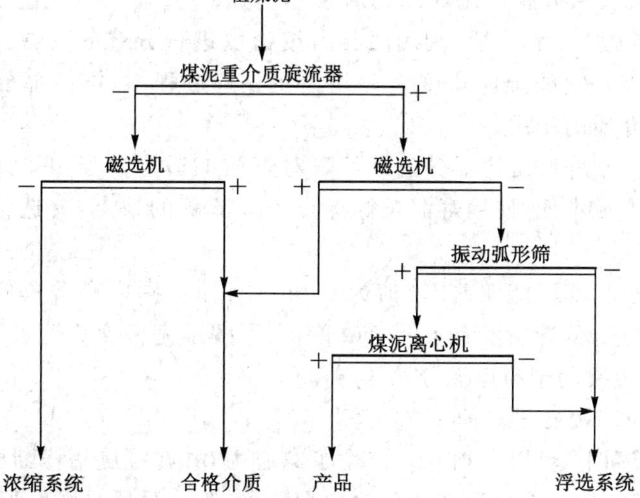

图 4-14 煤泥重介质旋流器回收粗煤泥的工艺流程

该流程的优点：采用煤泥重介质旋流器工艺处理粗煤泥，分选精度高，分选密度宽，对入选原煤质量波动的适应性强。选后产品用煤泥离心机回收，简单易行，设备投资低。该流程的缺点：分选密度难以控制，精煤灰分容易波动，入料中煤泥粒度范围窄，介耗较高。

2. 干扰床分选机(TBS)回收粗煤泥的工艺流程

干扰床分选机(TBS)回收粗煤泥的工艺流程如图 4-15 所示。干扰床分选机是一种利用上升水流在槽体内产生紊流的干扰沉降分选设备。由于颗粒的密度不同，其干扰沉降速度存在差异，从而为分选提供了依据。沉降速度大于上升水流速度的颗粒进入干扰床槽体下部，形成由悬浮颗粒组成的流化床层，即自生介质干扰床层。入料中那些密度低于干扰床层平均密度的颗粒将浮起，进入溢流。而那些密度大于干扰床层平均密度的颗粒便穿过床层，进入底流通过底部排料口排出。

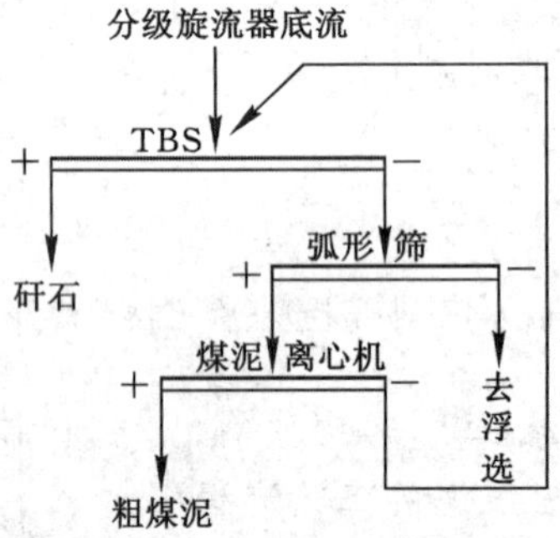

图 4-15　TBS 回收粗煤泥的工艺流程

该流程的优点：该流程是基于颗粒在液固两相流中的干扰沉降进行分层和分离的，其分选效率和分选精度较高。干扰床分选机能有效分选 4～0.1 mm 的细粒煤，但要求入料粒度上、下限之比以 4∶1 为宜，最佳分选粒度为 1～0.25 mm，其本身无运动部件。该流程用水量少[10～20 m/(m^2・h)]，能实现低密度(1.4 kg/L)分选，其可能偏差 E_p 可达 0.12。该流程的缺点：要求入料的粒度范围较窄，处理量较低。

3. 水介质旋流器回收粗煤泥的工艺流程

水介质旋流器是用水作介质，利用离心力按密度进行分选的设备。其结构与一般旋流器基本相同，不同点是它的锥体角度大一些。在分选过程中，锥体部分有一个悬浮旋转床层，可起到类似重介质的作用。

该流程的优点：水介质旋流器分选细粒煤对煤质的适应性强，具有结构简单、无运转部件、操作方便及生产成本低、使用寿命长等优点。该流程的缺点：分选精度低，分选密度低，精煤产率偏低。

国内外资料表明，其可能偏差 E_p 值为 0.09～0.21。国内有关单位对水介质旋流器的结构做了较大的改进，分选精度有了一定改善，据了解不完善度 I 值可达 0.18，其有效分选下限为 0.25 mm，主要用于粗煤泥分选。

4. 螺旋分选机回收粗煤泥的工艺流程

液流在螺旋槽面上运动的过程中，产生了离心力，并在螺旋槽横断面上形成螺旋断面环流。矿粒在螺旋槽中的分选过程大致分为 3 个阶段：第一阶段是颗粒群按密度分层；第二阶段是轻、重矿粒因离心力大小不同，沿螺旋槽横向展开(分带)，这一阶段持续时间最长，需反复循环几次才能完成，这是螺旋分选机之所以设计成若干圈的根本原因；第三阶段运动达到平衡，不同密度的矿粒沿各自回转半径，横向从外缘至内缘均匀排列，设在排料端部的截取器将矿带分割成精、中、尾 3 种产品，从而形成分选过程。螺旋分选机回收粗煤泥的工艺流程如图 4-16 所示。

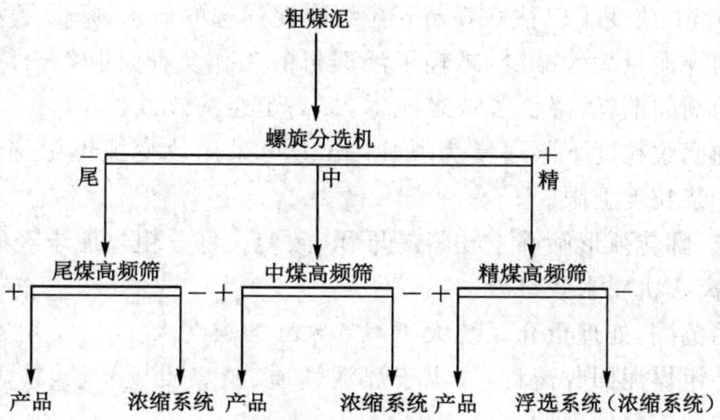

图 4-16　螺旋分选机回收粗煤泥的工艺流程

该流程的优点：螺旋分选机具有基建和生产费用低，无动力、无运动部件、无噪声、结构简单、便于操作、占地面积小以及见效快等优点。该流程的缺点：分选精度不高，不完善度 *I* 值仅为 0.20～0.25，分选密度难以控制在 1.7(或 1.65)kg/L 以下，因而不宜用在低密度条件下分选低灰精煤产品。螺旋分选机有效分选粒度为 6～0.075 mm，但在实际生产中使用最多的分选粒度范围为 2～0.15 mm。该流程比较适用于细粒动力煤和粗煤泥排除高灰泥质与硫化铁。

5. 煤泥离心机回收粗煤泥流程

该流程如图 4-17 所示。

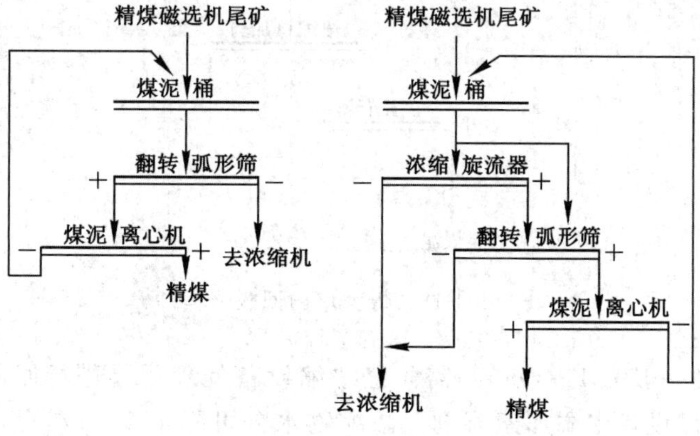

图 4-17　煤泥离心机粗煤泥回收流程

该流程的优点：

① 设备操作简单，运转平稳可靠，工艺性能良好，生产事故少。

② 主要是回收重介系统煤泥水中－0.5 mm 的精煤泥(其中包括脱介筛、离心机等“跑

粗"的一部分大于 0.5 mm 的煤泥)。

③ 弧形筛筛上物料经煤泥离心机脱水后,产品灰分较低,可作为精煤产品的一部分;筛下煤泥水灰分较高,进入浮选系统。

④ 回收的粗煤泥粒度大于 0.25 mm,提高了精煤产率,保证了重介质旋流器的实际分选下限达到 0.25 mm,改变了以往 0.5 mm 粒级煤泥浮选的概念,降低了入浮粒度上限。从而进入浮选系统的煤泥量大大减少,减轻了浮选机的工作负荷,同时入浮煤泥量的减少,也大大减少了浮选药剂的消耗,降低了选煤成本,提高了经济效益。

煤泥离心机的回收粒度下限通常为 0.15 mm,可采用改变弧形筛筛缝的方法,合理地选择和控制入浮矿浆粒度上限。

该流程的缺点:翻转弧形筛筛上物料易堆积,致使大部分粗煤泥未经脱水直接进入煤泥离心机,造成煤泥离心机脱水效果差。

该流程的适用范围:处理重介系统大于 0.5 mm 的煤泥水。

具体采用哪种粗煤泥回收流程,取决于煤泥性质、精煤质量要求、精煤数量等条件。在选煤厂的实际工作中应具体问题具体分析。

4.2.2 极细粒煤泥水的处理流程

极细粒煤泥水处理流程的主要任务是回收大量澄清水,以实现清水洗煤;实现洗水闭路循环;回收一部分细煤泥。回收细煤泥的方法主要采用浮选,这里主要介绍浮选尾煤的处理。

4.2.2.1 煤泥厂内回收流程

该流程如图 4-18 所示。该流程能真正实现洗水闭路循环、煤泥厂内回收。使用时必须满足两个条件:一是浓缩机出清水;二是回收的煤泥要有合适的去处。该流程适用于厂型小、煤泥量少或粒度组成细、灰分高、过滤性能差的选煤厂。

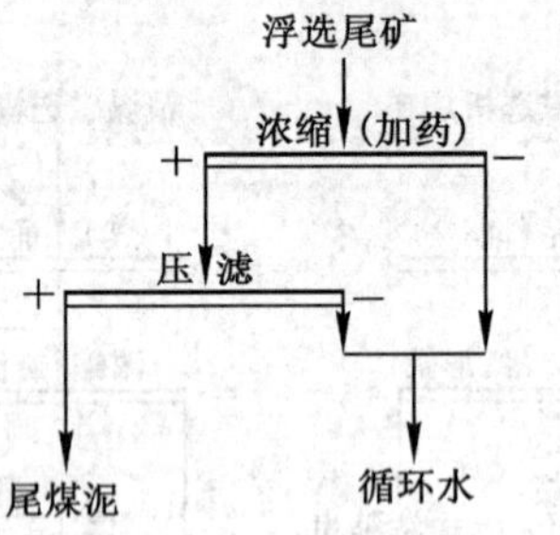

图 4-18 煤泥厂内回收流程

浮选尾煤浓度一般为 1%～4%,需先经浓缩设备处理后再进行回收。为了提高浓缩、澄清效果,常在浓缩设备中添加絮凝剂。浓缩物水分可降至 50%左右,再进一步经机械脱水,其水分将降到 30%左右。浮选尾煤脱水机械有压滤机、真空过滤机等多种设备。其中以压滤机工作效果最佳,滤饼水分较低,滤液基本是清水。因此,很多选煤厂将压滤机作为煤泥厂内回收、洗水闭路循环的把关设备。真空过滤机的效果较差,由于尾煤灰分高,粒度细,滤饼薄,所得滤饼水分较高。

同类设备还有带式压滤机、折带真空过滤机等,均可用于浮选尾煤脱水,但效果均不如压滤机。处理浮选尾煤时，折带真空过滤机的效果比圆盘真空过滤机好，其缺点是占地面积大，处理量太低。因此，仅在一些有外滤圆筒真空过滤机的选煤厂对此进行改造，成为折带真空过滤机，用于浮选尾煤脱水，或在一些小型选煤厂使用。

4.2.2.2　煤泥厂内外联合回收流程

该流程如图 4-19 所示。

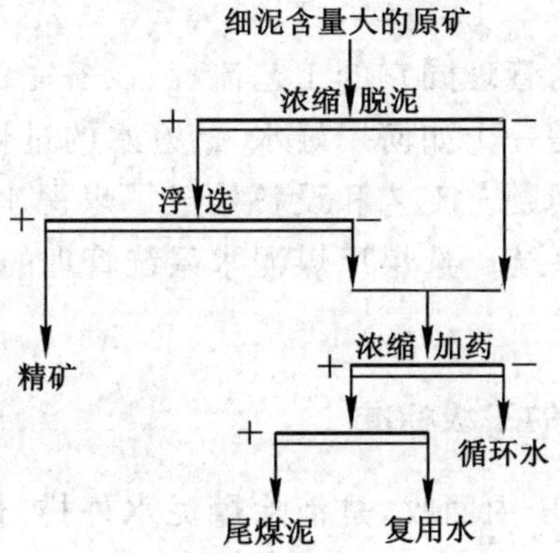

图 4-19　煤泥厂内外联合回收流程

该流程适用于原生煤泥中细泥含量较大的选煤厂。首先用浓缩机脱除大量细泥，把这些细泥同浮选尾矿一起排到尾矿浓缩机进行再处理。

采用此流程的好处：一是一段回收得到的粗粒可掺入中煤或混煤，提高经济效益，比单独采用压滤机回收的滤饼更易处理；二是减少投资高、生产能力低的压滤机数量。一段为粗粒级的自然沉降，二段为细粒物料的絮凝强化沉降。一段粗粒级的回收可采用高频脱水筛、沉降过滤式离心机等。从目前情况看高频脱水筛更易被接受。因为高频脱水筛无论在投资费用上，还是在运行、管理费用和效果上都具有很大优势。采用此流程一段面积不宜过大，煤泥尽量在一段回收，让压滤机主要处理细粒。

4.2.2.3　一段浓缩、分级分别回收流程

该流程如图 4-20 所示。该流程适用于大中型选煤厂，当粗、细颗粒含量接近时，用适合于粗粒回收的脱水设备回收煤泥中或尾煤中的粗粒级，可减少压滤机数量和降低系统的投资。粗颗粒回收设备目前可采用高频脱水筛、沉降过滤式离心机等，筛下水或离心液可返回压滤机回收，避免细粒级循环积聚。

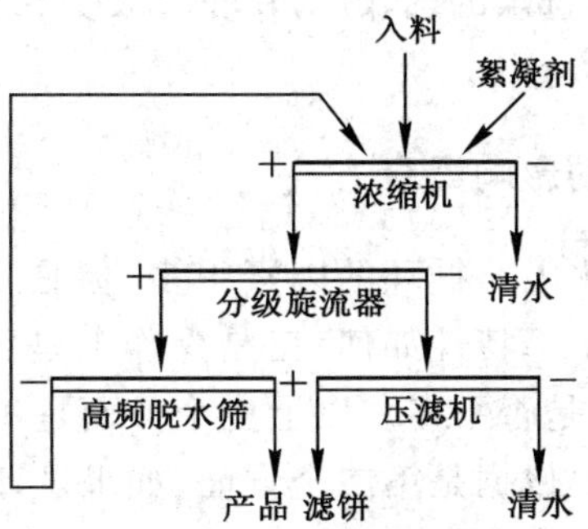

图 4-20　煤泥经分级后分别用高频脱水筛或离心机和压滤机处理

总之，细煤泥和浮选尾煤的脱水、回收是个涉及面很广的技术、经济问题，要根据选煤厂类型、地理位置、煤泥特点、市场价格和销路、设备性能和价格、管理和维护等诸多方面因素综合考虑，才能取得最佳的技术、经济和社会效益。

4.3 煤泥水处理系统的管理

选煤厂煤泥水处理系统的管理同它的工艺流程、设备完善程度有着同等重要的地位，湿法选煤厂中选煤过程实际上是一个如何用好水、治好水的过程，这实际上也是影响选煤厂的选煤效率和经济效益的关键问题。工艺和设备构成了煤泥水处理的硬件，而管理则是煤泥水系统能否高效工作的软件系统。选煤厂煤泥水系统管理的目标就是实现“煤泥厂内回收，洗水闭路循环”的标准。

4.3.1 选煤厂洗水闭路循环的三级标准

进行洗水闭路循环、煤泥厂内回收，是消除煤泥水外排、侵占农田并污染环境的一项有力措施，也是评价选煤厂技术、经济和社会效益的综合评价依据。《煤炭洗选工程设计规范》(GB 50359—2016)已经将其作为强制性标准。选煤厂洗水闭路循环的标准分为三级。

4.3.1.1 一级标准

一级标准要求煤泥全部在厂房内由机械回收，实现清水选煤，洗水动态平衡，不向厂区外排放。水重复利用率在90%以上，单位补充水量小于0.15 m^3/t(入选原料煤)。设有缓冲水池或浓缩机(也可用煤泥沉淀池代替，贮存缓冲水或事故排放水)，并有完备的回水系统。主选工艺为重介质选煤的选煤厂，其洗水浓度不大于0.5 g/L，主选工艺为跳汰选煤的选煤厂，其洗水浓度不大于5 g/L。年入选原煤量达到设计能力的70%以上。

4.3.1.2 二级标准

二级标准要求煤泥全部在厂内由机械回收，洗水实现动态平衡，不向厂区外排放。设有缓冲水池或浓缩机，并有完备的回水系统，水重复利用率在90%以上，单位补充水量小于0.20 m^3/t(入选原料煤)。年入选原煤量达到设计能力的50%以上。

4.3.1.3 三级标准

三级标准要求煤泥全部在厂区内回收，洗水实现动态平衡，不向厂区外排放。沉淀池等沉淀澄清设施有完备的回水系统。水重复利用率在90%以上，单位补充水量小于0.25 m^3/t(入选原料煤)。主选工艺为重介质选煤的选煤厂，其洗水浓度不大于5 g/L，主选工艺为跳汰选煤的选煤厂，其洗水浓度不大于30 g/L。

4.3.2 选煤厂洗水闭路循环的影响因素

生产实践表明，影响煤泥水闭路循环的因素很多，但是主要有三个方面：一是工艺系统是否完善；二是煤泥的数量和沉降特性如何；三是操作上是否能够保持洗水的平衡，而这又取决于水量是否平衡和煤泥量是否平衡。以上三个方面是相互关联的。第一个方面是在工艺设计时决定的，但决定的主要依据是第二个方面，如果设计时的煤泥数量和沉降特性与生产时差别较大，又没有留有充分的余地，就会造成煤泥水系统的混乱和管理的困难。第三个方面看似是操作方面的，但与工艺设计及煤泥的工艺性质也相关，因为在实际生产中水量和煤泥的性质不平衡和波动是绝对的，如果在设计中没有考虑这些不平衡，没有留有充分的余地，没有考虑缓冲的设施，在生产中单靠操作管理是很难管理好煤泥水系统的，所以不能轻视设计对操作的影响。

4.3.3　实现洗水闭路循环的措施

选煤厂的煤泥水系统是问题最多、最难解决的环节。不少选煤厂生产不正常，其问题都出在煤泥水处理环节上。其原因有两点：一是管理不善；二是设备不配套。

(1) 提高管理水平，建立洗水管理规章制度，加强洗水管理，减少清水用量，使水量平衡。

① 专人管理，清水计量——为了加强洗水管理，选煤厂应派专人管理洗水，并应对清水进行计量，做到用水心中有数。及时掌握洗水变化规律，作出适当调整，适应原煤可选性变化以及原煤中含泥量变化等的要求。

② 减少各作业用水量——尽量减少各作业用水量，包括循环水和清水的用量，以便降低系统中各设备按矿浆体积计算的单位负荷，减少各作业的流动水量，方便洗水的管理。

③ 补充清水的地点应慎重选择——清水应补加在最需要的地方，如脱泥筛和脱水筛上。尤其是脱泥筛，在回收的粗煤泥中，通常带有相当数量的高灰细泥，为了保证精煤灰分，降低高灰细泥对精煤的污染，应加部分清水对其进行喷洗。只有在产品带走水量多、清水有余量时，才可用到其他作业。要严格禁止用清水冲刷地板。

④ 加强洗水管理——各处滴水或冲刷地板的废水，或检修、事故放水均应管理好，应集中设立杂水池作缓冲。经充分澄清处理后，其底流和溢流分别送到有关作业进行处理。

⑤ 根据实际需要决定用途——通常，再选物料中含泥量较少，可以使用浓度较高的循环水，而将浓度低的循环水留给主选，以提高主选的分选效果。分级入选时，块煤可用高浓度的循环水，末煤则用低浓度的循环水。

⑥ 各作业之间的配合——各作业之间应互相衔接配合，要有全局观点。

(2) 设备能力满足需要。

选煤厂的浓缩、澄清和煤泥回收设备(包括脱泥筛、过滤机、压滤机等设备)的处理能力，应满足现有生产的需要。

很多选煤厂洗水不能闭路，煤泥未能实现厂内回收，其原因在于厂内某些设备处理能力不足。例如，如果过滤设备处理能力不足，大量煤泥在浮选、过滤作业中进行循环，会使浮选机的实际处理能力降低；对于使用浓缩浮选的选煤厂，其结果则会导致浓缩机溢流水浓度急剧增高。浓缩机的溢流水是水洗作业最主要的水源，由于浓度过高，严重恶化了分选效果。为了保证生产过程正常进行，补救的办法是大量补加清水，结果造成向厂外排放煤泥，污染环境，并使洗水不能达到平衡。

因此，首先在设计上对这些环节应予以高度重视，充分考虑原煤性质，如原生煤泥量、次生煤泥量和煤泥的粒度等，保证这些环节有足够的处理能力，不至于造成浪费，使各环节能够正常工作，为后续作业提供有利的生产条件。

其次，在上述设备能力不足的情况下，应努力提高操作管理水平，并在条件允许的情况下，对设备能力进行配套。

最后，为实现洗水闭路、煤泥厂内回收，应解决煤泥销路的问题。除外销外，可以考虑在厂内或矿内进行综合利用，以消除煤泥堆积，促使煤泥采用机械回收，保证回收浮选尾煤中的洗水全部返回复用。

4.3.4 选煤厂的用水原则

根据以上观点，只要能够达到煤泥全部回收，洗水全部返回，实现闭路循环，则用水就是恰当的，此时就不应过分限制用水，但用水量大时煤泥水系统的容积、设施和负荷均较大。如有些跳汰选煤厂很注意限制用水，经常采取许多限制措施，如跳汰机中严格控制用水量，不准开清水管，脱水、脱泥作业和粗煤泥回收作业不许加清水喷洗等，这虽然减轻了煤泥水系统的负荷，但实际上，这样做的结果产生了许多副作用，不但影响了选煤技术的发挥，而且经济效益也受到了损失，其结果是精煤质量虽然合格，但选煤效率很低，而且矸石、中煤的纯度都很差。风、水用量配比不当，会影响床层松散度，使分层不好，导致分选效果不好；喷水过小，脱泥不彻底，会造成选煤效率不高，经济效益损失过大，这是不值得的。这种由于用水量的限制造成精煤损失的情况有很多，有一定的普遍性。具体解决办法是要转变思想观念和技术观点，引导和指导操作人员大胆合理选用风、水配比，不要限制用水量，但是不能用清水。需要强调的是清水对选煤厂来说肯定是要补加的，但要看补加在哪个环节上，清水一定要用到降低细泥恶化产品质量的作业环节上。若由于限制用水量而取消精煤脱水脱泥作业和粗煤泥回收作业的加清水喷洗，是一种不可取的方法。在精煤脱水、脱泥和粗煤泥回收筛等环节补加清水是合理的、有效的。理论计算和生产实践都证明，在这些环节上加清水喷洗，则在质量相同时，产率可增加 2%～3%，如不加清水，在精煤产率相同的条件下，精煤质量将要低 1～2 级。

4.3.5 选煤厂煤泥回收和治理的原则

煤泥的回收和治理是煤泥水处理中的程序和目的。对老厂要设法增加措施或者采取辅助措施使之在回收煤泥、处理煤泥和回收洗水的过程中所采取的沉淀、浓缩、脱水等作业环节上达到要求。例如采用斗子捞坑的选煤厂，由于捞坑面积小，溢流严重跑粗，如果在入料上加一段固定筛或弧形筛，预先泄掉一部分水和细煤泥，可减少捞坑的负荷，跑粗现象就会消失。又如采用直接浮选的选煤厂，浮选入料浓度总是偏低，可以改变传统做法，有目的地把要浮选的煤泥水直接放一部分进入循环水中，循环水浓度增加后，则跳汰精煤脱水后的浮选入料浓度就可调升到合适范围。这样做的结果是，不用增加投资，即可取得很好的经济效益，而且全厂不外排煤泥水可实现闭路循环。

在煤泥水处理过程中，煤泥浮选及其产品的脱水占有重要地位。传统的浓缩浮选和直接浮选精煤直接过滤，这种工艺的效果一直不理想。采用浮选精煤浓缩过滤的新工艺，滤饼水分大大降低，脱落率几乎达 100%，一台过滤机可以相当于两台。有些选煤厂采用了部分直接浮选新工艺，在不用浓缩机的条件下，可以任意调节入料浓度，其浮选效果与原直接浮选相同且稳定，浮选精煤直接过滤的效果赶上了浮选精煤浓缩过滤的效果。近几年，有些厂相继采用加压真空过滤浮选精煤或用新型精煤压滤机代替真空过滤机进行浮选精煤脱水，可使滤饼水分达到 20%以下。在现有的一些老厂，不论是直接浮选，还是浓缩浮选，都存在浮选机、过滤机台数过多或能力不足、效果不好、电耗过大等问题，如果采用部分直接浮选，浮选精煤浓缩过滤或浮选精煤直接过滤，并以此组合新的工艺流程，只需极少的投入就可使工艺技术效果和经济效益显著提高，煤泥水处理效果和全厂的生产面貌将会大大改观，工艺技术效果和效益也将提高，这对老厂是很容易实现的。对新建厂，在节省大量投资的基础上，可获得低电耗、高效益的结果。

总之，要实现煤泥水闭路循环，消除煤泥水对环境的影响，考虑的因素是复杂的，其中有煤质、水质的因素，还有工艺设备和操作管理方面的因素，但提高选煤厂技术管理水平有其重要意义是无疑的。在实现选煤厂煤泥水闭路循环的设计和管理时可遵循以下原则：确定合理的浮选工艺，选择最佳的尾煤水净化方法，选用性能良好、处理能力足够的浓缩及脱水设备，完善生产用水系统，严格洗水管理制度，搞好洗水平衡，同时做到尾煤合理利用。

4.4　煤泥水处理系统计算分析和技术评定

对煤泥水处理系统的某些作业或设备，有时要定期或不定期地进行检测、计算、分析，根据分析结果进行操作、管理和其他方面的调整。通常为完成以上过程，可按以下步骤进行。

4.4.1　原始数据的采集、测定

作业或设备的工作效果好坏一方面可凭直观的感性认识来定性判断，但更重要的是靠实测的数据本身以及利用这些测得的数据进行其他不易测得的数据计算，或者利用这些测得和计算的数据按规定的具有可比性的标准进行计算和比较，所以，采集和测定好第一手数据是基础。

对煤泥水处理系统，所需的原始资料可包括两方面：数量方面包括入料、溢流、底流的干煤量、矿浆量和水量；质量方面包括入料、溢流、底流的小筛分及各产品灰分和浓度（或水分），有时还包括小浮沉（密度级指标）。在进行计量时，必须想办法测准其中一个或几个数据，以便可以更准确地按公式计算其他量。

对于所获得的资料需要检查其准确性。这包括质量和重量两方面，质量主要是总样和分样的灰分差值，当灰分＜20％时，相对误差值不超过±5％；当灰分＞20％时，绝对误差值不超过±1％。而重量误差在试验前后不超过±1％。

4.4.2　产品指标和设备性能计算方法

通过检查确定采集的数据符合误差标准以后，便可用这些数据计算工艺或设备的某些不易测定或测定时费工费时的指标，如根据灰分、浓度、粒度、水分等计算各产品的产率、产量等。

目前采取的计算方法主要有两种：格式法和数质量平衡法。

4.4.2.1　格氏法

格氏法是利用最小二乘法原理计算产品产率的方法。图 4-21 是煤泥水处理中某作业示意图，如分级、浓缩、澄清、分选、脱水等。在格式法中，计算入料的某个指标（如灰分、密度、粒级等）和实际入料的各级别之间存在着差值 Δ，即

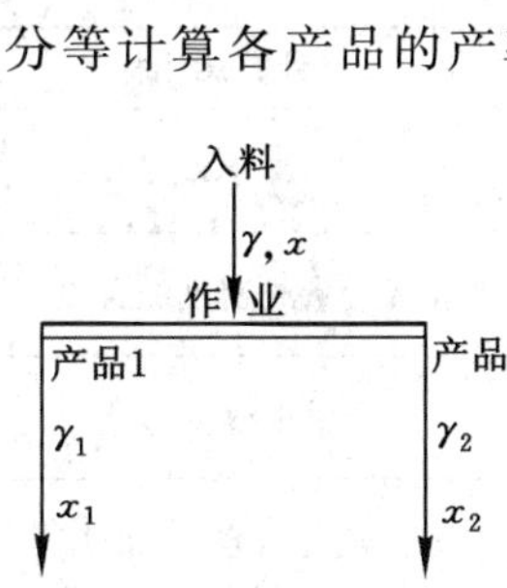

图 4-21　作业和产品示意图

$$\gamma_1 Y+\gamma_2 D-\gamma R=\Delta \tag{4-5}$$

式中　γ、γ_1、γ_2——入料、产品 1、产品 2 的产率（$\gamma=\gamma_1+\gamma_2=100\%$），%；

R、Y、D——筛分或浮沉试验中任一级别入料、产品 1、产品 2 占本级的产率，%。

利用最小二乘法原理可以推导两产品分离的实际产率计算公式：

$$\gamma_1=\frac{\sum (Y-D)(R-D)}{\sum (Y-D)^2}\times 100\% \tag{4-6}$$

$$\gamma_2=\gamma-\gamma_1 \tag{4-7}$$

式中符号含义同上。

利用格氏法计算比数质量平衡法更精确，但计算也更麻烦些。通常所选用的计算指标要尽量和作业性质接近，如分级作业最好从粒度级的差别上计算；而对重选作业，最好用密度差进行计算。

4.4.2.2　数质量平衡法

如图 4-21 所示，入料经过分离分成两种产品（产品 1 和产品 2），此时入料和两个产品间存在着数量平衡关系，可列出入料与产品的数量平衡和质量平衡式，即

$$\gamma=\gamma_1+\gamma_2 \tag{4-8}$$

$$\gamma x=\gamma_1 x_1+\gamma_2 x_2 \tag{4-9}$$

式中　x、x_1、x_2——入料、产品 1 和产品 2 的某个质量指标（如灰分、水分等）；

γ、γ_1、γ_2——入料、产品 1、产品 2 的产率，%。

在通常情况下，γ、x、x_1、x_2 是已知或易得到的，联立方程可求出 γ_1、γ_2：

$$\gamma_1=\frac{x_2-x}{x_2-x_1}\gamma \tag{4-10}$$

在两产品数质量平衡法计算中，一般 $\gamma=100\%=1$，所以 $\gamma_2=1-\gamma_1$。

数质量平衡法中可采用灰分、浓度（水分）、粒级含量、密度级含量等进行平衡计算。在选择指标时，应注意选择与该作业最密切相关且在该作业中变化最大的指标，以减小误差。如分级、浓缩作业，不同产品间粒级、浓度的变化和差别最大，应选择粒级含量和浓度作为计算指标；再如分选作业，差别最大的是灰分和密度级含量，可用这两个指标进行平衡计算。

采用不同的质量指标，代入式（4-10）可以得到煤泥水处理中所需的不同作业计算公式，见表 4-1。表中的 G、W、J、Y、D 分别表示入料、尾煤、精煤、溢流、底流。

表 4-1　平衡计算各种形式

计算用指标	计算公式	结果
灰分 A/%	$\gamma_J=\frac{A_G-A_W}{A_J-A_W}\times 100\%$	干煤产率
粒级含量或密度级含量 γ/%	$\gamma_D=\frac{\gamma_{G某级}-\gamma_{Y同级}}{\gamma_{D同级}-\gamma_{Y同级}}\times 100\%$	干煤产率
质量浓度 C/%	$G_D=\frac{C_G-C_Y}{C_D-C_Y}\times 100\%$	矿浆重量产率
固体含量 q/(g/L)	$V_D=\frac{q_G-q_Y}{q_D-q_Y}\times 100\%$	矿浆体积产率
通式	$\gamma_{某产物产率}=\frac{入料与另一产物指标差}{两产物同指标差}\times 100\%$	

经计算可列出产物的数质量平衡表(见实例),还可以更进一步计算统一的评定指标等。

4.4.2.3　计算实例

以图 4-22 流程为例,角锥池有效面积为 78.4 m^2,其技术检查资料见表 4-2、表 4-3。入料量为 950 m^3/h。该角锥池的入料是跳汰精煤脱水筛筛下水,其底流回收后经煤泥筛、离心机脱水后作为最终精煤,该溢流去浮选作业。试通过表 4-2 和表 4-3 的技术检查资料和该角锥池在流程中所处的位置,评价分级效果,检查及分析该流程的其他环节存在的问题和改进措施等。

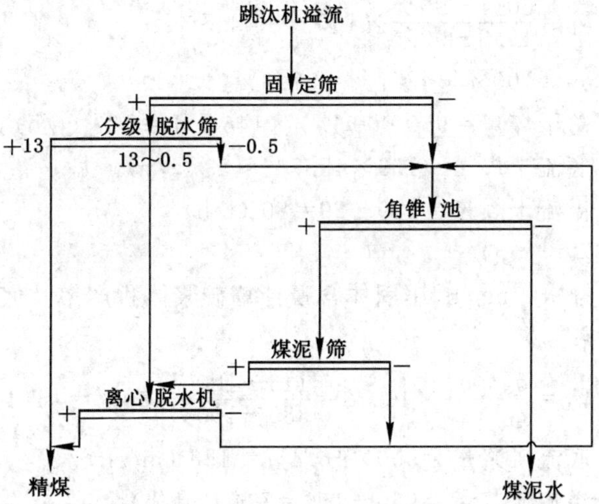

图 4-22　角锥池-单层筛-离心机流程

表 4-2　角锥池技术检查资料(1)

产物	入料	底流	溢流
固体含量 q/(g/L)	146	380	100
总灰分/%	15.3	13.1	15.5

表 4-3　角锥池技术检查资料(2)

粒级	入料		底流		溢流	
	γ/%	A/%	γ/%	A/%	γ/%	A/%
+1 mm	4.8	10.1	11.7	9.8	—	—
1 mm～40 网目	8.3	9.7	24.0	9.4	—	—
40～60 网目	11.8	10.7	25.6	10.4	0.7	7.6
60～80 网目	10.4	12.8	14.1	14.4	5.5	9.8
80～120 网目	4.6	14.4	5.3	21.4	3.3	10.4
–120 网目	60.1	16.7	19.3	21.5	90.5	16.5
合计	100.0	14.6	100.0	13.3	100.0	15.9

(1) 检查资料误差范围

对照各产物总灰分和合计灰分,按规定均在误差范围之内,数据可以采用。

(2) 数质量平衡法计算

① 干煤量计算

角锥池作为分级设备,产品粒度差别最大,最好用粒度平衡法。应选取底流和溢流中差别最大的粒级来计算。40~60 网目这一级别差别最大,但灰分指标不明确,因此选择 −120 网目粒级进行计算。

$$\gamma_D=\frac{60.1-90.5}{19.3-90.5}\times 100\%=42.7\% \quad (4\text{-}11)$$

$$\gamma_Y=100\%-42.7\%=57.3\% \quad (4\text{-}12)$$

总干煤量=950 000 L/h×146 g/L≈139 (t/h) (4-13)

底流干煤量=139×42.7%≈59 (t/h) (4-14)

溢流干煤量=139−59=80 (t/h) (4-15)

② 矿浆量计算

已测入料矿浆量为 950 m^3/h,用固体含量计算矿浆体积产率及底流、溢流矿浆量。

底流矿浆体积产率:

$$V_D=\frac{q_G-q_Y}{q_D-q_Y}\times 100\%=\frac{146-100}{380-100}\times 100\%=16.4\% \quad (4\text{-}16)$$

底流矿浆量=950×16.4%=156 (m^3/h) (4-17)

溢流矿浆量=950−156=794 (m^3/h) (4-18)

③ 水量计算

取煤泥密度 1.5 t/m^3。

入料水量=950−139/1.5=857 (t/m^3) (4-19)

底流水量=156−59/1.5=117 (t/m^3) (4-20)

溢流水量=857−117=740 (t/m^3) (4-21)

底流水量占入料水量产率=117/857×100%=13.65% (4-22)

(3) 分级效率计算

为计算分级效率可采用《选煤厂水力分级设备工艺效果评定方法》(MT/T 738—1997)标准规定。由于角锥池溢流去浮选,规定粒度应按惯例取 0.5 mm,由于本检查资料中没有 0.5 mm 级别,选邻近尺寸 40 网目作为规定粒度,相当于 0.45 mm。查得 $\alpha=86.9$,$\beta=100$,$\theta=64.3$,计算得:

$$\eta=\frac{100(\beta-\alpha)(\alpha-\theta)}{\alpha(100-\alpha)(\beta-\theta)}=\frac{100(100-86.9)(86.9-64.3)}{86.9(100-86.9)(100-64.3)}=72.8\% \quad (4\text{-}23)$$

画出溢流粒度曲线如图 4-23 所示。图上对应 95% 的通过率粒度约为 0.22 mm,故 $S_{95}=0.22$ mm,即角锥池实际分级粒度为 0.22 mm。所有计算结果列入表 4-4 中。

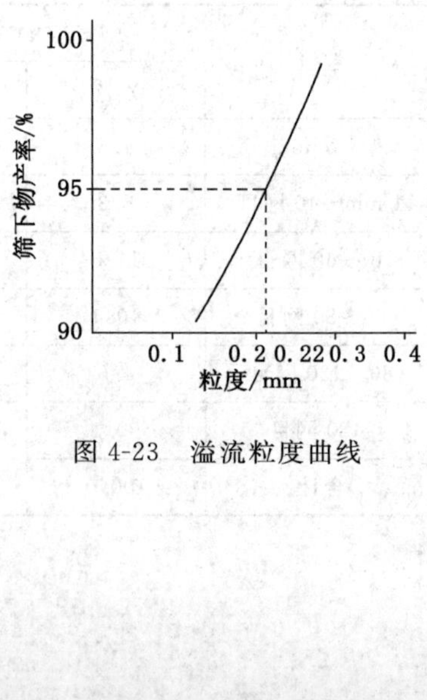

图 4-23 溢流粒度曲线

表 4-4　数质量平衡表

产物	矿浆量		干煤量		水量		分级效率/%	通过粒度/mm
	%	m^3/h	%	m^3/h	%	m^3/h		
底流	16.4	156	42.7	59	86.35	740	72.8	0.22
溢流	83.6	794	57.3	80	13.65	117		
入料	100.0	950	100.0	139	100.0	857		

(4) 分析角锥池的工作情况

主要从浓度、粒度、处理量几方面着手。

① 浓度方面

底流浓度为 380 g/L，煤泥筛可以正常工作，稍高些更好(450 g/L 左右)。如再低的话就要考虑脱水筛前加固定筛和旋流筛。溢流浓度 100 g/L 可直接进入浮选，不必经过浓缩。从浓度方面来看似乎应该减小底流排放量，以提高其浓度，同时也可让更多的－120 网目级进入溢流，减少对精煤的污染。

② 粒度方面

从入料来看，＋60 网目占 20%多，灰分低于 10.7%，说明重选分选效果好，分选下限已达 60 网目(0.3 mm)左右，对这部分应通过角锥池回收，不要去浮选增加负荷。从底流和溢流中＋60 网目分布看，角锥池对这部分回收效果较好。

入料中＋40 网目和＋1 mm 数量不少，说明精煤脱水筛有粗粒进入筛下水，估计是筛条破(磨)损、安装不严等造成的，应加强检修。

底流中－60 网目占 38.7%，量较大，且灰分增加得快，60～80 网目灰分已达 14.4%，这部分煤泥不易除去，对精煤造成污染也大，所以脱泥时要加强脱水。此外，脱泥筛筛下水也不应再返回角锥池增加负荷，污染精煤，应直接到浮选作业。同时，还应适当调整(加大)实际分级粒度到 0.3 mm 左右，有利于后续浮选作业。

从溢流粒度也可看出分级粒度太细，60～80 网目只有 5.5%，90%以上是－120 网目，说明了角锥池分级面积较大，可适当增加处理量，减少沉淀面积，或减小溢流堰长度，增加流动层以提高分级粒度，同时减少底流中细粒含量。

溢流中各级别灰分都比该级别的底流和入料低，这说明该角锥池在分级过程中有一定分选作用。如溢流＋120 网目灰分还不到 10%，已符合精煤要求，可采取措施直接回收。

通过粒度为 0.22 mm，偏小。为了减小细泥对精煤的污染，应适当提高通过粒度。这种粒度在浮选中也有较好的可浮性，可以留待浮选处理。

③ 处理量方面

从检查和计算的结果看，该角锥池的处理能力还有较大潜力。可以将角锥池面积减小一部分，即停止部分池子工作，就可以处理现行的煤泥水量，同时增大分级粒度。

4.5　煤泥水处理系统主要评定指标

煤泥水系统的完善程度和运行状态应该由系统的工艺效果和经济效果来表示，但目前还缺少一个能共同接受的、通用的总体评定指标。根据目前情况，收集了以下指标作为参考。

4.5.1 环境保护方面的指标

（1）系统外排水量

系统外排水量（m^3/万 t 原煤）是指体系在不能实现闭路循环时对外排放的煤泥水量，包括符合排放标准的水量和不符合排放标准的污染水量两部分。

（2）污染水量

污染水量（m^3/万 t 原煤）是指不符合排放标准的外排水量。

（3）系统事故外排水量

系统事故外排水量（m^3/万 t 原煤）是指系统在闭路循环条件下因事故或检修等原因排放到外面的煤泥水量。

（4）系统事故外排水含煤泥量

系统事故外排水含煤泥量（t/万 t 原煤）是指煤泥水系统在闭路循环的条件下因事故、检修等原因而排放的煤泥水中所含煤泥的总量。

（5）外排水平均浓度

外排水平均浓度（mg/L）是指煤泥水系统对外排放的固体浓度。

（6）污染水平均浓度

污染水平均浓度（mg/L）是指煤泥水体系对外排放的污染水的平均浓度。

（7）煤泥排放（流失）量

煤泥排放（流失）量（t/万 t 原煤）是指对外排放的煤泥水所带走的煤泥总量。

4.5.2 工艺方面的指标

（1）吨原煤分选用水量

吨原煤分选用水量（t/t 原煤）是指重选过程分选每吨原煤要用的循环水量。注意和每入选 1 t 原煤所需补加的清水量区别。

（2）循环水浓度（mg/L）

（3）循环水循环系数

循环水循环系数 K 是一个比值，表示循环水中循环煤泥量等于进入煤泥水系统的新煤泥量的倍数。

原则流程中介绍了循环系数 K 的意义，但有的文献定义：

$$K=\frac{G_f+G_n}{G_f+G_n+G_c+G_r} \tag{4-24}$$

式中 G_f、G_n、G_c和 G_r——原生煤泥量、次生煤泥量、循环水中煤泥量和流失的煤泥量。

显然在理想情况下 $K=1$。当 K 满足以下值时认为煤泥水系统工作正常：无烟煤 $K>0.36$；焦煤 $K>0.45$；气煤 $K>0.5$。

（4）循环水质量指标 X_0

$$X_0=\gamma_1\frac{C_{10}}{C_1}+\gamma_2\frac{C_{20}}{C_2}+\cdots+\gamma_i\frac{C_{i0}}{C_i}+\cdots+\gamma_n\frac{C_{n0}}{C_n} \tag{4-25}$$

式中 γ_i——i 工艺环节用水量占总用水量的百分数，%；

C_{i0}——i 工艺环节对用水质量要求，g/L；

C_i——实际供给 i 环节循环水平均质量，g/L。

当 $C_i < C_{i0}$ 时，我们定义 $C_{i0}/C_i = 1$，因为过度澄清对选煤工艺无明显经济效益，而水处理费用却增加了。

(5) 循环水质量稳定性指标

循环水浓度波动对提高选煤工艺效果不利，可用浓度波动系数表示：

$$\sigma_0 = \gamma_1\sigma_{c1} + \gamma_2\sigma_{c2} + \cdots + \gamma_i\sigma_{ci} + \cdots + \gamma_n\sigma_{cn} \tag{4-26}$$

式中　σ_{ci}——实际供给 i 工艺环节复用水平均浓度均方差，g/L；

γ_i——意义同上。

一般认为，选煤设备循环水波动值和浮选入料浓度波动值在 10 g/L 内是允许的。

4.5.3　经济方面的指标

(1) 动力消耗指数 E

$$E = \frac{\text{煤泥水处理设备和浮选设备总耗电量}}{\text{处理煤泥量}} \quad \text{度/t} \tag{4-27}$$

(2) 絮凝剂消耗指标 F

$$F = \frac{\text{絮凝剂消耗数量}}{\text{处理煤泥量}} \quad \text{g/(t 干煤泥)} \tag{4-28}$$

$$F = \frac{\text{絮凝剂消耗数量}}{\text{处理煤泥水量}} \quad \text{g/(m}^3\text{ 煤泥水)} \tag{4-29}$$

4.5.4　选煤厂洗水闭路循环的标准

实现选煤厂洗水闭路循环，其实质是减少或消除煤炭分选加工造成的水污染，这也是当前推行的清洁生产的重要内容。清洁生产即以节能、降耗、减污为目标，以管理、技术为手段，实施工业生产全过程控制污染，使污染物的产生量、排放量达到最低程度。选煤厂的煤泥水流失不但会造成资源的浪费，也必然造成环境的污染。

4.5.4.1　选煤厂最低允许水重复利用率

排水量是指生产过程中直接用于工艺生产的水的排放量，不包括生活污水等。在《污水综合排放标准》(GB 8978—1996)中增加了最低允许水重复利用率这项重要指标，并明确规定选煤厂最低允许水重复利用率要达到 90%。

水重复利用率计算式为：

$$\eta = \frac{A}{Q+A} \times 100\% \tag{4-30}$$

式中　η——水重复利用率，%；

A——重复利用(循环)水量，m^3/d；

Q——补充水量，m^3/d。

选煤厂几种主要水量之间的关系如图 4-24 所示。

单位补充水量 q、单位用水量 y 跟水重复利用率 η 之间的关系可用下式表达：

$$\eta = \frac{\frac{Y-Q}{T}}{\frac{Y}{T}} \times 100\% = \frac{y-q}{y} \times 100\% \tag{4-31}$$

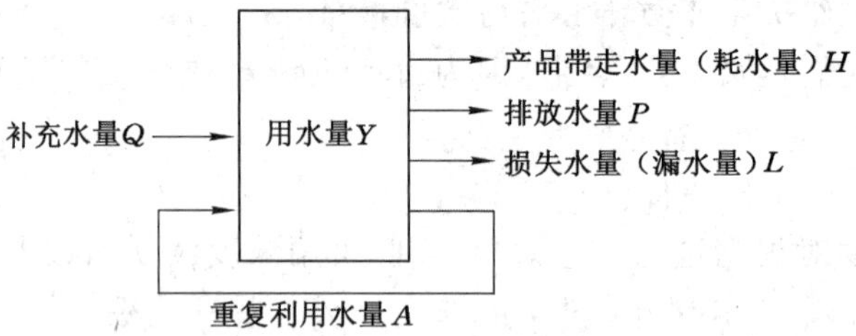

图 4-24　选煤厂几种主要水量之间的关系图

式中　Y——用水量，m^3/d；

T——日均入选原料煤量(干煤计)，t/d；

q——单位补充水量，m^3/t；

y——单位用水量，m^3/t。

4.5.4.2　选煤厂洗水闭路循环等级

详见《选煤厂洗水闭路循环等级》(GB/T 35051—2018)。

4.5.4.3　排放水的污染指标

对于洗水闭路循环三级标准中排放水悬浮物浓度，从 70～300 mg/L 分为 4 个区段不同的指标。为了达到此指标，煤泥水必须得到深度澄清。对于选煤工艺而言，这样的排放水完全可以复用，只是因为洗水不平衡，才不得不外排。在起草的标准中明确写道："排放水的污染物最高允许排放浓度必须达到 GB 8978—1996 的标准。"国家对外排水中污染物限制是很严格的，与其采取种种净水措施来控制选煤厂排放水的各项指标，还不如杜绝排放水，彻底实现洗水闭路循环更好。

4.5.4.4　煤泥室内回收和洗水浓度

由煤泥池挖出的煤泥，必然有个自然晾干的过程，再加上装运不及时，多数情况下，在厂内会堆积大量煤泥，导致污染矿区环境和资源损失。煤泥室内回收可解决此问题。当然，室内回收的煤泥如何合理地综合利用，也是摆在我们面前的一项课题。对于达到洗水闭路循环二级的选煤厂可用机械化煤泥池回收煤泥，但室内回收煤泥量要在 50% 以上，这是考虑到现有选煤厂具体的、特定的情况而规定的。在设计大、中型选煤厂时，应尽量按洗水闭路循环一级的要求来考虑。

生产实践证明，要使洗水平衡，必须实现煤泥量平衡，而要实现煤泥量平衡，就必须使煤泥水得到有效澄清，并及时回收煤泥。煤泥能否及时回收，直接反映在洗水浓度上。洗水浓度与生产状态的关系，可按以下数值大致加以划分：洗水浓度为 0，生产状态理想；洗水浓度 <50 g/L，正常；洗水浓度在 50～100 g/L，比较正常；洗水浓度在 100～200 g/L，勉强生产；洗水浓度在 200～300 g/L，恶化生产；洗水浓度 >300 g/L，近乎不能生产。

4.5.4.5　生产负荷指标

选煤厂实现洗水闭路循环并非易事，在各方面都要做大量工作。各选煤厂具体情况不同，其工作力度也不同。可用生产负荷指标来进行横向比较，选煤厂满负荷或超负荷生产跟没满负荷生产比较，为实现洗水闭路循环，尤其是为了煤泥水充分澄清，其投入的工作量是不一样的。为此，可将入选原煤量达到核定能力的百分数作为一项指标来考核。

【思考题】

1. 如何判断煤泥水系统工作好坏？分析浓缩浮选流程的特点。
2. 简述直接浮选流程的由来，并分析直接浮选流程的优缺点及使用条件。
3. 何为循环系数？
4. 简述粗煤泥回收流程的结构，并分析各自的优缺点及适用条件。
5. 简述煤泥水处理的原则流程。
6. 简述洗水闭路循环的意义、标准以及实现洗水闭路循环的措施。

第5章 常温下产品脱水

在选煤厂煤泥水处理流程中，不同流程形式要产生不同的产品，这些产品要成为最终产品必须进行深度脱水。不同产品，脱水深度要求不同，所采用的脱水方法和脱水机械也不相同，本章主要介绍物料水分的赋存形态及常温下常用的产品脱水机械。

5.1 物料水分的赋存形态

由于脱水是含水物料中煤和水之间的分离作业，因此，含水物料中，固体物料与液体水的性质及它们之间的相互作用关系，对脱水有重要的影响。研究脱水前，首先弄清水分在物料中的赋存形态。

5.1.1 水分的赋存形态

物料中的水分包括成矿过程水分、开采水分以及分选加工及运输、贮存过程中加入的水分。这些水分以不同形态赋存于物料中。通常有四种形态，即化合水分、结合水分、毛细管水分和自由水分。

5.1.1.1 化合水分

化合水分指的是水分和物质按固定的质量比直接化合而成为新物质的一个组成部分。它与物质之间的结合牢固，只有在加热到物质晶体被破坏的温度时才能使化合水分释放出来。我们这里讨论的脱水不包括这部分水。

5.1.1.2 结合水分

在固体物料和液相水接触时，在两相的接触界面上，由于其物理化学性质与固体内部的物理化学性质不同，位于固体或液体表面的分子具有表面自由能，将吸引相邻相中的分子，在固体表面形成水化膜。结合水分又可细分为强结合水和弱结合水。

(1) 强结合水

强结合水又称吸附结合水，是指紧靠颗粒表面与表面直接水化的水分子及稍远离颗粒表面、由于偶极分子相互作用而定向排列的水分子。前者由于静电力和氢键力的作用，水分子可牢固地吸附于颗粒的表面。此种水具有高黏度和抗剪切强度，很少受温度的影响。后者与颗粒表面结合较弱，但仍有较高的黏度及抗剪切强度。

(2) 弱结合水

弱结合水是指与颗粒表面结合较弱的水分子，在温度、压力出现变化时，由于偶极分子之间的连接破坏而离开颗粒表面，在距颗粒表面稍远部位形成的一层水。这种赋存形态具有氢键连接的特点，但水分子无定向排列现象。

通常进入双电层紧密层的水分子为强结合水，在双电层扩散层上的水分子为弱结合水。

结合水与固体结合紧密，不能用机械方法脱除，能用干燥法去除一部分，当物料与湿度大的空气接触时，那部分水分又会被吸收回来。

5.1.1.3　毛细管水分

松散物料的颗粒与颗粒之间形成许多孔隙，当孔隙较小时，将引起毛细管现象，水分子可保留在这些孔隙内；煤本身也存在裂缝与孔隙，同样可以保留水分，这些水分统称为毛细管水分。图 5-1 为毛细管水分示意图。物料的毛细管水分与孔隙度有关。孔隙度越大，可能保留的水分越多。当孔隙度为圆柱形，直径为 d 时，由于毛细管吸力作用所能保留的水柱高度 h 可用力的平衡条件求出。平衡状态水柱高度见图 5-2。

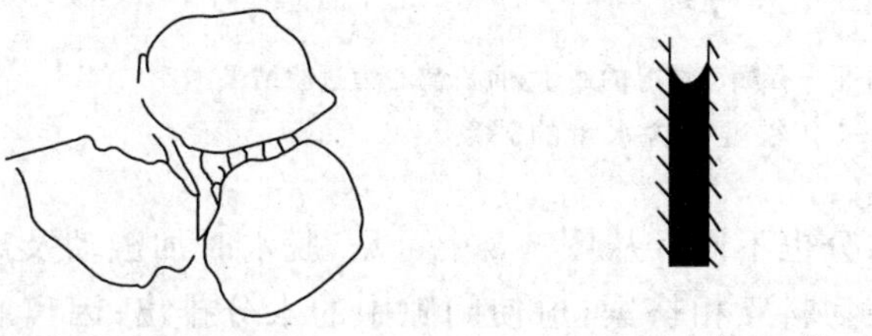
(a) 颗粒间毛细管　　(b) 颗粒本身毛细管

图 5-1　毛细管水分示意图

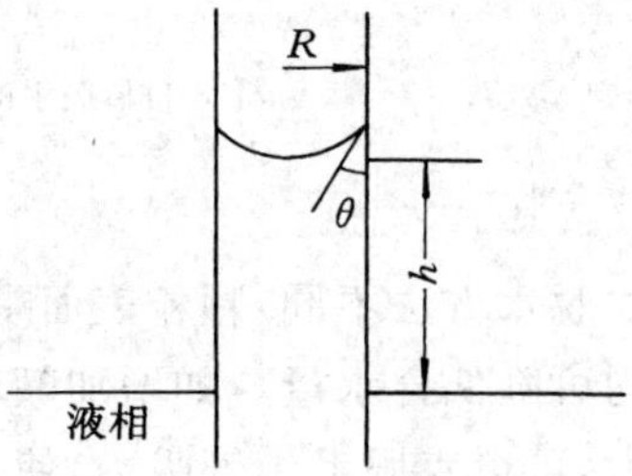

图 5-2　毛细管水柱示意图

根据力的平衡，可得

$$2R\pi\sigma\cos\theta=\pi R^2 h\rho g \tag{5-1}$$

$$h=\frac{2\sigma\cos\theta}{R\rho g} \tag{5-2}$$

式中　σ——水的表面张力，N/m；

θ——物料的平衡接触角，(°)；

ρ——水的密度，kg/m^3；

g——重力加速度，m/s^2。

毛细管中水柱高度除与水的性质有关外，还与物料性质及毛细管的直径有关。颗粒毛细管直径越小，水柱高度越大；亲水性的物料，其接触角较小，毛细管中水柱高度增大，因而毛细管水分含量增加。

毛细管水分根据所采用的脱水方法及毛细管直径的大小，可脱除一部分，但不能全部脱除。

5.1.1.4　自由水分

自由水分也称重力水分，存在于各种大孔隙中，其运动受重力控制。自由水分是最容易被脱除的水分。

5.1.2　物料性质对脱水的影响

(1) 粒度组成

物料的粒度组成越小，其比表面积越大，吸附的水分越多，且不易脱除；物料的粒度组成较均匀时，颗粒间孔隙较大，容纳的水分多，但易于脱除；若粒度组成不均匀，细颗粒将充填在粗粒的孔隙中，使颗粒间孔隙微小，毛细管作用增强，水分难于脱除。

粒度不同，采用的脱水方法也应不同。图 5-3 反映了不同粒度、不同脱水方法的煤粒脱水效果。

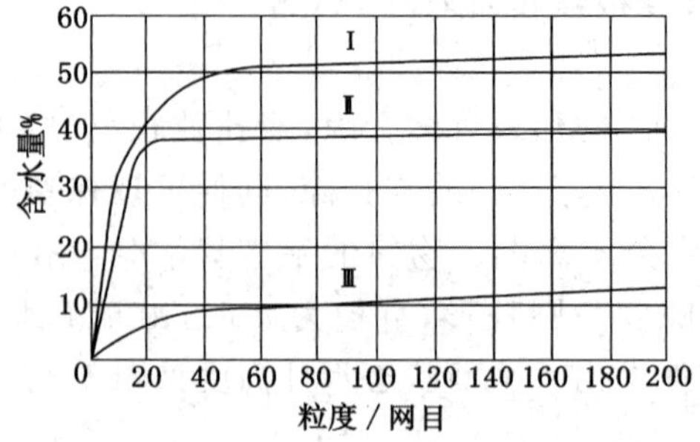

Ⅰ—自然脱水的结果；Ⅱ—有颤动情况的脱水；Ⅲ—离心力过滤结果。

图 5-3　粒度与含水量的关系

脱水方法不同，颗粒表面剩余水分也不同。从图 5-3 中可见，脱水时加颤动及离心力过滤均可降低含水量。如增加颤动，使物料互相挤紧，迫使间隙中的水分排出；因离心力比重力大，可以克服毛细管吸力，使颗粒间毛细管中水分尽量排出，因而水分显著下降。

(2) 孔隙度

孔隙度大时，存在的水分多，但毛细管作用弱，水分易于脱除；孔隙度小时，存在的水分少，但毛细管作用强，水分不易脱除。

(3) 比表面积

比表面积是指单位质量物料所具有的总表面积。比表面积越大，吸附的水分越多，且不易脱除。

(4) 密度

同样质量的物质，密度大的体积就小，从而其表面积就小，吸附的水分也少。一般选煤厂产品水分常比选矿厂产品水分高，正是这个道理。

(5) 润湿性

润湿性差的疏水矿物中含水量较少，且易脱除；而亲水矿物中的含水量较疏水矿物多，脱除较困难。

(6) 细泥含量

泥质物料属亲水矿物，一方面它充填于物料间隙，使毛细管作用增强；另一方面它附着在矿粒表面，使物料水分增高，这两种情况的水分均不易脱除。

5.2　粗颗粒物料的脱水机械

上一章我们讲了粗细颗粒煤泥水处理流程。就像粗细颗粒煤泥水处理流程有不同形式一样，粗细颗粒物料最终脱水所采用的方法和机械也不相同。本节主要介绍粗颗粒物料的脱水机械。

5.2.1　脱水提斗

脱水提斗也称脱水提升机、脱水斗子提升机。

5.2.1.1　脱水提斗的用途

脱水提斗通常兼有脱水和运输双重作用。作为脱水设备时，可作最终脱水设备，也可作初步脱水设备。

对于大块物料及水分要求不太严格的产品，如跳汰分选作业的中煤、矸石可用脱水提斗直接作为最终脱水设备，获得最终出厂产品。对粒度较细或脱水不太容易、水分要求又较严格的产品，脱水提斗可作初步脱水设备。如粗煤泥回收作业，对捞坑沉淀的煤泥先经脱水提斗初步脱水后，再进一步用脱水筛和离心脱水机最终脱水。

5.2.1.2　脱水提斗的构造

脱水提斗的构造见图 5-4。斗链绕过机头的星轮和机尾的滚轮形成无极循环的牵引机构，电动机通过减速器经链轮使主轴上的星轮转动，拖动斗链在导轨上运行。其构造与输送用的提斗相同。

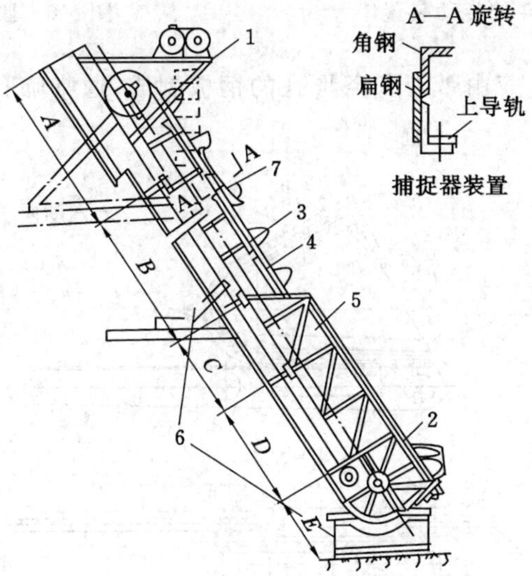

1—机头；2—机尾；3—斗链；4—导轨；5—机壳；6—机架；7—捕捉器。

图 5-4　脱水提斗的构造图

1. 机头

机头包括传动装置和紧链装置。传动系统见图 5-5。脱水提斗的标准设计采用链轮传动，该传动方式具有简单轻便的特点。

紧链装置见图 5-6。轴承借助于丝杠 5 的旋转而沿着紧链装置底座上的燕尾导轨 4 移动，调节斗链的张紧程度。

主轴上的星轮，我国采用四方形星轮和六边星形星轮两种。由于六边星形星轮磨损后修补困难，因此，目前以采用四方形星轮者居多。

2. 机尾

机尾是斗链的导向装置，安装在整个脱水提斗的下部。

3. 斗链

斗链由料斗和链板或圆环链组成，见图 5-7。每组斗链由一个料斗和两节链板构成。

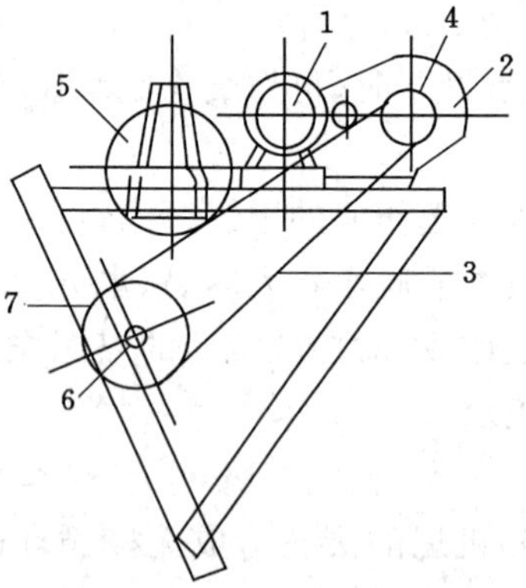

1—电动机;2—减速器;3—传动链;4—主动链轮;
5—压紧链轮;6—主轴;7—从动链轮。

图 5-5　脱水提斗的传动装置

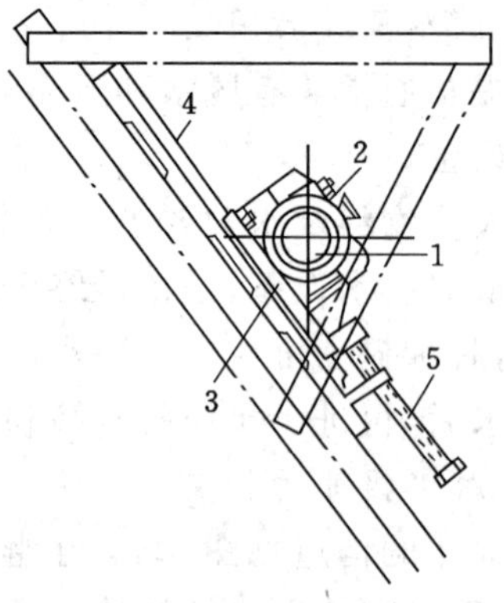

1 一主轴;2—斜轴承;3—轴承座;
4—燕尾导轨;5—丝杠。

图 5-6　脱水提斗的紧链装置

为了满足脱水需要,料斗应由带有长条形孔的钢板制成,通常筛孔尺寸为 4 mm×20 mm,这种筛孔不易堵塞。

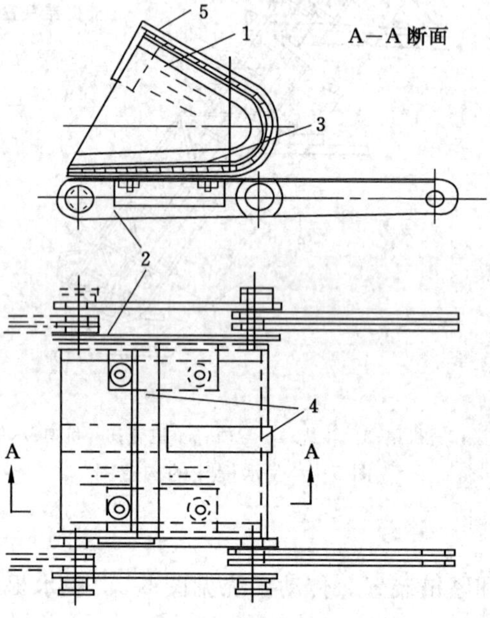

1—料斗;2—链板;3—带榫螺栓;4—扁钢;5—角钢。

图 5-7　脱水提斗的斗链

4. 机壳和机架

机壳由钢板焊接而成,中间带有槽钢骨架,用以支撑重量,使构件坚固耐用。

机壳内铺设导轨,斗链在导轨的扁钢上滑行。为提高导轨的耐磨性,很多选煤厂采用铸石衬板代替导轨上的扁钢。

机架由槽钢和角钢焊接而成,通过机架将机壳固定在基础和楼板上。

5. 安全装置

安全装置包括安全销和捕捉器。前者可防止发生断链事故；后者可防止因断链事故而导致斗子被抛出或落入机尾，扩大事故。

安全销装在星轮主轴和从动链轮之间。运行中如发生料斗卡住时，安全销即被切断，提斗停止运转，避免造成事故。

捕捉器成对地焊接在机壳敞开段两侧导轨的角钢上，见图 5-4。链板在导轨和捕捉器之间运动，若斗链断裂时，捕捉器将斗链挡住，不致向外翻倒而造成严重事故。

5.2.1.3　脱水提斗的脱水效果及安装要求

为了适应脱水作业的要求，脱水提斗的安装与运输提斗不同。通常有两方面的差别。

(1) 脱水提斗必须倾斜安装，不许垂直安装

脱水提斗安装时，其机身倾斜角度不应超过 70°，两个提斗之间应有足够距离，避免前一个提斗排泄的水分落在后一个提斗中。倾斜角度常在 50°～70°之间。

(2) 保证有适当的脱水时间

物料由提升机提出水面后，应有一段继续运行距离，以保证足够的脱水时间。脱水时间与料斗运行距离和离开水面后的运输高度有关。处理粗粒物料应达 20～25 s；对于细粒物料，应有 40～50 s。实际经验表明：脱水提斗的提升高度至少应高出水面 4 m。粗粒物料可选择 5～7 m；细粒物料可选择 7～8 m。因此，对于粗粒物料脱水，提斗运动速度可稍快，为 0.25～0.27 m/s；对于细粒物料脱水，应取较慢的速度，为 0.15～0.17 m/s。

不同的物料性质和粒度有不同的脱水要求，其关系见表 5-1。

表 5-1　物料性质和粒度与水分的关系

物料的性质和粒度	粗粒精煤	粗粒中煤和矸石	细粒精煤	细粒中煤	细粒矸石
水分/%	9～10	14～18	18～22	20～25	20～30

粒度越细、亲水性越强、孔隙越多的物料，脱水越困难，脱水后产品水分也越高。

5.2.2　脱水筛

脱水筛是选煤厂使用最广泛的脱水设备之一，是利用筛分脱水的一种设备。通常分级用的筛分设备均可用于脱水，但其构造应做相应的改变，使其有利于水分与固体的分离。

脱水筛脱水的特点是：物料以薄层通过筛面时发生颗粒与水相分离的过程，基本上仍是利用水分本身重力的自然脱水方法。物料在筛面上铺成薄层，在沿筛面运动的过程中，受到筛分机械的强烈振动，水分很快从颗粒表面脱除，进入筛下漏斗。选煤厂常用的脱水筛有固定筛、振动筛、摇动筛等。

5.2.2.1　固定筛

固定筛筛面斜置固定不动，物料在倾斜的筛面上完全靠自重向下滑动实现筛分，水则通过筛孔排出。固定筛主要安装在运动的脱水筛之前，进行预先脱水，以减少进入运动脱水筛的水量，提高脱水效率。固定筛又可分为条缝筛、弧形筛和旋流筛。

1. 条缝筛

条缝筛安装在运动的脱水筛的给料溜槽上，其宽度与溜槽相等，长度一般不超过 2 m，

筛缝宽一般为0.5 mm，最高泄水能力可达200～300 $m^3/(h \cdot m^2)$，经预先脱水后的产品液固比为2～3。条缝筛的结构简图如图5-8所示。

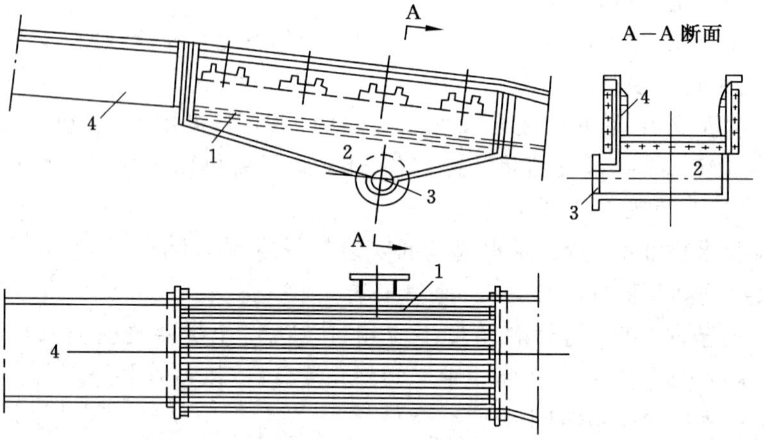

1—条缝筛筛面；2—锥形漏斗；3—煤泥水排出管；4—溜槽。

图5-8　固定条缝筛简图

条缝筛的长度对脱水有较大的影响，若长度不够，脱水效率低。筛面太长，则脱水后的物料易在筛面上堆积。其长度一般可通过单位面积处理能力、需要排泄的总水量和溜槽的宽度确定。

2. 弧形筛

弧形筛是一种预先脱水设备，其脱水效果好，既可用于细粒物料的脱泥、脱水，也可用于悬浮液中细小颗粒的精确分级，还可用于重介质选矿产品的脱介。其结构如图5-9所示。

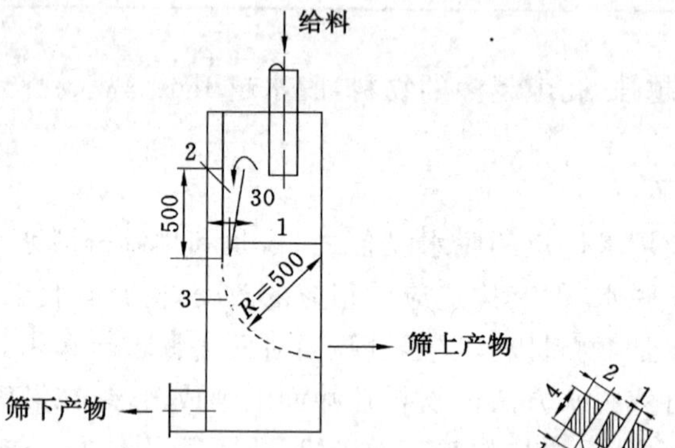

1—给料容器；2—给料漏斗；3—圆弧形缝条筛面；4—筛棒的横截面。

图5-9　弧形筛结构

弧形筛的筛条由不锈钢或尼龙制成，截面为长方形或梯形，筛缝宽一般为0.15～1 mm，筛条排列成弧形，物料沿筛面的切线方向给入。其入料方式有两种：一种为无压给料，称自流弧形筛，给料速度为0.5～3 m/s；另一种为压力给料，称压力弧形筛，给料压力为

0.1～0.2 MPa，料浆速度一般可达 10 m/s。弧形筛规格是以筛面的曲率半径（R）、筛面宽度（B）、弧度（α）表示，例如 500×700×180°。自流弧形筛的弧度有 45°、60°、90°等，多用于选煤厂的脱水及金属选矿厂的选别产品分级；压力弧形筛的弧度有 180°和 270°，其中 270°弧形筛多用于水泥工业。

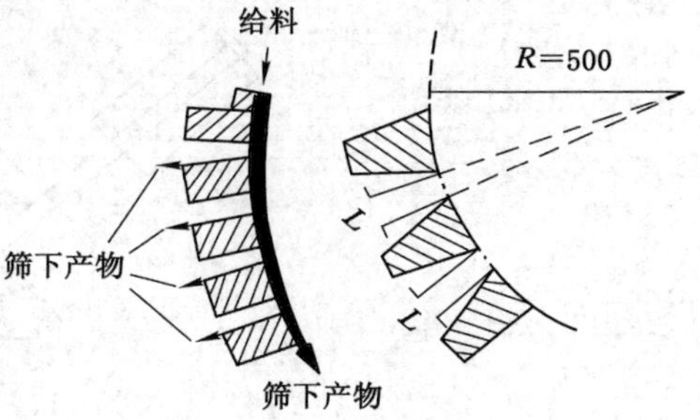

图 5-10　物料在筛面上的运动图解

当物料在筛面上运动，离开某一个筛条，并沿切线继续前进时，其运动图如图 5-10 所示，根据图中关系，颗粒接触到下一个筛条侧面的宽度 Δ 应符合下式。

$$R^2+L^2=(R+\Delta)^2 \tag{5-3}$$

式中　R——筛面曲率半径，mm；

L——筛缝宽，mm。

由于 Δ^2 项很小，将其忽略后得

$$\Delta=L^2/2R \tag{5-4}$$

当 R=500 mm，L=1 mm 时，接触面的宽度 Δ=0.001 mm，远小于筛孔尺寸。因此，比筛孔小得多的颗粒都可滑过筛缝，进入筛上产物。经验表明，筛孔尺寸为筛下产品最大粒度的 1.5～2 倍。如需要分出 0.25～0 mm 的物料，筛缝宽度为 0.4 mm 左右，如需分出 0.5～0 mm 的物料，筛缝宽度为 0.8～1 mm。

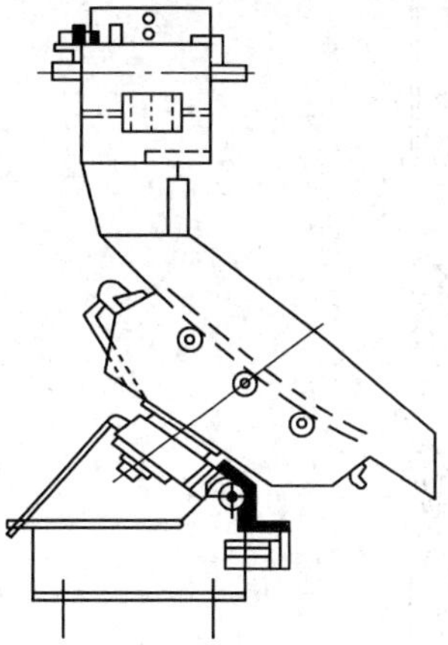
图 5-11　可翻转型弧形筛

弧形筛的另一个显著优点是结构简单，轻便，占地面积小，无运动部件和传动机构，处理能力大[按给料计算可达 200～250 $m^3/(h\cdot m^2)$]。其缺点是筛条磨损严重，筛面的安装和维护要求较高，而且弧面要求平整光滑。根据其特点进行改造，可得到以下两种弧形筛。

（1）可翻转型弧形筛

当筛条的一侧边棱磨损后，会大大降低透筛效率。此时可以将筛面翻转 180°使用，则能提高筛分效率，延长使用寿命。可翻转型弧形筛如图 5-11 所示。

（2）击振弧形筛

在弧形筛上加一击振装置，目的是通过振动清理筛面，使堵塞筛孔的物料进入产品，提高筛面利用率。资料表明，在邻近筛孔的颗粒含量较高时，该筛效果比较明显。

DSM 击振细筛是击振弧形筛的一种，见图 5-12。

该击振装置是一独立机构，装在筛箱后部，其中一个气动活塞通过一根杆将打击传到筛面后部，以防止筛面堵塞。为了适应不同使用条件，击振强度可通过调节气压来改变，而击振频率可通过调节自动定时装置予以控制。

这种筛子的筛缝最小可达 0.05 mm，其处理能力较高。

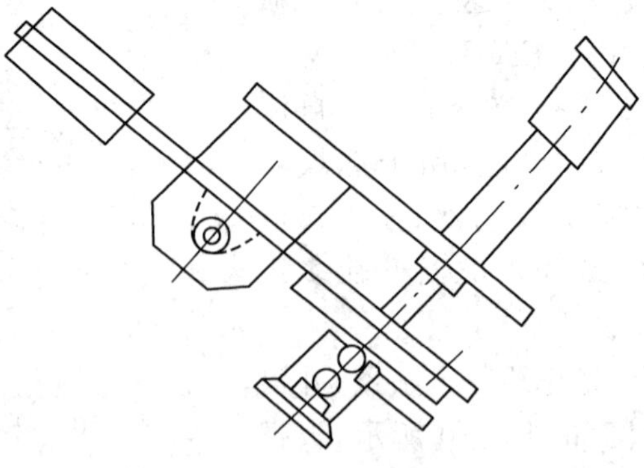

图 5-12　DSM 击振细筛

3. 旋流筛

旋流筛的结构见图 5-13。奥索(OSO)旋流筛有 A、B、C 三种类型。表 5-2 所示是 A 型和 B 型的技术规格和工艺参数。旋流筛兼具固定筛和离心脱水机的优点。但本身没有运动部件,不需要动力,单位面积处理能力比振动筛大 2～3 倍。运转稳定可靠,投资少维护费用低。

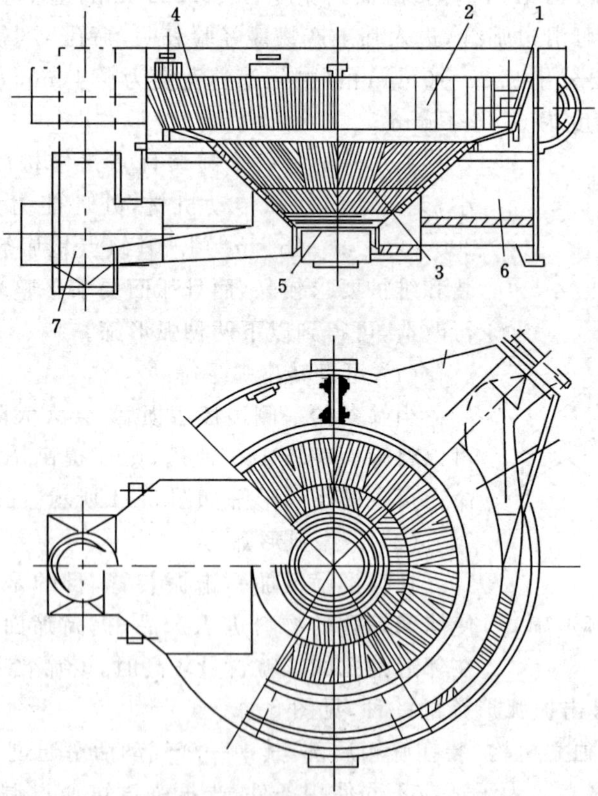

1—入料喷口;2—圆形导向槽;3—锥形条缝筛网;4—导向筛网;5—固体物料;6—外箱;7—筛下水出口。

图 5-13　奥索旋流筛的结构

表 5-2　旋流筛的技术规格和工艺参数

锥形筛网直径/mm		1 200	1 600	2 000	2 400	2 800	3 200
A 型奥索旋流筛							
工艺参数	锥形筛网工作面积/m^2	1.5	2.5	4.0	6.0	8.0	10.0
	额定处理量/(m^3/h)	150	250	400	600	800	1 000
	最小处理量/(m^3/h)	100	170	280			
	最大处理量/(m^3/h)	190	330	520			
	最小入料压头/Pa	5 884	6 864	8 825	10 787	13 729	16 671
	额定入料压头/Pa	9 806～11 768		10 787～19 613		16 671～24 516	
B 型奥索旋流筛							
工艺参数	锥形筛网工作面积/m^2	1.5	2.5	4.0	6.0	8.0	10.0
	导向筛网工作面积/m^2	0.8	1.5	2.0	3.0	4.0	5.0
	额定处理量/(m^3/h)	230	400	600			
	最小处理量/(m^3/h)	160	280	420			
	最大处理量/(m^3/h)	300	520	780			
	最小入料压头/Pa	5 884	6 864	8 825	10 787	13 729	16 671
	额定入料压头/Pa	9 806～11 768		10 787～79 613		16 671～24 516	

该机可用于末煤跳汰机 10～0.5 mm 精煤的初步脱水、末煤的脱泥和细粒煤的分级。工作时，物料在流体静压下导入旋流脱水槽，经入料喷口再沿切线方向流入导向槽，并变为旋流的形式。旋流的物料流入锥形缝条筛网，在离心力的作用下，液体穿过筛网，固体留在筛网上，完成了脱水作用。

旋流筛内，筛网缝条的宽度和方向均有变化。上部的缝条与机体近乎平行，下部的缝条则与机体垂直，而且比上部缝条约宽 50%。缝条的方向是考虑了外层物料螺旋运动的特点和减少筛网在运转期间的磨损而设计的。缝条宽窄的变化，则可保证整个锥形筛网上尽可能获得相同的分级粒度，并考虑了物料流速和锥面形状的关系。

此外，旋流筛导向槽内加了带垂直缝条的筛网衬，作导向筛网，可以增大设备的有效工作面积。

调整入料喷口的位置可以改变入料方向，使混合物料在导向槽内做左旋或右旋运动，增加筛网的使用寿命。

选择末煤脱水奥索筛时，为保证设备正常运转，在保持最小入料速度（最小压头）的基础上，应使入料量大于筛分设备的额定处理量。

选择末煤脱泥用奥索旋流筛时，应选择额定压头的上限值。

对于细粒级煤的脱水、脱泥和分级，为保证运转期间有恒定的分级粒度和处理量，筛分设备运转 400～600 h 后，应改变一次物料旋流方向，并检查筛面磨损情况。

对于末煤脱水推荐使用 75 mm 筛缝的筛网，未经脱泥的末煤脱水或浓度大于 50 g/L 的循环水脱水或末煤脱泥，推荐采用 1.0 mm 筛缝的筛网。

5.2.2.2　振动筛

振动筛具有工艺效果好、结构简单、操作维修方便等优点，近年来发展很快，主要形式有圆运动振动筛、直线振动筛、高频振动筛和共振筛等。圆运动振动筛多用于分级作业，选煤厂中多用直线振动筛和高频振动筛脱水。

1. 直线振动筛

(1) 直线振动筛的构造

直线振动筛是目前我国选煤厂使用最多的振动筛。这种筛子的激振器通常都安装在激振梁上，用有联轴器的驱动轴连接电动机驱动。激振器的两组摆块通过齿轮的精确啮合保证摆块同步反向转动，以使振动筛沿振动方向直线运动。

我国主要生产和使用的直线振动筛有座式和吊式两种，分单层和双层两种，其结构均由筛箱、激振器及弹簧支撑或吊挂装置组成，如图 5-14 所示。

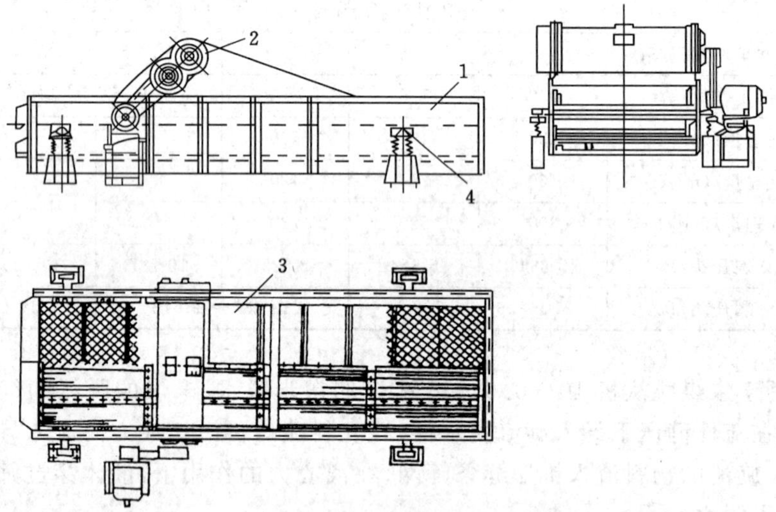

1—筛箱；2—激振器；3—筛网；4—弹簧。

图 5-14　ZS 型直线振动筛

筛网是脱水筛的主要工作部件，应具有足够的机械强度、最大的开孔率且筛孔不易堵塞等性质。常用的筛网有板状筛网、编织筛网和缝条筛网等。脱水采用编织筛网和缝条筛网，脱水兼分级时也可使用板状筛网。筛网固定在筛箱上必须张紧。因脱水筛筛孔通常较小，其张紧装置如图 5-15 所示。先将筛网用螺栓经压板固定在框架上，再将框架固定在筛箱上。紧固方式采用压木和木楔。

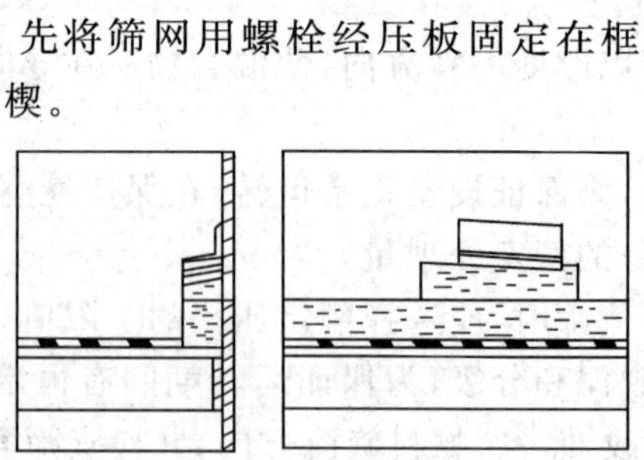

图 5-15　板状筛网和条缝筛网的张紧装置

(2) 直线振动筛的工作原理

直线振动筛利用激振器产生的定向激振力，使筛箱做倾斜的往复运动，如图 5-16 所示。

当主动轴和从动轴的不平衡重块相对同步回转时，各瞬时位置离心力沿 $x-x$ 方向的分力总是互相抵消，而沿 $y-y$ 方向的分力总是互相叠加的，形成了单一的沿 $y-y$ 方向的激振力，驱动筛子做直线运动。两根轴的不平衡重块在图 5-16 中(1)、(3)位置时，离心力完全叠加，(2)、(4)位置的激振力方向相反，离心力完全抵消，激振力为零。

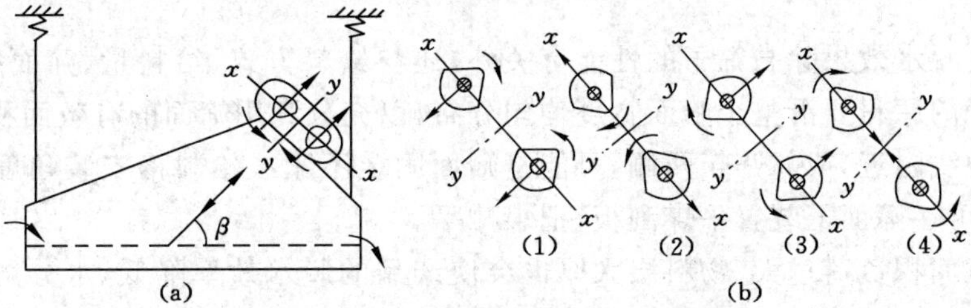

图 5-16　直线振动筛的工作原理图

(3) 直线振动筛在脱水中的应用

直线振动筛的抛射角在 30°～65°之间，我国多采用 45°，物料行进距离远，有利于脱水。物料在筛面上的脱水过程通常分三个阶段。第一个阶段为初步脱水；第二阶段为喷洗；第三阶段为最终脱水。喷水的目的是冲洗掉混在产品中的细泥，既降低灰分又降低水分。

喷水必须用澄清的循环水，水压常为 0.15～0.2 MPa。喷水点在整个筛子的中心处，沿全宽喷洒。有条件的厂最好安装 3～4 mm 的喷嘴。加喷水对产品脱水效果的影响见表 5-3。

表 5-3　加喷水对产品脱水效果的影响

指标	末精煤(13～0.5 mm)		煤泥	
	不加喷水	加喷水	不加喷水	加喷水
水分/%	13.2	12.1	26.8	25.0

由此可见，高灰细泥在产品中的夹杂，将阻碍水分的自由排泄，致使产品水分较高。同时看出，脱水过程本身与脱泥过程同时进行。

对块煤脱水及脱介，为提高脱水筛的处理能力，并减少对筛孔条缝筛的磨损，通常采用双层筛，上层用编织筛网，筛孔为 13 mm，下层用条缝筛网，筛孔为 0.5 mm。

脱水筛的处理能力与处理物料的性质和筛孔大小有直接关系，见表 5-4。经脱水后的产品水分见表 5-5。

表 5-4　脱水筛单位面积处理能力

作业	块煤脱水		末煤脱水		粗煤泥回收	
筛孔/mm	13	6	1	0.5	0.5	0.25
处理能力/[t/(m² · h)]	14～16	10～12	7～9	5～7	1.5～2	1～1.5
泄水量/[m³/(m² · h)]			50～60		30～40	

表 5-5　产品性质及水分

产品性质	水分/%	产品性质	水分/%
不含煤泥的块煤	6～7	细粒精煤	16～18
带煤泥的块煤	7～8	粗煤泥	22～25

脱水筛的脱水效果除与筛子的性能有关外，还与给料方式、给料量、筛面结构有很大关系。给入筛子的原料要沿整个筛面宽度均匀分布，以充分利用筛面的有效面积，脱水筛筛上物集中于中心线附近，或靠筛箱两侧，可能是筛面固定不紧或给料槽安装角度不合适，必须及时调整，亦可在筛面上装置平煤刮板，把煤摊平。

筛子单位面积负荷过大、物料层太厚也会使产品的脱水效率降低，水分增高，给料忽多忽少，会使产品水分波动。

筛板为脱水筛的工作面，磨损较快，易引起筛缝增大或局部损坏，有时安装不严密出现缝隙，都会使筛子漏煤，降低分级效率。因此，应经常检查筛面和筛下水的情况，及时维修。

(4) 几种常用的直线振动筛

① DS 型、ZS 型振动筛

这两类直线振动筛主要用于选煤产品脱水和脱介，在我国应用较广。其中 DS 型直线振动筛结构见图 5-17，ZS 型直线振动筛见图 5-14。

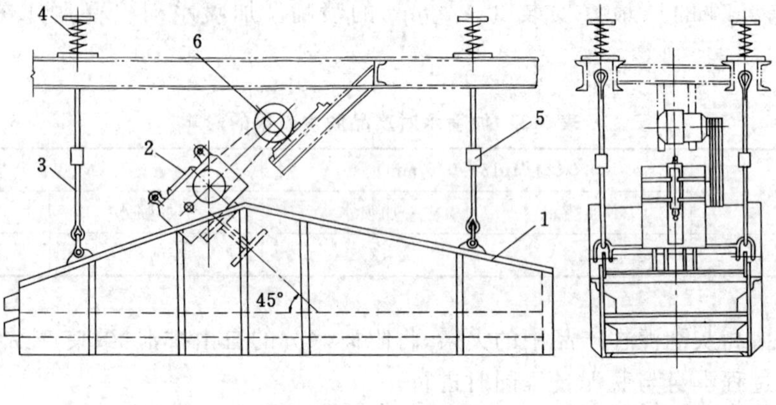

1—筛箱；2—激振器；3—钢丝绳；4—隔振螺旋弹簧；5—防摆配重；6—电动机。

图 5-17　DS 型直线振动筛

② ZKX 型、ZKB 型、ZKS 型振动筛

这类振动筛是对以往振动筛在结构方面的优化，主要用于选煤选矿生产，其结构分别见图 5-18～图 5-20。

③ SLO 及 SLD 系列香蕉直线振动筛

香蕉直线振动筛主要分为单层筛面(SLO)和双层筛面(SLD)两种。图 5-21 为申克公司 SLO3661 型香蕉直线振动筛的基本构造。图 5-22 为 SLD3673 型香蕉直线振动筛的结构，主要由筛框、筛板、激振器、弹簧支承、驱动装置等组成。

SLO 直线振动筛从入料端到排料端的筛面为倾角 25°到 5°依次递减排列的 5 段筛板。入料段筛面角度较陡，物料移动的加速度主要来自自重，速度很快，在入料端筛板上形成了

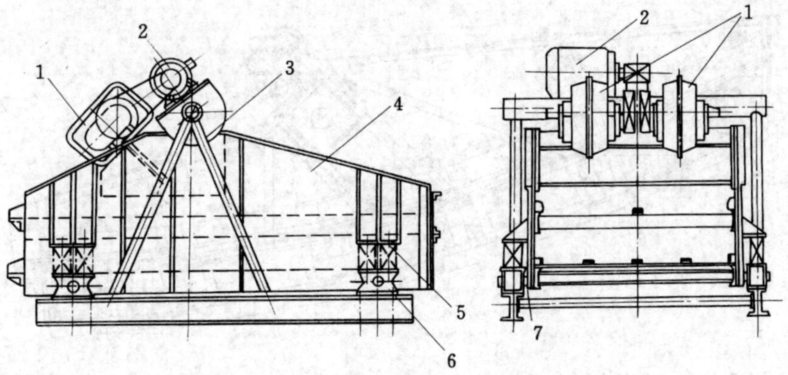

1—垂直剖分箱式激振器；2—电动机；3—电动机支承架；4—筛箱；5—减振弹簧；6—筛箱支承底架；7—摩擦阻尼器。

图 5-18　ZKX 型直线振动筛

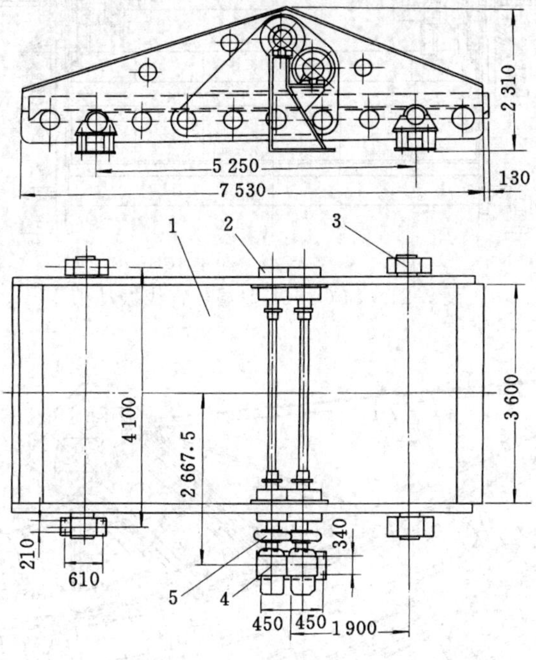

1—筛箱；2—偏质块激振器；3—橡胶弹簧；4—电动机；5—瓣形轮胎联轴器。

图 5-19　ZKB 型直线振动筛

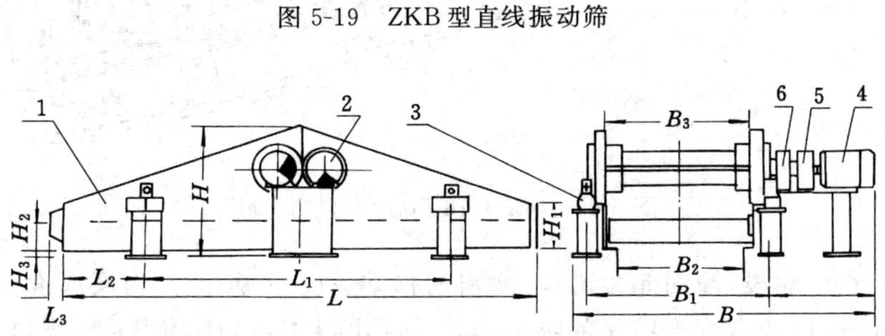

1—筛箱；2—水平双轴激振器；3—橡胶弹簧；4—电动机；5—同步齿轮箱；6—瓣形轮胎联轴器。

图 5-20　ZKS 型直线振动筛

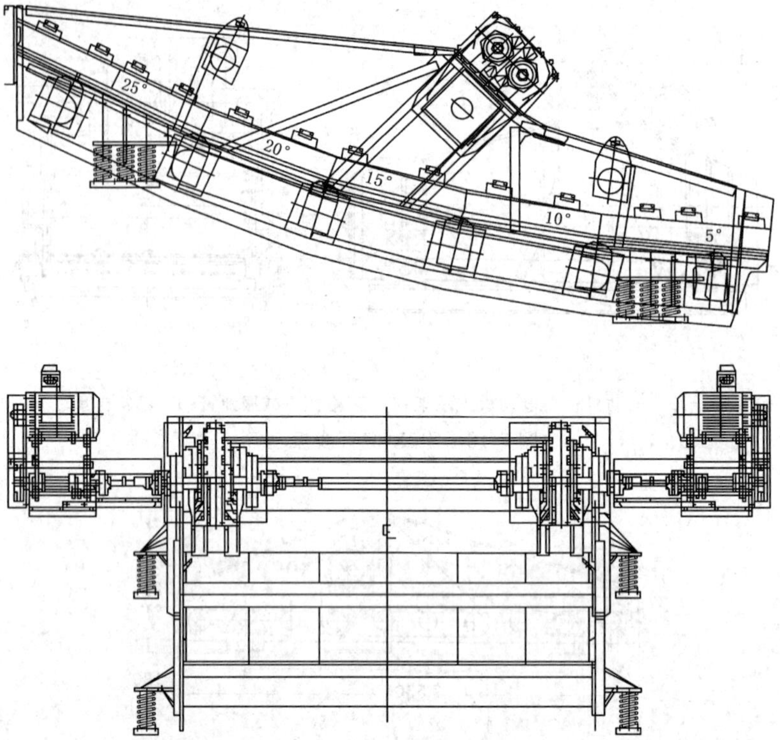

图 5-21　SLO3661 型香蕉直线振动筛

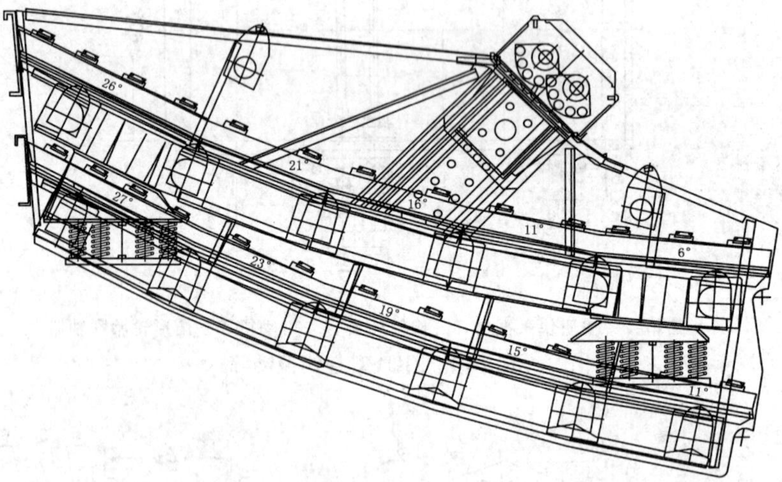

图 5-22　SLD3673 型香蕉直线振动筛

较薄的料层。在中间段，筛面倾角减少，物料的移动速度减慢，但是料层厚度并没有增加，因为在入料端部分，已经有相当数量的物料透筛。在出料端筛面倾角平缓，物料移动主要靠筛机振动，移动速度较慢，粒径大小与筛缝接近的物料颗粒可在这个区域精细筛分。

2. 高频振动筛

高频振动筛是一种高效的脱水设备。它有平面筛面和曲面筛面之分，曲面筛面的特点是弧形筛和直线筛的完美结合。高频振动筛本身具有高振次和高振动强度，另外还具有寿命长、效率高、耗电少、维修方便等优点，可用于入料粒度 0～1 mm、入料浓度＜35％的末煤及煤泥的脱水、脱介，对中小型选煤厂细粒煤泥的脱水、脱介更为适宜。

(1) SLV 型高频脱水筛

SLV 型高频脱水筛用于物料脱水。由于水分很细，在筛分时多采用高频低振幅进行筛分。频率越高，物料移动越慢，筛分效率越高。图 5-23 为申克公司生产的 SLV1836 型高频脱水筛，主要由筛框、筛板、支承弹簧及激振电动机组成。它靠装在激振梁上的反向旋转的激振电动机驱动。

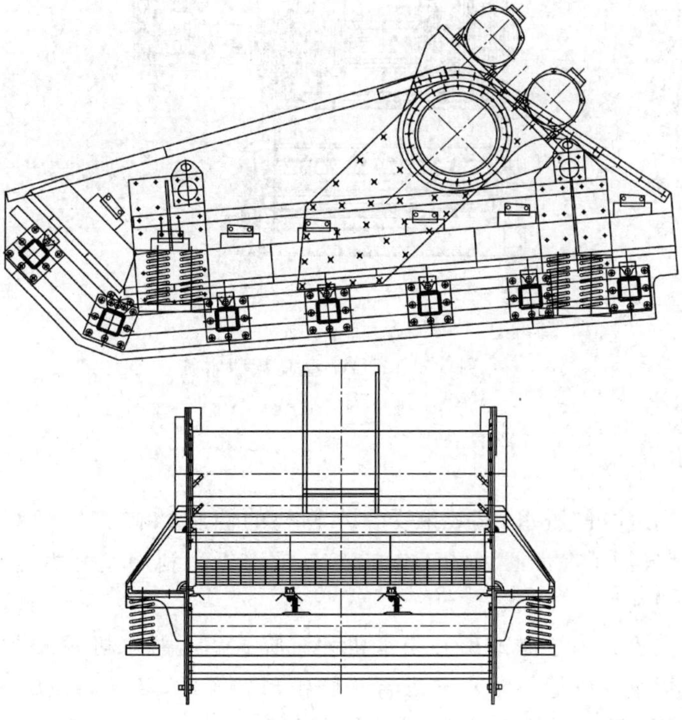

图 5-23　SLV1836 型高频脱水筛

SLV 型高频脱水筛的结构特点是入料段与水平方向成 45°，中间段及排料端与水平方向成－5°。这样有助于物料在入料端快速形成料床，并且物料在－5°的筛面上缓慢运动，从而有助于水分透过料床透筛。料床的形成同时也保证了有些大于筛缝尺寸的物料颗粒不会透筛。

(2) SDW 型高频脱水筛

SDW 型高频脱水筛结构与 SLV 型高频脱水筛类似，如图 5-24 所示，它是专门根据要脱水的铁矿石特点而设计的。至脱水阶段的铁矿石一般都非常细而且含有大量的黏土，在对铁矿石进行脱水筛分时，因为料床非常致密而使水分保持在料床的上方无法透筛，通过改变筛面角度就可以使料床破裂，从而使水分透筛。

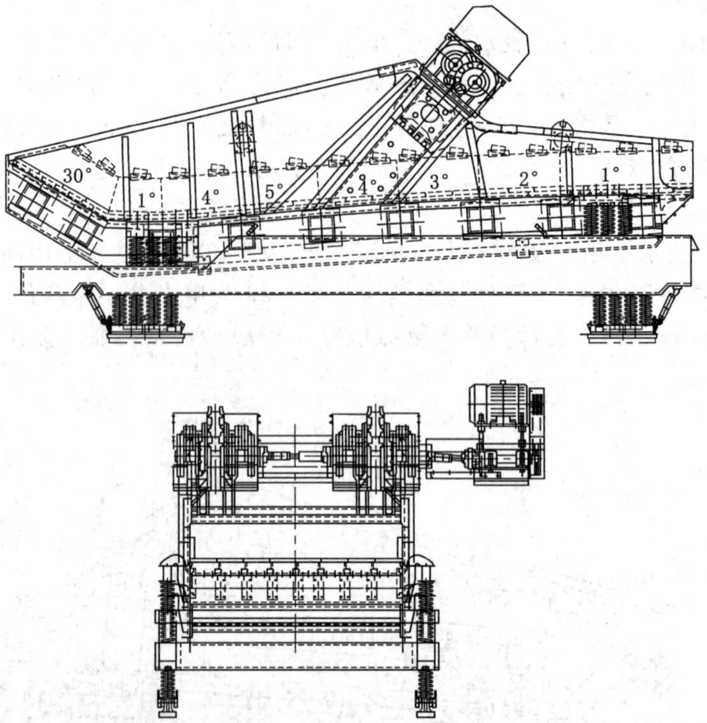

图 5-24　SDW 型高频脱水筛

5.2.3　离心脱水机

依靠重力作用进行的脱水，其效果受含水物料的性质影响较大。为了提高物料的脱水效果，人们又研制成功了在离心力场工作的离心脱水机。利用离心力进行固体和液体分离的设备就是离心脱水机。

离心脱水机主要分为过滤式离心脱水机和沉降式离心脱水机两大类。过滤式离心脱水机是通过固定的筛篮和筛缝将含水末煤置于圆锥形转子中，转子高速旋转产生离心力，使含水末煤沿着圆锥形筛篮壁紧贴在筛面上，水分则通过固定的间隙和筛缝甩出，从而实现脱水。过滤式离心脱水机的脱水效果受粒度组成的影响很大，主要用于较粗颗粒的脱水，如末精煤和粗煤泥的脱水。沉降式离心脱水机则是将固液混合物置于圆柱形或锥形转子中，转子高速旋转产生离心力，使固体颗粒在液体中沉降，沉降后的物料再受到离心力的挤压，挤出其中的水分，以达到固液分离的目的。沉降式离心脱水机适用于细颗粒物料的脱水，如浮选精煤、尾煤和细煤泥的回收和脱水。

5.2.3.1　*离心脱水机的工作原理*

离心脱水机是利用离心力进行固液分离的，其离心力要比重力场中的重力大上百倍，甚至上千倍。物料的脱水过程由于离心力的作用而得到强化。离心力的大小影响着脱水的效果。分离因数就是表示离心机中物料所受离心力大小的一个指标，是指在离心力场中所产生的离心加速度和重力加速度的比值，即

$$Z=\frac{a_1}{g}=\frac{\omega^2 R}{g}=\frac{R\pi^2 n^2}{900g}=1.12\times 10^{-5} n^2 R \quad (5\text{-}5)$$

式中　R——旋转半径,cm;

ω——角速度,s^{-1};

n——转速,r/min;

g——重力加速度,981 cm/s^2。

分离因数 Z 是表示离心力大小的指标,也即表示离心脱水机分离能力的指标。分离因数 Z 越大,物料所受离心力越强,越容易实现固液分离。而离心机的分离因数与筛篮转速 n 的平方及旋转半径的一次方成正比。采用提高转速来提高分离因数比增加半径更加有效。因此离心机的结构常采用高转速、小直径。

由于煤粒较脆,容易粉碎,过高的分离因数将使煤粒粉碎度提高,增加脱水过程煤粒在滤液中的损失。同时设备的磨损增大,动力消耗亦相应增大。一般过滤式离心脱水机的分离因数常在 80～200 之间。用于细颗粒物料脱水的沉降式离心脱水机的分离因数常在 500～1 000 之间。

本节主要介绍过滤式离心脱水机。过滤式离心脱水机按筛篮的安装方式分为立式离心脱水机和卧式离心脱水机;按卸料方式又可分为惯性卸料、刮刀卸料和振动卸料三种。

5.2.3.2　惯性卸料离心脱水机

惯性卸料离心脱水机的主要工作部件是筛篮,筛篮经传动轴由电动机带动旋转,湿物料给到筛篮中心,受离心力的作用被甩到筛篮壁上,形成沉淀层,水分通过沉淀层和筛篮上的筛孔排出,实现物料和水分的分离。其工作原理见图 5-25。

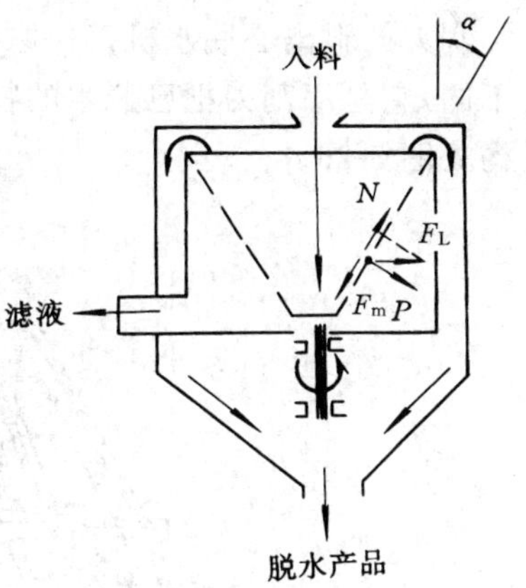

图 5-25　惯性卸料离心脱水机的工作原理图

对于惯性卸料离心脱水机来说,满足什么条件才能使物料顺利排出呢?

假定有一质量为 m 的质点,沿着半径为 r 进行圆周运动,角速度为 ω,则该质点的圆周速度 v 可用下式求得

$$v=\frac{2\pi rn}{60}=\omega r \quad (5\text{-}6)$$

式中　n——转速,r/min。

在此等速回转运动中,将产生一个向心加速度和与其等值的离心加速度,则

$$a_x=a_1=\omega^2 r \quad (5\text{-}7)$$

从图 5-25 的受力分析可得:

$$F_L=m\omega^2 r \quad (5\text{-}8)$$

$$P=F_L\cos\alpha \quad (5\text{-}9)$$

$$N=F_L\sin\alpha \quad (5\text{-}10)$$

式中，α 为筛篮的半锥角。若物料与筛面间的滑动摩擦因数为 f，则物料沿筛面滑动时的摩擦力 F_m 为：

$$F_m = Pf = fF_L\cos\alpha \tag{5-11}$$

显然，只有当 $N > F_m$ 时，物料才能沿筛面滑动，则有：

$$\tan\alpha > f \tag{5-12}$$

若物料沿筛面滑动的摩擦角为 β，则有：

$$f = \tan\beta \tag{5-13}$$

根据以上两式，不难得出：

$$\alpha > \beta \tag{5-14}$$

由此，只有当筛篮的半锥角大于物料沿筛面滑动的摩擦角时，物料才能沿筛面滑动，进行脱水。

惯性卸料离心脱水机有此限制条件，导致它处理量小、脱水效率低，目前已经被刮刀卸料离心脱水机和振动卸料离心脱水机所取代。

5.2.3.3　刮刀卸料离心脱水机

刮刀卸料离心脱水机工作原理与惯性卸料离心脱水机大致相同，主要区别在于卸料方式不同，它是用刮刀把已脱水的物料强迫排出的。以 LL-9 型刮刀卸料离心脱水机为例，其结构见图 5-26。

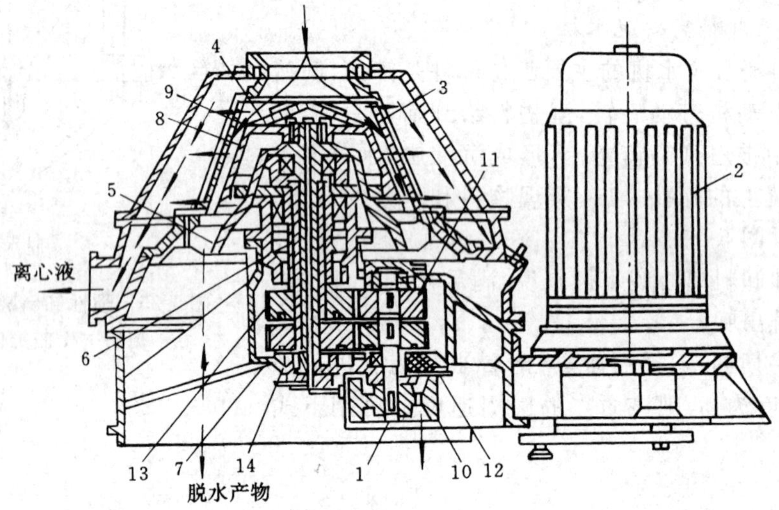

1—中间轴；2—电动机；3—筛篮；4—给料分配盘；5—钟形罩；6—空心套轴；7—垂直心轴；8—刮刀转子；9—筛网；10—胶带轮；11、12、13、14—斜齿轮。

图 5-26　LL-9 型刮刀卸料离心脱水机

1. 结构

刮刀卸料离心脱水机由传动系统、工作部件、机壳、隔振系统和润滑系统 5 部分组成。机壳为不动部件，主要对筛网起保护作用，并降低从筛缝中甩出的高速水流速度。隔振系统是为了减小离心脱水机高速旋转时，对厂房造成的振动。而润滑系统则为了保证传动系统灵活运转。传动系统和工作部件为主要部分。

(1) 传动系统

LL-9 型刮刀卸料离心脱水机传动系统的主要部件是一根贯穿离心脱水机的垂直心轴，其外有空心套轴，下部装有减速器。空心套轴和垂直心轴通过齿轮与由电动机带动旋转的中间轴连接。空心套轴与垂直心轴分别与筛篮和刮刀转子相连，同时旋转，而且方向相同。这是由于相连的传动齿轮齿数不同得到的。齿轮 11 齿数为 72，齿轮 12 齿数为 71，齿轮 13 和 14 齿数为 88。因此使筛篮和转子之间形成的速差为 7 r/min，并决定了物料在离心机中的停留时间。

(2) 工作部件

工作部件由筛篮 3、钟形罩 5、刮刀转子 8、给料分配盘 4 和筛网 9 组成。筛篮和刮刀转子结构见图 5-27。

筛篮上焊接有扁钢制成的圆环骨架，圆环骨架上绕有断面呈梯形的筛条，这些筛条通过拉杆连接在一起，构成了一个整体结构。筛篮用螺栓安设在钟形罩的轮缘上。钟形罩旋转时，筛篮便一起旋转。筛篮是过滤式离心脱水机的工作面，必须保证内表面呈圆形，才能保证筛面与螺旋刮刀之间的间隙。筛篮上的筛条顺圆周方向排列，筛条缝隙通常为 0.5～0.35 mm。较小的筛缝，可减轻筛条的磨损，延长筛面的寿命，并减少离心液中的固体含量。因此，在保证水分的前提下应尽量减小筛缝。

(3) 机壳

机壳是离心机的不动部件，见图 5-28，它包括壳盖 1、上部机壳 2、下部支承机壳 3 及减速器机壳。下部支承机壳和减速器是用生铁铸成的一个整体，上部机壳为一个单独铸铁件。用弹性地脚螺栓把下部支承机壳牢固地固定在槽形钢梁上，钢梁承受离心机的全部荷重及其工作时的全部运动冲击力。

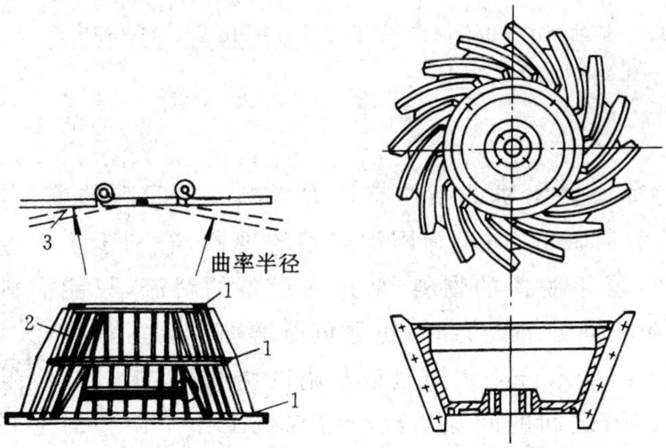

(a) 筛篮　　(b) 刮刀转子

1—圆环骨架；2—拉杆；3—筛条。

图 5-27　筛篮和刮刀转子

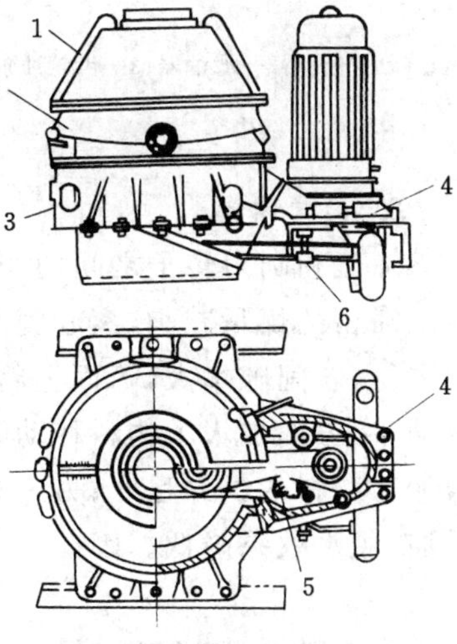

1—壳盖；2—上部机壳；3—下部支承机壳；
4—电动机底座；5—压紧轮；6—齿轮油泵。

图 5-28　LL-9 型离心机的外形

上部机壳搁置在下部支承机壳之上，并用螺栓固定。壳盖是用钢板焊接成的组合件，用来罩住脱水的伞形筛网。壳盖有两种作用：一是保护筛网不受损伤，不被杂物堵塞和脏污；

二是降低从筛缝里甩出的高速水流速度，并使之落入排水溜槽内。更换筛网时须经常拆卸和安装壳盖，因此它应具有重量轻、强度高、装卸简便等特点。

(4) 润滑系统

离心脱水机的传动系统用稀油压力循环润滑，其润滑系统见图 5-29。齿轮油泵 3 将油箱 1 中的油从滤油器 2 中吸出，在 0.1 MPa 的压力下，沿输油管 4、5、6、7 和心轴的中心油道 8，将油分别送到减速器和各滚柱轴承中。输油管 7 的上端带有喷嘴，用以喷油润滑斜齿轮。润滑以后的乏油，通过心轴和空心套轴之间的空隙落入减速器内。然后，借自重沿回油管 9 返回油箱。油管与接触式压力表 10 和油压表 11 相接，以表示工作时的油压。若油压超过 0.35 MPa 或低于 0.05 MPa，接触式压力表就会发出警报。润滑油一般采用黏度较大的机械油($40^{\#}$～$60^{\#}$)。离心脱水机的其他地方采用干油单独润滑。

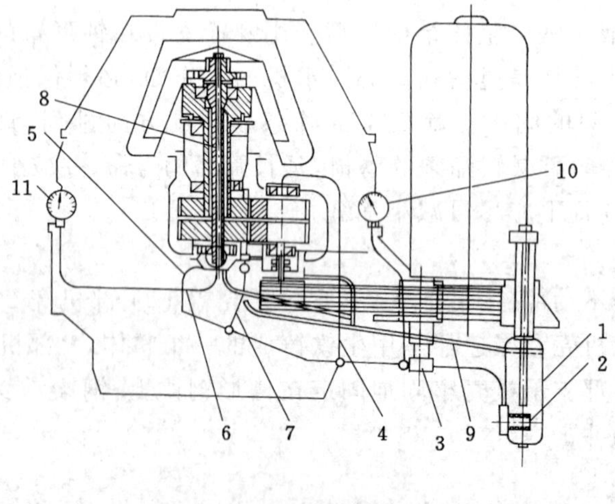

1—油箱；2—滤油器；3—齿轮油泵；4、5、6、7—输油管；8—中心油道；9—回油管；10—压力表；11—油压表。

图 5-29　润滑系统

2. 影响因素

筛篮和刮刀转子之间的间隙，对离心脱水机的工作有很大影响。随间隙的减小，筛面上滞留的煤量减小，离心脱水机的负荷降低，减小筛网被堵塞的现象，有利于脱水过程的进行；若间隙增大，筛面上将黏附一层不脱落的物料，新进入设备的料流，只能沿料层滑动，一方面加大了物料移动阻力，在相同处理能力时，使之负荷增加，动力消耗增大，并增加对物料的磨碎程度；另一方面，泄出的水分必须通过该黏附的物料层，水分排泄阻力增加，脱水效果降低。因此，筛篮和刮刀之间的间隙是离心脱水机工作中调整的主要因素之一。

对于螺旋刮刀卸料的离心脱水机，间隙要求为(2±1) mm。并可通过增减心轴凸缘上的垫片，使刮刀转子升高或降低，借以调整二者之间的间隙。磨损过于严重，无法进行调整时应及时更换刮刀。

筛篮与刮刀转子之间的速差，使脱水物料被迫按设计的刮刀螺旋线移动，移动的煤流与筛缝斜切，使筛缝有效宽度变大，如图 5-30 所示。当筛缝宽度为 b，物料运动轨迹与筛条之间夹角为 β(β 即刮刀的螺旋角)时，筛缝的有效宽度应为

$$B=\frac{b}{\sin\beta} \tag{5-15}$$

螺旋角 β 随刮刀螺距的增大而增大。因此，随螺距增大，筛缝有效宽度 B 减小，水流越难通过。但煤流沿螺旋线的运动速度加快，增加了离心脱水机的处理能力，同时离心脱水后产品的水分增加，离心脱水效果降低。所以，正确选择刮刀螺距，对离心脱水机的工作有很大意义。

分配盘用于使物料均匀地甩向筛篮内壁，改善离心脱水机的工作效果。分配盘由球墨铸铁铸成，并用螺栓固定在刮刀转子上，因此，分配盘随刮刀转子一起转动。分配盘见图 5-31。

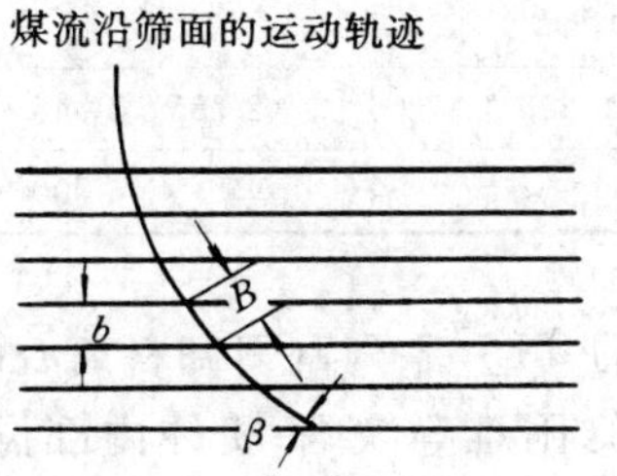

图 5-30　物料在筛面上的移动方向

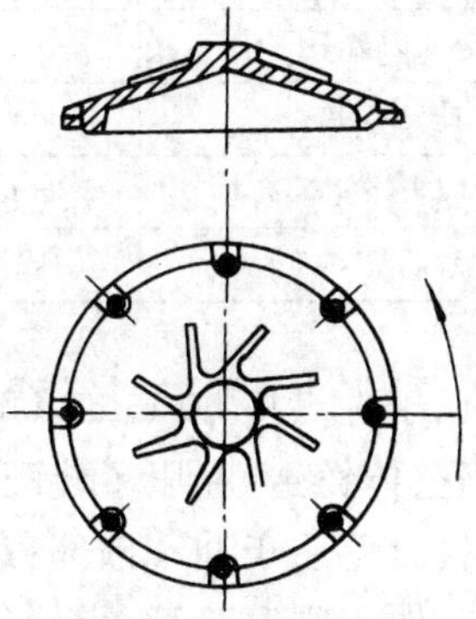

图 5-31　分配盘

3. 技术特征

LL-9 型刮刀卸料离心脱水机的处理能力是 40～50 t/h，在此基础上改进的 LL_3-9 型的处理能力已达 60～100 t/h。刮刀卸料离心脱水机的技术特征见表 5-6。LL_3-9 型离心脱水机是在 LL-9 型离心脱水机的基础上改进而成的，其构造与 LL-9 型离心脱水机的主要区别是：

① LL_3-9 型离心脱水机将刮刀转子的圆锥体半锥角由 20°加大到 30°，刮刀由 16 片减少为 12，从而使离心机入料口与筛篮之间、刮刀与转子之间的工作间隙都增大，避免了卡煤现象，提高了处理能力。

② LL_3-9 型离心脱水机分配盘的顶锥角为 90°，使物料进入离心机更加均匀和通畅。

③ LL_3-9 型离心脱水机喷嘴的喷油方向改为与齿轮转向一致，改善了齿轮的润滑效果。

④ LL_3-9 型离心脱水机改用四条 C 形三角胶带，在电动机上加一滑板，用拉紧螺栓移动电动机，方便了三角胶带的装卸。

表 5-6　刮刀卸料离心脱水机的技术特征

项　目	单位	型号	
		LL-9	LL_3-9
生产能力	t	50	100
产品水分	%	7～12	7～12
筛面面积	m^2	1.1	1.1

表 5-6(续)

项目	单位	型号	
		LL-9	LL_3-9
筛网缝隙	mm	0.5	0.5
筛篮大端直径	mm	930	930
筛面倾角		70°15′	70°15′
筛篮转速	r/min	558	558
螺旋转子转速	r/min	551	551
分离因数		162	162
电动机功率	kW	40	40
外形尺寸(长×宽×高)	mm	2 785×2 045×2 298	2 785×2 045×2 298
总质量	kg	6 781	6 700

此外,用于选煤厂 50 mm 以下的精煤或中煤脱水的 TLL 系列刮刀卸料离心脱水机,蜗轮刮刀采用整体铸造,克服了装配式刮刀制造复杂、维修困难等缺陷;机体内部设置了环形喷水管,停机时可用于冲洗内部积煤,保证顺利启机。上机盖、出口溜槽和齿轮箱等多处设置了观察孔,便于观察筛篮、齿轮等关键零件的工作状况;工作噪声低,小于 85 dB。表 5-7 所列是 TLL 系列离心脱水机的技术参数及性能。

表 5-7 TLL 系列离心脱水机的技术参数及性能

名称		单位	TLL-700A	TLL-900A	TLL-1000A	TLL-1150A	TLL-1200A	TLL-1400
处理能力		t/h	50~80	80~100	120~150	150~180	160~180	180~230
入料粒度		mm	0~25	≤50	≤50	≤50	≤50	≤50
入料水分		%	≤30	≤30	≤30	≤30	≤30	≤30
外在水分		%	5~8	5~8	5~8	5~8	5~8	6~8
筛篮大端直径		mm	730	930	1 030	1 150	1 200	1 400
筛网缝隙		mm	0.5	0.5	0.5	0.5	0.5	0.5
电动机	型号		YX3-200L1-6-V1	YX3-280M-8-V1	YX3-280M-6-V1	YX3-280S-4-V1	YX3-280S-4-V1	YX3-315M-6-V1
	功率	kW	18.5	45	55	75	75	90
	转速	r/min	970	740	980	1 480	1 480	980
油泵电机	型号		YX3-90S-4	YX3-90S-4	YX3-90S-4	YX3-90S-4	YX3-90S-4	YX3-90S-4
	功率	kW	1.1	1.1	1.1	1.1	1.1	1.1
油泵型号			CB-B10	CBJ12×20	CB-B10	CB-B10	CB-B10	CB-B10
外形尺寸(长×宽×高)		mm	2 130×1 620×1 945	2 765×2 030×2 350	3 010×2 250×2 500	3 270×2 460×2 750	3 270×2 460×2 750	3 270×2 460×2 114
总质量		kg	3 600	6 300	7 000	7 700	8 000	9 100

4. 维护与检修

在生产过程中,严格遵守离心脱水机的操作和保养规程,做到精心维护、及时检修,是保证离心脱水机正常运转的重要条件。离心脱水机必须空载启动，启动前检查油箱贮油量的多少，各转动部件之间有无接触，发生堵塞和撞击的可能性，查看三角胶带的数目和松紧程度，如上述各项均无问题，可空载启动，待离心脱水机转速正常后，方可开始给煤。

离心脱水机工作期间，若有异常现象发生，如可疑的音响、机体过激的振动、电动机和轴承温度增高以及油压事故等，要立即分析判断找出故障原因，并予以及时处理。螺旋刮刀卸料离心脱水机容易发生的机械故障有以下几个方面：

① 异常音响。它多是由筛篮和螺旋刮刀的配合间隙变小，产生碰撞，或者螺栓松动造成的。前者要调好配合间隙，后者要将螺栓拧紧。但是离心脱水机堵塞、筛篮与刮刀失去平衡也会使离心脱水机在运转中产生异响。必须采取相应措施排除。

② 振动过大。发生这种现象时，首先要查看弹性地脚螺栓是否失效，筛篮与刮刀间的煤道是否堵塞，螺栓是否松动，此时要更换地脚螺栓或用清水清洗煤道，拧紧松动螺栓，以消除故障。

③ 离心液或煤中带有油花，而减速器和油箱放油孔的螺栓又未脱出时，要检查密封圈是否失效。

④ 油压系统发生故障时，要考虑油量是否不足、油质是否脏污、油管是否堵塞，此时要更换润滑油或冲洗、疏通油路。

⑤ 三角胶带松弛会导致筛篮和刮刀转子转速变慢，此时应调整胶带压紧轮或拧动拉紧螺栓。

螺旋刮刀卸料离心脱水机在工作中发生的主要故障、原因及处理方法见表 5-8。

表 5-8　螺旋刮刀卸料离心脱水机可能发生的主要故障及处理方法

现　象		原　因	处理方法
技术操作故障	离心机给不进煤	木片或超粒煤堵塞分配盘或筛网与刮刀之间的煤道	停止给煤，挖出卡住的木片或超粒煤；使离心机停车，用清水冲洗
	离心机转不起来	停车冲洗时，未将沉积的煤冲净，以致煤泥黏附在筛网和刮刀的间隙中	用清水冲洗，并设法将黏附的煤泥清除掉
	电动机启动，阻抗器烧坏	离心机带负荷启动，电动机启动时间过长，附加电阻未被拆除	拆掉这台阻抗器，用备用品代替
机械故障	离心机振动过大	安装不正确；弹性地脚螺栓失效；筛网与刮刀间的煤道堵塞；螺栓松动	找出原因，妥善处理；更换橡胶块；用清水冲洗；拧紧松动的螺栓
	离心液或煤中带油花	密封圈失效；减速器油箱放油孔螺栓脱出	更换密封圈；拧紧放油孔的螺栓
	离心机工作时发生异常音响	传动三角带打滑、翻转或松脱；筛网与刮刀的配合间隙变小，发生碰撞现象	调整压紧胶带轮；调整好筛网与刮刀的配合问题
		离心机堵塞	用清水冲洗
	油压系统故障	油量不足，黏度不够，油质脏污，油路堵塞	更换润滑油；冲洗疏通油路
	筛网与刮刀转子的转速降低	传动三角胶带松弛	调整胶带压紧枪

5.2.3.4 振动卸料离心脱水机

振动卸料离心脱水机的传动机构使筛篮一方面绕轴做旋转运动，另一方面又沿该轴做轴向振动，因此，强化了物料的离心脱水作用，并促使筛面上的物料均匀地向前移动。物料层抖动时，还有助于清理过滤表面，防止筛面被颗粒堵塞，减轻物料对筛面的磨损等作用。由于具有以上特点，振动卸料离心脱水机得到了日益广泛的应用。目前生产的振动卸料离心脱水机其分离因数一般在 60～140 之间，适用于 0～13 mm 精煤脱水。

振动卸料离心脱水机又分卧式和立式两种。前者有 WZL-1000 型、WZL-1000A 型、TWZ-1300 型等；后者有美国 VC-48 和 VC-56 等引进设备，并已有仿制。我国的型号为 TZ-12、TZ-14 和 LZL-1000 型等。

1. 卧式振动离心脱水机

(1) 工作原理

以 WZL-1000 型卧式振动离心脱水机为例来介绍其工作原理。在卧式振动离心脱水机中，物料在筛篮内除受径向旋转的离心力作用外，还受轴向振动的惯性力作用，重力因比离心力小得多，故可忽略。物料在筛篮中的受力分析见图 5-32。

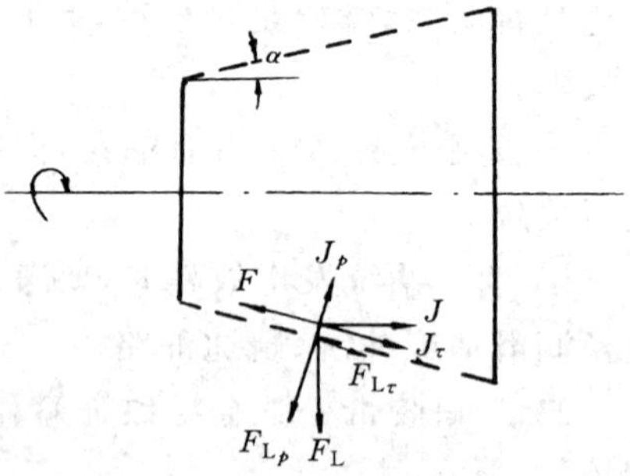

图 5-32 振动离心脱水机物料的受力分析

物料在运动过程中，其振动惯性力的方向和绝对值都是变量。下面讨论惯性力向右达到最大值时的情况。

离心力 F_L 和振动惯性力 J 均可分解为对筛面的正压力 F_{L_p} 和 J_p，以及沿筛面的切向分力 F_{L_τ} 和 J_τ。如果筛篮的半锥角为 α，则分力分别为

$$F_{L_p}=F_L\cos\alpha \tag{5-16}$$

$$F_{L_\tau}=F_L\sin\alpha \tag{5-17}$$

$$J_p=J\sin\alpha \tag{5-18}$$

$$J_\tau=J\cos\alpha \tag{5-19}$$

如两个切向分力之和大于摩擦力，物料就可以克服摩擦力向筛篮大直径端，即卸料端运动。若摩擦因数用 f 表示，物料能够在筛面上滑动的条件应为：

$$F_L\sin\alpha+J\cos\alpha>F=f(F_L\cos\alpha-J\sin\alpha) \tag{5-20}$$

经整理后得

$$\tan\alpha>\frac{fF_L-J}{F_L+fJ} \tag{5-21}$$

煤与金属筛网之间摩擦因数为 0.3～0.5。考虑筛网表面比较光滑，由于振动作用，物料又不是处于密集状态，所以摩擦因数取小值，摩擦角相当于 17°，而筛篮的半锥角常在 10°～15°之间，因此，单靠离心力的切向分力 C_τ，物料不可能沿筛面滑动。由于振动惯性力的切向分力 J_τ 的方向和绝对值都是变量，因此，两个作用力的切向分力之和也是变量。当其合力大于摩擦力时，物料在筛面上可以向排料端运动；当合力小于摩擦力时，物料停止运动，即物料在筛篮中是间断地向前运动的。筛篮的锥角越大，物料向排料端运动的速度亦越大。

在物料运动和停止的交替过程中，物料处于松散状态，促使了水分通过物料间空隙排出，强化了细粒物料的脱水作用，改善了脱水效果。

(2) 构造

WZL-1000型卧式振动离心脱水机的构造见图5-33,由工作部件、回转系统、振动系统、润滑系统四大部分组成。

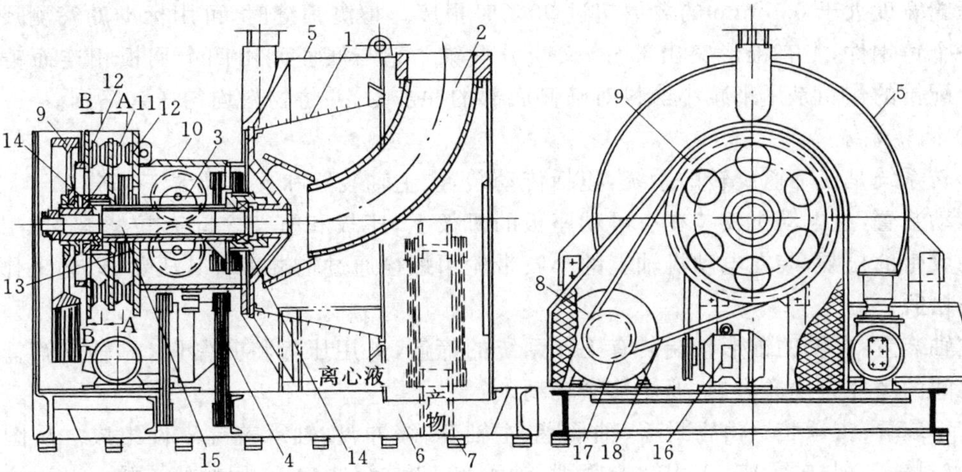

1—筛篮;2—给料管;3—主轴套;4—长板弹簧;5—机壳;6—机架;7—橡胶弹簧;8—主电动机;9—胶带轮;10—偏心轮;11—缓冲橡胶弹簧;12—冲击板;13—短板弹簧;14—轴承;15—主轴;16—激振用电动机;17—胶带轮;18—三角胶带。

图5-33 WZL-1000型卧式振动离心脱水机

由主电动机8通过胶带轮9、17带动回转。激振用电动机16经胶带传动,并通过一对齿轮使装在机壳5上的四个偏心轮10(不平衡重)做相对同步回转,从而使机壳产生轴向振动,机壳的振动通过冲击板12、缓冲橡胶弹簧11、短板弹簧13传到主轴套3和轴承座,并通过轴承14传给主轴15和筛篮1,使筛篮产生轴向的振动。物料由给料管2给入筛篮,并在离心力和轴向振动力的综合作用下,均匀地向前移动。脱水后的物料从筛篮前面落入卸料室,并由此进入机底的排料槽中,离心液由机壳收集,经排出室排出。

卧式振动离心脱水机是利用轴向振动来强化离心脱水的设备。这种轴向振动,既可以使筛面上的物料均匀地向前移动,又可使筛面上的物料层松散,促使所含的水分更易排出。同时,物料层抖动还可防止筛缝被颗粒堵塞,改变振幅和频率可以调节物料的移动速度,控制物料在离心机中的脱水时间。

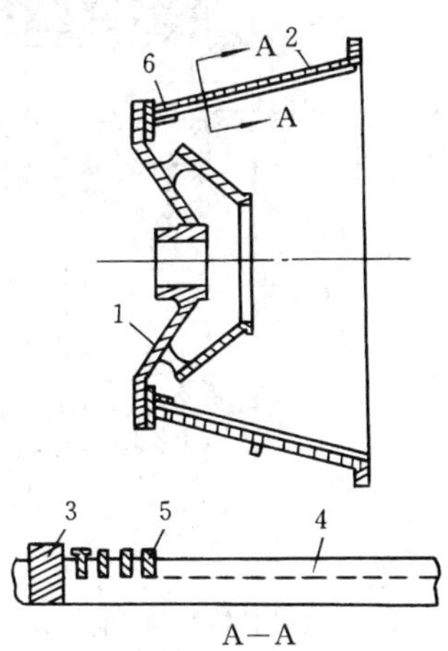

1—筛座;2—筛框;3—支杆;4—横梁;5—筛条;6—衬圈。

图5-34 卧式振动离心机的筛篮

① 工作系统

工作系统是指物料从进入离心机到离开离心机的整个过程中与物料直接接触的部件,包括受料漏斗、入料管、筛篮、筛座和机壳。入料管是用8 mm钢板热压成两块半弯管对焊而成的,内表面挂有耐磨搪瓷,每个入料管可使用6个月到1年。

筛篮是离心脱水机的主要工作部件,由筛座和筛框两部分组成,如图5-34所示。

筛框是一焊接件,它先将支杆、横梁和不锈钢楔形筛条在接触焊机上焊成扇形筛板，然后压成弧形，并在专用胎具上拼焊而成。为了减小物料在筛面上的运动阻力，筛条按锥体母线排列，筛缝宽度为 0.25 mm。筛篮极易磨损，一般寿命为 1 500～2 000 h。筛篮报废也可按工艺要求而定，对末精煤脱水，筛缝的磨损极限可定为实际筛缝宽度大于 0.6 mm 的数量超过 90%时报废。检测筛缝时，可用标准的筛测尺。筛座是一个铸钢件，上有锥形突出部分，又叫分配锥。它与底座间由四个羽板相连而铸成一体。分配锥的作用是用来减小给料对筛篮底部的冲击力，并将物料均匀送入筛网。

② 回转系统

回转系统是使筛篮旋转的系统，包括传动装置、主轴装置和支承装置三部分。

传动装置：主电动机安装在有可动座板的机架上，座板和机架之间有拉紧螺栓，用以调节传动胶带的松紧，装在电动机轴上的小胶带轮用螺栓通过轴端盖将其压紧，以防工作时小胶带轮松脱。

主轴装置：主轴的锥形轴端装有工作系统的筛篮，并用压板将其紧固，靠轴与筛篮两者锥面之间的摩擦力传递力矩，促使筛篮转动。

支承装置：支承装置由密封盖、轴承座、主轴套、缓冲盘、轴承盖等零件组成。从图 5-35 看出，密封盖 10 与轴承座 11 用螺栓紧固，轴承盖 13 与缓冲盘 14 用螺栓连接。整个主轴装置是靠六组短板弹簧 16 吊挂在箱体 15 上，其中四组短板弹簧下部用螺栓固定在主轴套凸缘上，另两组短板弹簧下部与缓冲盘用螺栓固紧。当激振装置带动箱体振动时，通过短板弹簧和缓冲橡胶弹簧 17 使主轴套振动，从而使主轴带动筛篮做轴向振动。

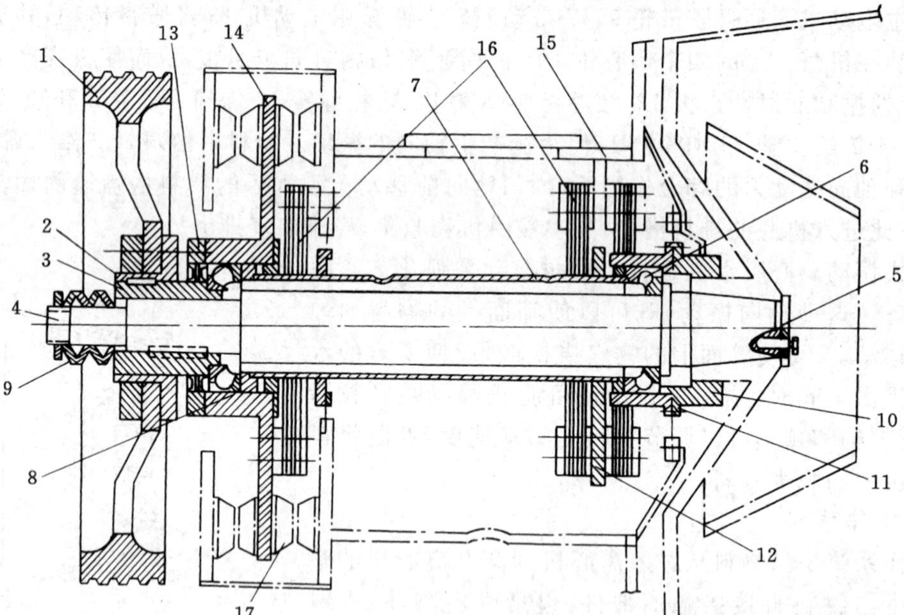

1—大胶带轮轮帽；2—轮毂；3—轴颈套；4—主轴；5—压板；6—轴承；7—主轴套；8—垫环；9—碟形弹簧；10—密封盖；11—轴承座；12—主轴套凸缘；13—轴承盖；14—缓冲盘；15—箱体；16—短板弹簧；17—缓冲橡胶弹簧。

图 5-35　卧式振动离心机回转系统

③ 振动系统

该系统包括振动电动机、激振器和弹性元件等三部分。激振器的原理构造如图 5-36 所示。振动电动机通过剖分式胶带轮 1 和齿轮 3、4 带动轴 5 和 6 做相对同步回转。偏心轮 7 的回转速度可以借加减剖分式胶带轮中间的垫片来调节，偏心轮上的圆孔中可以插入圆柱销，用来调节偏心重块的质量和偏心距，以增减偏心轮所产生的激振力。

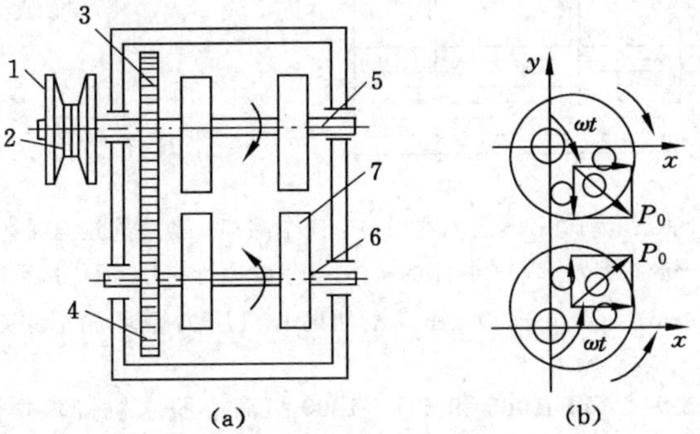

1—剖分式胶带轮；2—齿轮；3、4—齿轮；5、6—轴；7—偏心轮。

图 5-36　激振器的原理构造

当偏心轮相对回转时，垂直于振动方向（即 y 向）的离心力分力相互抵消，只产生轴向的激振力。

④ 润滑系统

卧式振动离心脱水机的润滑系统如图 5-37 所示。润滑系统兼有润滑、冷却和润滑油净化的作用，油箱 1 中的润滑油经齿轮油泵 3 加压后，通过安全阀 4 流入薄片式过滤器 5 中，过滤后的压力油，先后润滑离心机的主轴承和激振器的轴承，然后集中在封闭的箱体 9 中，经回油管流回油箱。在润滑轴承的过程中，对激振器的传动齿轮也进行了润滑。油箱中有测量油温的油温计 10 及油位指示器 11。安全阀的作用是控制压力油的压力，当油压超过正常数据时，通过里面弹簧的作用，润滑油可顺着图中虚线指示的回油管流回油箱，从而使油压降低。

目前研制的 TWZ-1300 型卧式振动离心脱水机是将原来的振动系统改为双质量的非线性振动系统，并用环形剪切弹簧代替了原来的短板弹簧，提高了离心脱水机的工作稳定性并改善了脱水效果。WZL-1000 和 TWZ-1300 型离心脱水机技术规格如表 5-9 所示。此外，TWZ-10C 卧式振动离心脱水机主要用于选煤厂 0.5～13 mm 中、精煤脱水，也可用于其他类似物料的脱水。该离心机用于末煤脱水时，入料水分一般在 18%～25%，最高不超过 30%。产品外在水分与物料的性质、粒度组成、处理量等有关，但主要取决于入料中的煤泥含量，入料中－0.5 mm 粒级含量如小于 10%，产品外在水分一般为 5%～9%，煤泥含量提高，产品外在水分增高，煤泥含量降低，产品外在水分也随之降低。该机处理能力为 100 t/h，随着物料的性质和对产品外在水分的要求，可将其处理能力适当调节，以获得所需要的处理能力和产品外在水分。

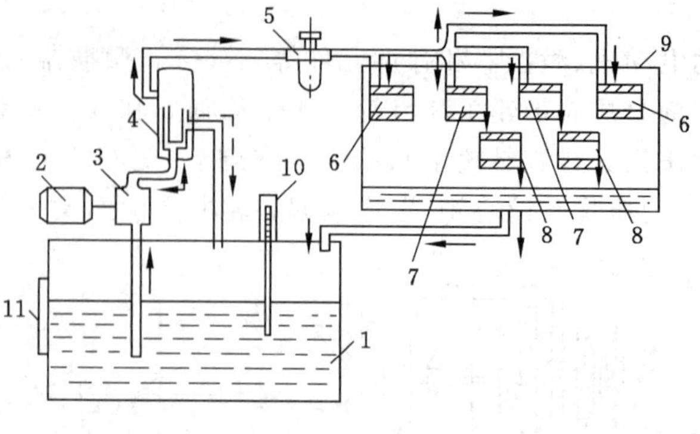

1—油箱；2—油泵电动机；3—齿轮油泵；4—安全阀；5—薄片式过滤器；6—主轴泵；
7、8—激振器轴承；9—封闭的箱体；10—油温计；11—油位指示器。

图 5-37　WZL-1000 卧式振动离心机压力循环润滑系统

表 5-9　WZL-1000 和 TWZ-1300 型离心脱水机技术规格

型号	入料粒度/mm	处理能力/(t/h)	产品水分/%	工作面积/m^2	筛网缝隙/mm	筛篮转速/(r/min)	振动频率/(r/min)	筛篮振幅/mm
WZL-1000	0～13	100	7～9	1.4	0.25	380	1 500～1 800	5～6
TWZ-1300	0～13	200			0.4	310	1 560～1 760	4～6

型号	旋转电动机		振动电动机		润滑电动机		筛网大端直径/mm	总质量/t	外形尺寸		
	功率/kW	转速/(r/min)	功率/kW	转速/(r/min)	功率/kW	转速/(r/min)			长/mm	宽/mm	高/mm
WZL-1000	22	1 470	3	1 420	0.35	1 450	1 000	3.15	2 150	1 870	1 765
TWZ-1300	45	980	5.5	1 440			1 300	6.43	2 980	2 320	2 310

(3) 操作与维护

① 给入离心机原料的数量、粒度组成、含水量等力求均匀，以免引起筛网的不平衡运转，造成机器的不正常振动。

② 在某些情况下，为了降低产品水分，可在主电动机轴上更换较大的 V 形胶带轮，以提高筛篮的转速。

③ 脱水机正常情况下的振幅为 5～6 mm，改变振幅可采用的办法有：改变缓冲橡胶与金属缓冲块之间的间隙（2～10 mm）；向偏心轮上插入附加的重块；调整剖分胶带轮的直径；改变振动次数。

④ 要注意轴承及橡胶弹簧的温升情况。轴承的温升不应超过 40 ℃，润滑油的温升不应超过 25 ℃，橡胶弹簧的温升不应超过 20 ℃。

⑤ 机器的润滑采用油泵自动润滑，油压一般调整在 0.5～1.5 MPa 之间，如果发现油压下降，可旋转过滤器，消除过滤器的污垢。当油压降到 0.25 MPa 时，机器自动停转；当油压达到 0.5 MPa 时，通过压力继电器使机器自动开动。

⑥ 润滑油应间隔 500 h 更换一次，但初次运转的机器，第一次换油期为 250 h，另外要

经常检查油的成分、油位。当机器停车时，油位应在油标的中心位置。

⑦ 机器开动前，必须将筛网内的物料用清水冲洗清除。机器工作时应随时注意离心机的运转情况并对音响作出判断。如果出异常现象，应查明并排除故障后方可开车。

卧式振动离心脱水机常见故障及消除方法如表 5-10 所示。

表 5-10　卧式振动离心脱水机常见故障及消除方法

故障和缺陷特征	原　　因	消除方法
产品水分过高	筛缝被煤泥堵塞	清理，用高压水清洗筛网
离心液中的大粒固体含量增加	筛网磨损	更换新筛网
	筛网被击穿	修补或更换新筛网
离心机摇摆太大	转子失去平衡，给料不均，有大块物料进入	改变入料情况
	转子失去平衡，筛网被卡住	清除堵塞物料，冲洗筛网
离心机振幅减小	橡胶弹簧变硬或损坏	调整垫片，提高振次，或更换橡胶弹簧
油压上升	油内杂质太多	更换新油
有附加声响	螺栓松动	拧紧有关螺栓

此外，荷兰天马 HSG 系列卧式振动卸料过滤离心脱水机用于末精煤的脱水，最终产品所带水分较低。该设备需脱水的固体通过导管进料，并被送入锥形筛篮的小端。固体颗粒留在筛网上，并在离心力作用下脱水，固体颗粒从筛篮小端运动到大端的过程中，离心力及筛篮的轴向振动产生的松散作用完成了这一脱水过程。液体通过筛网与固体颗粒分别排放到各自的排放室。筛篮是由 V 型胶带带动，偏心块产生轴向的直线振动。物料室和旋转部件通过橡胶弹簧与振动系统相连。振动是在共振的频率范围内，因而只需要较小的功率驱动就能使筛篮达到较大的振幅。HSG 卧式振动卸料过滤离心脱水机的工作原理如图 5-38 所示。

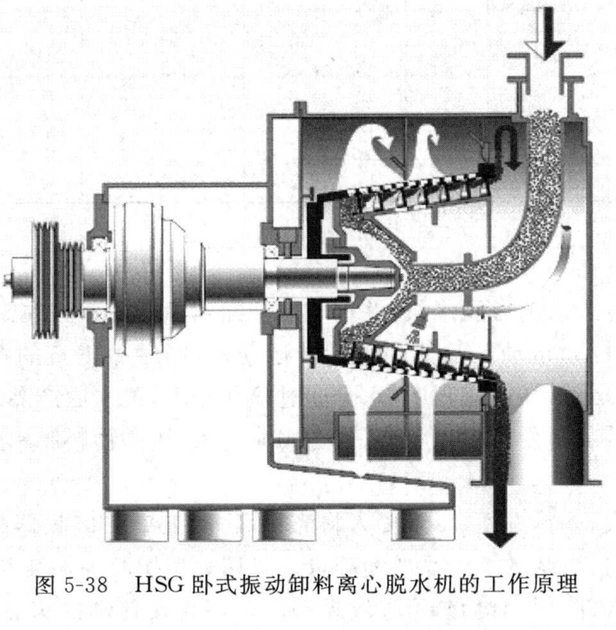

图 5-38　HSG 卧式振动卸料离心脱水机的工作原理

2. 立式振动离心脱水机

(1) VC型立式振动离心脱水机

VC型立式振动离心脱水机的型号有VC-48和VC-56两种。该设备可用于75～0.5 mm物料的脱水，其结构见图5-39。VC型立式振动离心脱水机技术特征见表5-11，入料粒度、水分与处理量的关系见表5-12。

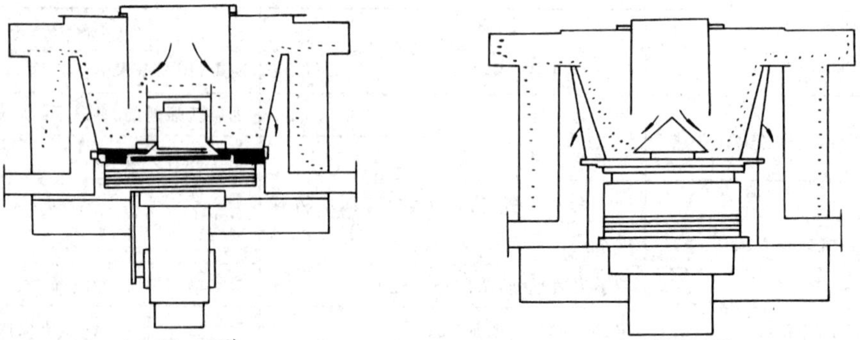

(a) VC-48型　　(b) VC-56型

图5-39　立式振动离心脱水机的结构

表5-11　VC型立式振动离心脱水机技术特征

项目	入料水分/%	筛篮大端直径/mm	筛篮大端离心强度	筛面形式	筛缝宽/mm	开孔率/%	筛篮寿命/h	总质量/t
VC-48	35	1 220	72	楔形筛条	1;0.75;0.5	24;18;13	2 000	5 700
VC-56	35	1 420	74	楔形筛条	1;0.75;0.5	24;18;13	2 000	10 450

表5-12　入料粒度、水分与处理量的关系

入料粒度/mm		75～6.5	50～6.5	38～6.5	25～6.5	50～0.6	38～0.6	13～6.5	25～0.6	13～0.6	9.5～0.6	6.5～0.6
VC-48	处理量/(t/h)	200	190	180	160	160	150	140	140	125	115	110
	外在水分/%	2	2	2	2.5	2.5	2.5	3	3.5	5	6.5	7.5
VC-56	处理量/(t/h)	325	315	300	270	270	255	235	235	210	195	185
	外在水分/%	2	2	2	2.5	2.5	2.5	3	3.5	5	6.5	7.5

① 工作原理

物料经入料漏斗进入离心脱水机，并均匀地分配到筛篮底部。在摩擦力的作用下，逐渐加速，并达到和筛篮同速运动。筛篮除做旋转运动外，同时做垂直的振动。在振动力作用下，沿筛篮表面向上运动，在此过程中，水分通过筛孔排出，脱水后产品最终从筛篮顶部进入卸料区。振动具有使物料处于松散状态、促进固液分离、提高物料脱水效果的作用。

② 结构特点

入料漏斗口径大，入料方便，不需要入料溜槽，物料汇集在接收器内自然形成的耐磨层上，因此，不用耐磨衬板，减少了产品的粉碎量。采用大型橡胶隔振装置，该隔振装置经久耐用。电动机装设在外部，便于检修，可连续振动。采用直接传动的齿轮油泵进行连续润滑，循环油能进入所有内部轴承。采用宽系列滚柱轴承向筛篮传递振动力，减少故障发生。该类离心脱水机的筛条还具有耐磨性能好、寿命长、耗电少等优点。

(2) LZL 型立式振动离心脱水机

① 工作原理与结构

LZL-1000 型立式振动离心脱水机的构造如图 5-40 所示。脱水的物料由给料筒的环形空间给到转子底部，物料受离心力和轴向振动的共同作用，沿锥形筛网上升，并进行脱水。透过筛孔的滤液，经溜槽排出，脱水产品由锥体上端排出。

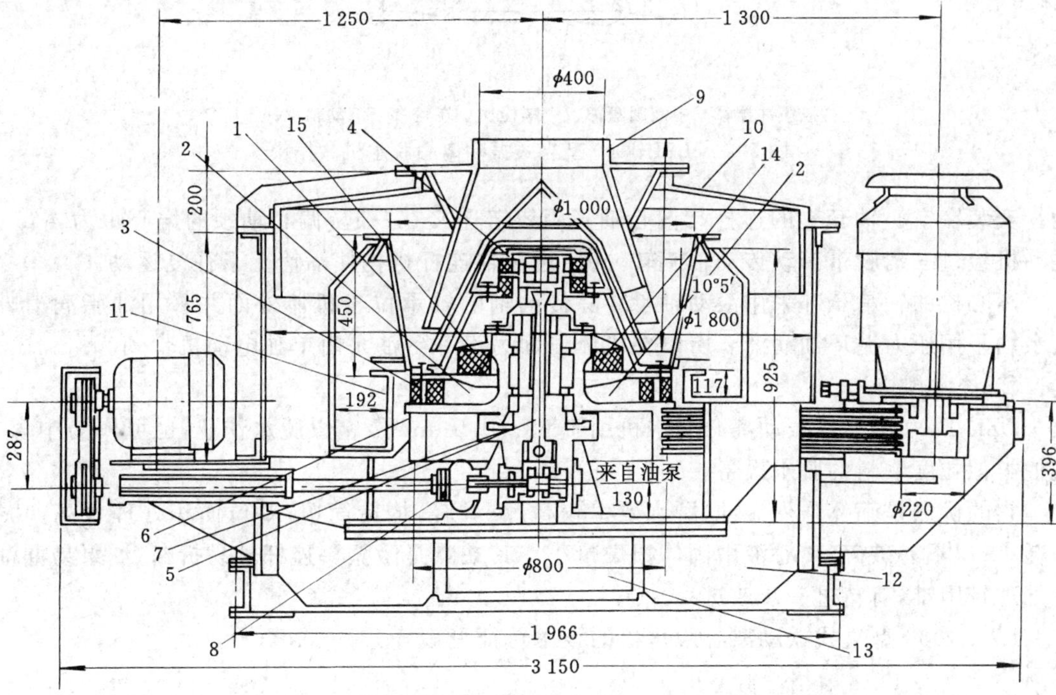

1—筛篮；2—底座圆盘；3、14—橡胶缓冲器；4—激振头；5—空心轴套；6—胶带轮圆盘；7—曲轴；8—连杆；9—给料筒；10—机壳；11—溜槽；12—机座；13—油箱；15—减振圆盘。

图 5-40　LZL-1000 型立式振动离心脱水机的构造

LZL-1000 型立式振动离心脱水机的主要部件如下：

筛篮：如图 5-40 所示，筛篮 1 为倒截头圆锥体，筛面由不锈钢条缝筛板制成。两截头圆锥用环形钢板焊接，并用螺栓固定在底座圆盘 2 上。其下部通过橡胶缓冲器 3 与传动胶带轮相连，其上部通过螺栓与激振头 4 相连。这样就使筛篮产生两种方向的运动。

激振头：如图 5-41 所示，激振头由 8 对橡胶缓冲器 1 组成，位于中间圆盘 2 两侧，并沿圆盘用螺栓 3 固定在端盖 4 上。曲柄连杆机构通过滚动轴承 5 和中间圆盘相连。筛篮 6 用螺栓 7 与激振头固定。这样，通过曲柄连杆机构的动作，筛篮即可发生弹性振动。

转子的振幅取决于轴的偏心距、机体质量和橡胶缓冲器的刚性等，LZL-1000 型立式振动离心脱水机的双振幅为 8～10 mm，振次为 1 800～1 200 r/min。

传动装置：LZL-1000 型立式振动离心脱水机有两套传动系统，一套是回转运动，另一套是往复运动，前者是通过立式电动机，经过三角胶带，带动与筛篮相连接的胶带轮做回转运

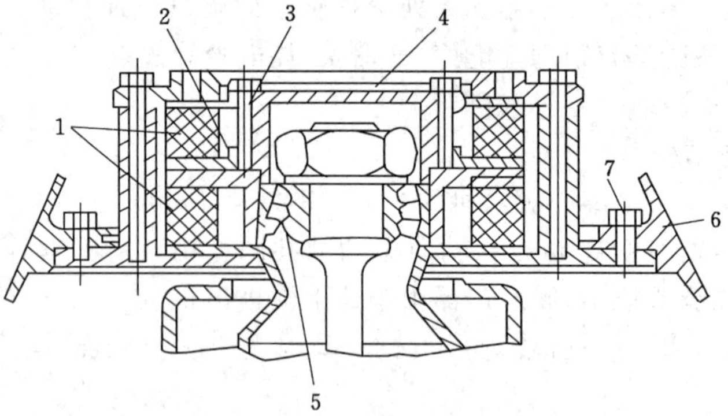

1—橡胶缓冲器；2—中间圆盘；3、7—螺栓；4—端盖；5—滚动轴承；6—筛篮。

图 5-41　LZL-1000 型立式振动离心脱水机激振头

动。安装在空心轴套上的连杆与偏心轴套用铰链连接在一起，偏心轴颈的偏心距为 4 mm。电动机经过三角胶带带动传动轴旋转，并通过曲轴连杆机构使筛篮上下往复运动。

离心机的轴承全部采用滚动轴承。除传动轴的轴承位于机体外面并采用油脂润滑外，其余均采用压力循环油润滑。所以在机体侧面另设一台油泵由单独电动机带动。

② 技术规格

LZL-1000 型立式振动离心脱水机用于 13～0.5 mm 级精煤脱水作业，也可作为中煤或其他类似粒度物料的脱水设备。

它的优点是筛体强烈振动，脱水效率较高；重量轻，构造简单；单位面积处理量高，功率消耗小；煤不易破碎，离心液中固体损失量小。其缺点是激振头连杆轴易折断，油泵易漏油，且处理较困难，有待进一步改进。

LZL-1000 型立式振动离心脱水机的技术特征见表 5-13。

表 5-13　LZL-1000 型立式振动高心脱水机的技术特征

项目		单位	数值
筛网	最大直径	mm	1 000
	高度	mm	450
	倾角		10°5′
	表面积	m^2	12
	缝隙	mm	0.4×40(长缝)
转子	转速	r/min	400
	振次数	次/min	1 200～1 800
	双振幅	mm	8～10
电动机	旋转用 JO72-4B3		P=20 kW，n=145 r/min
	振动用 JO-51-2		P=4.5 kW，n=2 900 r/min
	油泵用 JO-31-4		P=0.6 kW，n=1 410 r/min
外形尺寸(长×宽×高)		mm	3 150×2 063×1 588
总质量(包括电动机)		kg	4 478

表 5-13(续)

项目		单位	数值
性能指标	处理量	t/h	80～1 000
	入料水分	%	20 左右
	产品水分	%	8～10

③ 技术参数分析

a. 处理能力对产品水分的影响

一般离心机的产品水分随着处理能力的增加而有所增高。但该机在设计产量范围内，当入料粒度和入料水分相同时，其处理能力大小的变化对脱水后产品水分影响不大。如某选煤厂进行离心机试验中，－0.5 mm 级含量约 10%，入料水分为 19%～20%，小时处理量由 24 t/h 增加到 82.51 t/h 时，产品水分一般为 8%～10%。如果在设计产量范围以外，筛网上的煤层厚度增加到一定程度时，也会使产品水分增加。

b. 入料粒度组成对产品水分的影响

离心机入料粒度组成的变化对产品的水分影响较大，尤其是入料中细粒煤的含量变化对产品水分的影响更大。由试验得知，入料煤中－1 mm 级占 61.37%，－0.5 mm 级占 2.14%，其产品水分达到 6%～7%；入料煤中－1 mm 级占 61.37%，－0.5 mm 级占 22.44%，则产品水分达 14.61%～14.77%。根据试验，一般认为－0.5 mm 级含量不超过 10%～12%时，脱水效果较好；－0.5 mm 级含量超过 15%时，产品水分有明显增加。

c. 入料水分对产品水分的影响

离心机的入料水分对产品水分有一定影响，其影响程度与离心机入料中－0.5 mm 级的含量有关，如果入料中－0.5 mm 含量在 10%～12%以内，其入料水分对产品水分影响不大；如果－0.5 mm 级含量超过 10%～12%时，则入料水分对产品水分影响显著。

d. 离心液中煤的损失量

离心液中煤的损失量与入料的粒度组成、煤的硬度、离心机筛孔的大小以及离心机的结构、转速等条件有关。

由试验可以看出，离心液中煤的损失量随入料中－0.5 mm 级含量的多少而增减。当－0.5 mm 级含量为 6%～11%时，其离心液中煤的损失量为 2.5%～4%；若－0.5 mm 级含量超过 12%时，则离心液中煤的损失量会超过 2.5%～4%。同时还应指出，若离心机的处理量减小，筛网上的煤层厚度变薄，也会加大离心液中煤的损失量。

5.2.3.5　过滤式离心脱水机工作效果的评价和主要影响因素

1. 工作效果的评价

工作效果可从以下方面进行评价：其一脱水产品的水分；其二离心液中的固体含量；其三在脱水过程中的降灰效果；其四物料在脱水过程中的粉碎程度。主要以前两个指标进行评价，后面两个是辅助评价指标。理想的离心脱水机应具有脱水后产品水分低、离心液中固体含量低、脱泥降灰效果好及粉碎程度低等特点。

2. 工作效果的影响因素

影响因素很多，但主要可以分为两类：一类属于机械结构方面的因素；一类属于工艺条件方面的因素。其中机械结构参数有分离因数、筛篮直径、锥角、高度、筛网的特征等。

(1) 机械结构参数的影响

① 分离因数

分离因数反映离心力的大小，它由转速决定，并影响脱水后产品的水分。通常，产品水分在8%～10%以下时，再提高分离因数，不但不能降低产品水分，反而增加离心液中固体含量，增加物料在离心液中的损失；水分在10%以上时，提高分离因数可增强离心机的脱水作用，降低产品水分。

② 筛篮的结构参数

一般筛篮的高度决定物料在筛篮中的停留时间。选择筛篮高度时，应保证物料在离心机中有足够的时间。在螺旋卸料离心脱水机中，物料在离心机中的运动速度由筛篮与刮刀的相对转速决定，筛篮的高度可降低一些。振动卸料离心脱水机，筛篮高度越大，产品水分越低。

筛篮半锥角是指筛篮母线与轴线之间的夹角，对脱水效果影响较大。半锥角越小，离心液中固体含量越低，对水分影响越小。

筛篮直径主要影响设备的生产能力。不适宜的提高生产能力，使筛面上物料层过厚，影响脱水过程顺利进行，增加脱水后产品水分。

③ 筛网特征

筛网特征指筛缝宽度。螺旋卸料离心脱水机和振动卸料离心脱水机都采用条缝筛网，缝宽常为0.25～0.5 mm。在一定范围内，缝宽对脱水后产品水分影响不明显，而对物料在离心液中的损失有较大影响，而且缝宽与损失量几乎成正比。

(2) 工艺条件的影响

① 给料量的影响

据统计，螺旋卸料离心脱水机的单机生产能力为30～100 t/h，单位面积负荷为45～167 t/(m^2·h)；振动卸料离心脱水机的单机生产能力为100～150 t/h，单位面积负荷为62～117 t/(m^2·h)。

当离心脱水机的给料量在上述范围内时，给料量变化对产物水分和物料在离心液中的损失量影响均不大。如某选煤厂对LL-9型离心脱水机的试验结果见表5-14。

表 5-14 LL-9 型离心脱水机试验结果

<table>
<tr><th>给料量
/(t/h)</th><th>入料中−0.5 mm级含量
/%</th><th>入料水分
/%</th><th>脱水后产品水分
/%</th><th>离心液浓度
/(g/L)</th><th>离心液中固体损失占入料量
/%</th></tr>
<tr><td rowspan="2">17～25</td><td>2.59</td><td>12.49</td><td>4.18</td><td rowspan="2">31.3</td><td rowspan="2">5.80</td></tr>
<tr><td>11.38</td><td>17.17</td><td>6.33</td></tr>
<tr><td rowspan="2">30～35</td><td>1.21</td><td>12.24</td><td>4.81</td><td rowspan="3">31.2</td><td rowspan="3">6.13</td></tr>
<tr><td>11.65</td><td>19.17</td><td>7.55</td></tr>
<tr><td>50</td><td>2.56</td><td>14.20</td><td>5.02</td></tr>
</table>

由表5-14可见，当给料量由17～25 t/h增加到50 t/h时，水分只上升0.84%，物料在离心液中的损失量变化不大。

另有资料表明，当给料量超过上述范围时，产品水分急剧上升，而对离心液中的固体损失量仍影响不大。

② 入料粒度组成及水分的影响

入料粒度组成主要取决于入料中细粒级的含量，并与入料水分有密切关系。粒度组成对产物水分的影响不同，其结果见图 5-42。

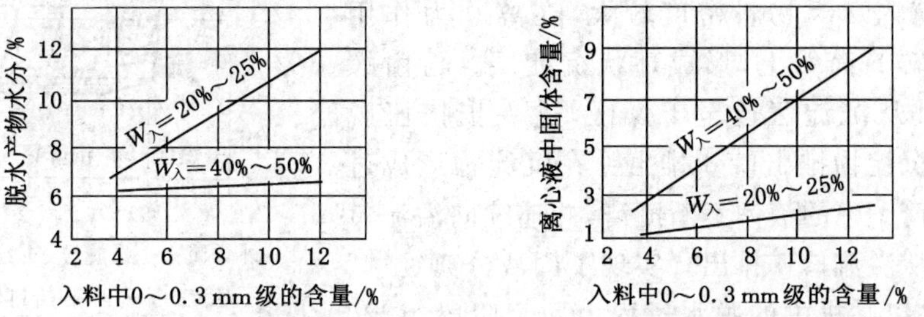

(a) 对产物水分的影响　　(b) 对离心液中固体含量的影响

图 5-42　粒度组成对脱水效果的影响

由图可见，入料水分在 20%～25%以下时，粒度组成对产物水分有很大影响，而且水分随－0.3 mm 级含量增大而增加，但对离心液中固体含量影响不大。即平均粒度越小，水分越高。其原因是细粒级表面积大，因此，可携带较多的水分。

当入料水分增加到 40%～50%时，细粒级含量对离心液中固体含量有明显影响，但对产物水分几乎没有影响。这是由于入料煤水分高，随离心液带出的细泥量增多，使离心液中固体含量有较大的提高，同时，减少了物料中保持水分的细粒级含量，所以水分比较稳定。当入料中细泥含量较高时，为降低产物水分，在离心脱水机中可适当加喷水，但离心液中固体损失量亦随之提高。

5.2.3.6　刮刀卸料离心脱水机与振动卸料离心脱水机的比较

在入料水分相近时，刮刀卸料离心脱水机的产物水分较低，其原因主要是离心强度较大。在入料粒度组成相似时，卧式振动卸料离心脱水机的离心液浓度较低。对入料的粒度上限要求，振动卸料的适应性较强，最大甚至可达 60 mm，而刮刀卸料的入料粒度最大不能超过 25 mm。另外振动卸料的离心强度较小，对煤的破碎程度较低。

5.3　细颗粒物料的脱水机械

在选煤厂中细颗粒物料的脱水较为困难，采用的脱水机械主要有沉降式离心脱水机、真空过滤机、压滤机等。

5.3.1　沉降式离心脱水机

沉降式离心脱水机是利用离心力使煤水混合物中的固体浓缩并沉降在筒壁上，用螺旋刮刀进行卸料的一种脱水设备。它在选煤厂主要用于含泥较多的原生煤泥、浮选尾煤和浮选精煤的脱水，以及洗水澄清。其入料粒度上限一般为 1～3 mm，但有时可达 13 mm。这种离心机既能够在入料浓度较低的情况下工作，又可用于处理经过浓缩的浓度达 300～500 g/L 的煤浆。离心强度为 400～1 500，有的甚至更高。

1. 工作原理

沉降式离心脱水机的工作原理见图 5-43。需进行固液分离的混合物由中心给料管 5 给入，在轴壳内初步加速后，经螺旋转子 2 上的喷料口 6 进入到分离转筒内。因物料密度较大，在离心力作用下，被甩到转筒筒壁上，形成环状沉淀层。再由螺旋转子将其从沉淀区运至干燥区，进一步挤压脱水，然后由沉淀物排出口 3 排出。在沉淀物形成过程中，外转筒 1 中的液体不断澄清，并连续向溢流口流动，最终从溢流口 4 排出。实现了固液分离。

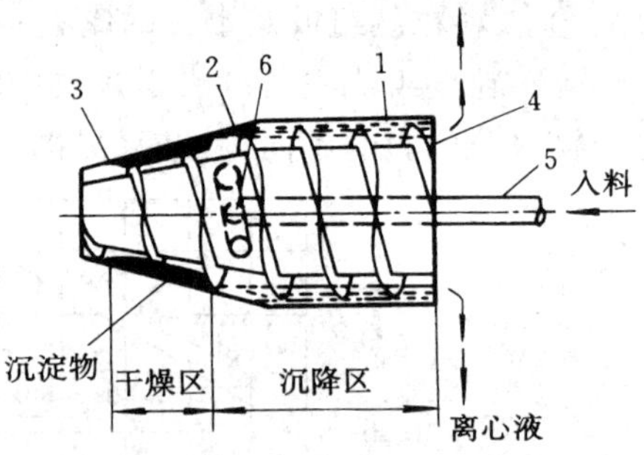

1—外转筒；2—螺旋转子；3—沉淀物排出口；4—溢流口；5—中心给料管；6—喷料口。

图 5-43 沉降式离心脱水机的工作原理图

物料在离心机中的脱水过程由两个阶段组成：第一阶段为离心沉降阶段，固体颗粒在沉降区受离心力作用进行沉降，形成沉淀层；第二阶段为挤压脱水阶段，由螺旋转子的挤压作用，挤出沉淀物间隙中的残余物水分。在离心脱水机中，液体和固体的离心分离主要是靠离心沉降，而残余水分从沉淀层中被挤出是离心分离的继续。其中第一阶段为主要脱水阶段。

2. 分级粒度的确定

沉降式离心脱水机与过滤式离心脱水机不同，其粒度不是由筛孔或筛缝大小控制，而是由颗粒在离心力场中的沉降速度决定。

为简化计算过程，借用重力场中的沉降速度公式计算颗粒的离心沉降速度，但重力加速度应改用离心加速度。

处理煤泥水时，由于粒度很细，雷诺数 Re 常小于 1。因此，离心沉降速度 v_0 用斯托克斯公式计算

$$v_0=\frac{d^2(\delta-\Delta)\omega^2 R}{18\mu} \tag{5-22}$$

式中 d——颗粒直径，cm；

δ——颗粒的密度，g/cm^3；

Δ——水的密度，g/cm^3；

ω——颗粒旋转的角速度，rad/s；

R——颗粒重心处的半径，cm；

μ——液体的黏度，Pa·s。

颗粒在沉降式离心脱水机中的干扰沉降速度 v_{st} 为

$$v_{st}=\theta^n v_0 \tag{5-23}$$

式中 θ——松散系数；

n——指数（$n=2.5\sim3.5$）

可见，颗粒的沉降速度随旋转半径 R 的改变而变化。沉降速度的计算见图 5-44，速度方程为

$$v=\frac{\mathrm{d}R}{\mathrm{d}t} \tag{5-24}$$

经积分可得颗粒从液面离心沉降到转筒所需的时间为

$$t = \int_{R_1}^{R_2} \frac{\mathrm{d}R}{v} \tag{5-25}$$

式中　R_1——液面处的半径，cm；

R_2——转筒内壁直径，cm。

经变换得

$$v=\frac{d^2(\delta-\Delta)\omega^2 R}{18\mu}\theta^n \tag{5-26}$$

令

$$a=\frac{d^2(\delta-\Delta)\omega^2\theta^n}{18\mu} \tag{5-27}$$

则

$$v=aR \tag{5-28}$$

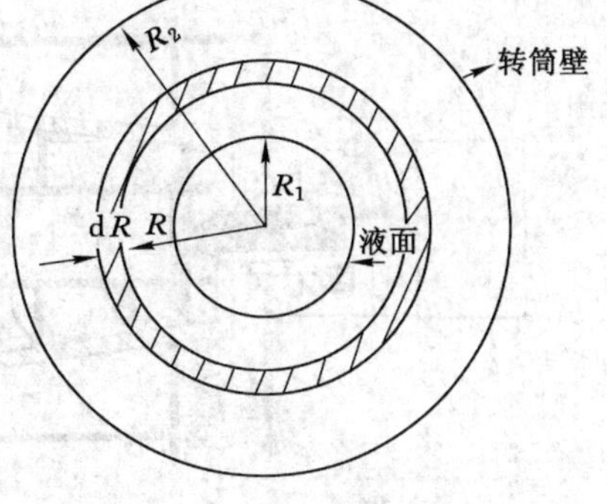

图 5-44　沉淀速度的计算简图

代入式(5-25)，求出颗粒自 R_1 沉降到 R_2 处所经历的时间 t_1 为

$$t = \int_{R_1}^{R_2} \frac{1}{a}\frac{\mathrm{d}R}{R} = \frac{1}{a}\ln\frac{R_2}{R_1} \tag{5-29}$$

即

$$t_1=\frac{18\mu}{d^2(\delta-\Delta)\omega^2\theta^n}\ln\frac{R_2}{R_1} \tag{5-30}$$

如果混合物浓度很小，$\theta\approx1$，得

$$t_1=\frac{18\mu}{d^2(\delta-\Delta)\omega^2}\ln\frac{R_2}{R_1} \tag{5-31}$$

为了使物料在离心脱水机中有足够的脱水时间，物料在离心机中的停留时间必须大于 t_1，否则，物料来不及沉淀，将随溢流水排出。

当颗粒沿离心脱水机轴向运动的水平速度为 v_1、沉降区长度为 l 时，颗粒经沉降区至排出所需时间 t_2 为

$$t_2=\frac{l}{v_1} \tag{5-32}$$

式中，v_1 可由离心脱水机所处理的矿浆量求出。

根据分级粒度的定义，可得 $t_1=t_2$ 时的粒度为

$$d=\sqrt{\frac{18\mu v_1}{l(\delta-\Delta)\omega^2}\ln\frac{R_2}{R_1}} \tag{5-33}$$

d 即为分级粒度。为较好地控制粒度，t_2 必须大于等于 t_1。当需要获得澄清的几乎不含固体的离心液时，可在沉降式离心脱水机中添加絮凝剂，此时离心强度可小于 1 300。过大的离心强度，常使絮凝剂所受机械应力加大，用量增加。

3. 构造

沉降式离心脱水机的种类很多，按其入料方式又可分为顺流式和逆流式两种。这两种离心机的工作原理基本相同，只是一些结构参数有差别。如顺流式入料从转筒大端给入，沉淀物和澄清水同向运动，澄清水再返回从大端溢流排出；而逆流式入料从中部给入，沉淀物和澄清水向相反方向运动。下面以顺流式 TC 型沉降式离心脱水机为例，介绍其构造，结构见图 5-45。

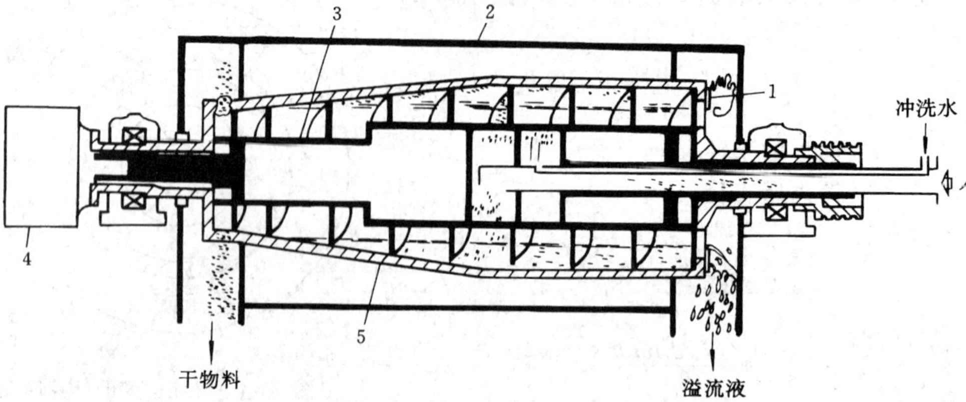

1—溢流挡板；2—外罩；3—螺旋输送器；4—差速器；5—转筒。

图 5-45　顺流式 TC 型沉降式离心脱水机结构原理图

(1) 转筒

转筒形状为圆柱-圆锥形，两端支在主轴承上。圆锥形端部设有沉淀物排出口，圆柱形端部设有溢流排出口，用闸板或堰调节溢流口的高低。改变溢流口高度，脱水区和干燥区的长度比例也相应改变。

(2) 螺旋转子

螺旋转子的轴颈与围绕在螺旋转子轴壳外部的螺旋叶片两端相接。轴颈一端与减速器相连，另一端为空心轴，并设有给料管。

(3) 传动装置

转筒由电动机直接带动，螺旋转子则由电动机通过齿轮减速器带动。两者的旋转速度有一个速差 2%，即螺旋转子每分钟比转筒慢 2%转，使转筒和螺旋转子之间产生相对运动，借此将沉淀在筒壁的物料推移到转筒小端排出。

WLC-800 型沉降式离心脱水机是我国自行设计制造的一种离心机，它主要处理粒度在 0.5 mm 以下的煤泥脱水，此离心机的构造如图 5-46 所示，沉降式离心脱水机的主要技术特征见表 5-15。

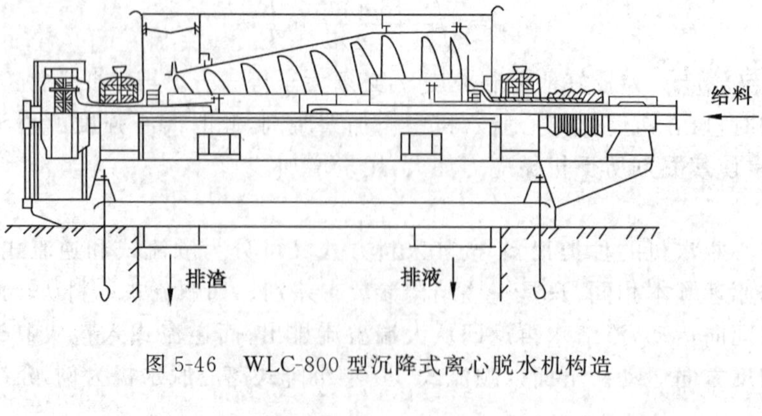

图 5-46　WLC-800 型沉降式离心脱水机构造

表 5-15　沉降式离心脱水机的主要技术特征

型号	生产能力		转筒			转筒转速/(r/min)	螺旋叶片		电动机功率/kW	总质量/kg	外形尺寸		
	以煤泥水计/(m^3/h)	以煤计/(t/h)	大端直径/mm	长度/mm	锥度/(°)		线数	螺距/mm			长/mm	宽/mm	高/mm
WX-1	180	25～30	1 100	1 750	20	700 800 900	2	125	130	10 200	4 800	3 625	1 370
WLC-800	30～36	7～9	800	柱体 450 锥体 950	21	1 000 1 300 1 500 1 700	2	250	75	6 950	3 320	1 780	1 170

WLC-800 型沉降式离心脱水机的结构与 WX-1 型相似，主要区别有以下几点：

① WLC-800 型沉降式离心脱水机转筒采用圆柱-圆锥体，这样可以使沉降区和干燥区保持较理想的长度，适应煤泥沉降的要求；

② WLC-800 型沉降式离心脱水机采用摆线针轮行星减速器代替行星齿轮减速器；

③ WLC-800 型沉降式离心脱水机的转速较高，目前实际使用的转速为 1 300 r/min，分离因数为 1 040；

④ WLC-800 型沉降式离心脱水机主轴承采用一对滚珠轴承和一对滚柱轴承，轴承采用二硫化铜润滑油进行润滑。

4. 影响结构的因素

(1) 转筒的长度和锥角

转筒长度决定了被处理的物料在离心机中经受离心分离作用的时间。离心机按体积计算的生产能力与转筒长度有关，转筒越长，离心机生产能力就越高。所以，从工艺效果来看，增加离心机转筒长度是有益的。但是，从机械制造的角度来看，转筒长度的增加要受到一定的限制，因为长度增加以后，对转筒动平衡的要求更加严格，否则在工作中产生的振动现象会加剧。

当转筒长度一定时，改变锥角会影响脱水区和沉降区的比例。锥角减小，沉降区增长，溢流产物中固体含量要下降；锥角加大，脱水区增长，可以降低沉淀物的水分。从目前国内外生产的几种离心机来看，选煤用的离心机，锥角一般在 20°～30°之间，化工用的离心机，锥角则在 15°～20°之间。

(2) 溢流堰高度和给料点位置

溢流堰的高度决定着离心机沉降区的长度，从这一点来看，增加溢流堰的高度，沉降区的长度随之增加，分离粒度和溢流中的固体含量则相应减小。但是，溢流堰高度增加到一定程度，分离粒度和溢流中的固体含量变化就不显著了，这是因为随着溢流堰的增高，转筒内环状液体的直径减小，离心力也相应减小，这就抵消了沉降区长度增加的作用。试验证明，溢流堰的高度增加到超过锥形转筒最大半径的 1/4 以后，再增加其高度对沉淀效果没有显著的改善，因此，溢流堰的高度一般为转筒最大半径的 0.15～0.3。

给料点的位置由给料管伸入离心机内的长短决定。给料点的位置要和溢流堰的高度相适应，溢流堰越低，给料点距溢流堰的水平距离应越近。这个关系如图 5-47 所示。

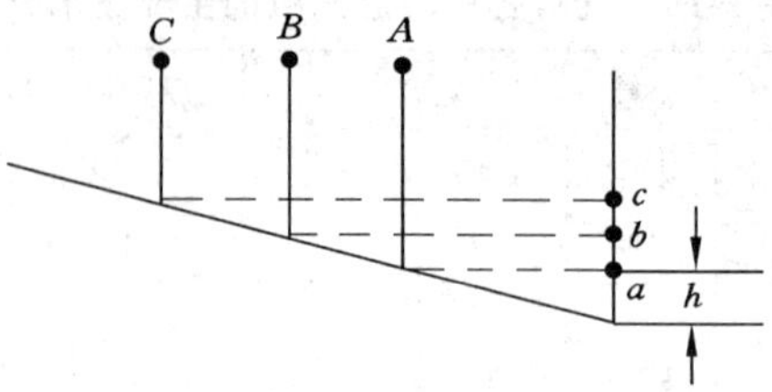

A、B、C—给料点位置，a、b、c—溢流堰高度。

图 5-47　给料点位置与溢流堰高度的关系

(3) 工作转速和转筒最大直径

离心机的工作转速决定它的分离因数。转速越高，分离因数越高，沉淀的效果越好，所以沉降式离心脱水机需要较高的工作转速，这一点对用于煤泥水沉淀和浓缩的离心机尤为重要。

但是，当转速高到一定程度时，回转体要出现振动和振动加剧的现象。虽然沉降式离心机的转筒比较粗大，自振频率要比工作频率(转速)高很多，不可能产生共振现象。但是，由于转筒和螺旋转子都以较高的速度回转，两者又有一定的转速差，所以工作起来会出现低频振动的现象，特别是在加工质量差、动平衡不够精确、转筒直径过大的情况下，这种振动更要加剧。为了避免机器振动，离心机的工作转速不宜过高，转筒直径也不应过大。所以，小型的离心机都采用较小的转筒直径和较高的工作转速；大型的离心机则采用较大的转筒直径和较小的工作转速。

沉降式离心脱水机用以澄清含有末煤或煤泥的煤泥水，以获得水分较低的浓缩产物。在我国，沉降式离心脱水机仅用于浮选尾煤的脱水。它没有附属设备，和附属设备较多的真空过滤机相比，显出一定的优越性。但是，沉降式离心脱水机脱水产物的水分比真空过滤机高，离心液的固体损失较大，特别是由于高速运转，对机器制造、安装和维护的要求均较高。

5. 操作与维护

(1) 沉降式离心脱水机的操作原则

① 油泵启动并运转 3 min；

② 启动离心机 5 min 后达到要求转速；

③ 启动给料泵开始给料。

若需要离心机停止工作，则需按以上相反程序先停止给料。

离心机正常工作时，要注意控制给料量和入料中的固体浓度，否则脱水效果难以保证。合适的固体浓度应为 30%～40%。

(2) 离心机的可调因素

① 转筒速度——根据入料固体浓度和产品水分加以调整。

② 差动速度——根据入料量和产品水分加以调整，如果沉淀物的排出量比入料中的固体量少，则离心机会被物料堵塞，需要停机检修；如果差动速度较输送煤量所需要的转速高，则离心机排出的沉淀物含水分较高，因此必须适当控制入料浓度。

③ 溢流堰高度——增加溢流堰高度可提高离心机的处理能力，但是沉淀物的水分随之

增加，降低高度时则相反。调节溢流堰高度的办法是靠转动带偏心孔的阻板来实现。为了保持离心机的动平衡，两边阻板应按照选定的同一方向旋转，并保持位置对称。

沉降式离心脱水机的转速较高，机器没有隔振装置，对基础振动较大，所以离心机应安装在混凝土的基础上，并应严格地保持水平和稳固。如果机器安装在楼上，其基础最好按承受机器四倍以上的重量设计。

沉降式离心脱水机给料应具有2 m以上的静水压头。给料浓度应保持稳定，并能调整入料量的大小。转筒和螺旋间的间隙可通过变化转筒和螺旋的轴向位置来改变，通常保持在1.5～2 mm之间。

5.3.2 沉降过滤式离心脱水机

沉降过滤式离心脱水机是在沉降式离心脱水机的基础上发展起来的一种新型脱水设备。在结构上，它是沉降式离心脱水机和过滤式离心脱水机的组合。因而，它兼有两者的优点。

1. 沉降过滤式离心脱水机工作原理及结构

沉降过滤式离心脱水机结构及工作原理见图5-48。

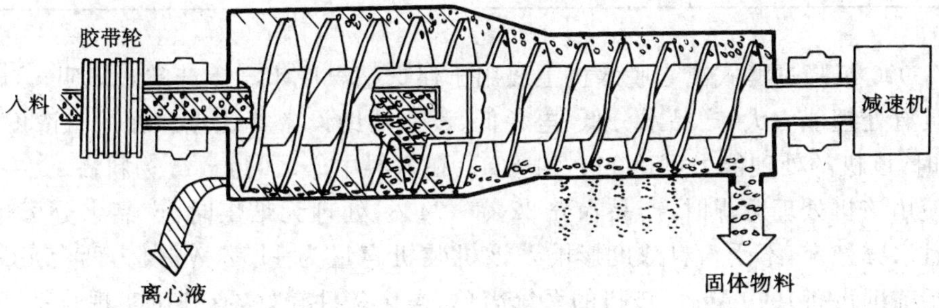

图5-48 沉降过滤式离心脱水机工作原理图

沉降过滤式离心脱水机构造除转筒与沉降式离心脱水机不同外，其他结构大同小异。沉降过滤式离心脱水机转筒由圆柱-圆锥-圆柱三段焊接而成。筒体大端为溢流端，端面上开有溢流口，并设有调节溢流口高度的挡板。转筒的小端为脱水后产品排出端，脱水区筒体上开设筛孔。脱水区进一步脱除的水分可通过筛孔排出。

矿浆经给料管给入离心脱水机转鼓锥段中部，依靠转鼓高速旋转产生的离心力，使固体在沉降段进行沉降，并脱除大部分水分。沉降至转鼓内壁的物料，依靠与转鼓同方向旋转但速度低于转鼓2%的螺旋转子推到离心过滤脱水段。在离心力作用下，物料进一步脱水，脱水后的物料经排料口排出。由溢流口排出的离心液含有少量微细颗粒。由过滤段排出的离心液，通常含固体量较高，需进一步处理。

2. 沉降过滤式离心脱水机的应用情况

沉降过滤式离心脱水机沉淀物的水分约比沉降式离心脱水机低一半。这种离心机常用于浮选精煤、浮选尾煤和旋流器底流的脱水。WLG-900沉降过滤式离心脱水机技术参数如表5-16所示。

表 5-16　WLG-900 沉降过滤式离心脱水机技术参数

型　号	规格	转筒最大内径/mm	转筒长度/mm	转速/(r/min)	筛缝/mm	入料粒度(−44 μm 比例)/%	入料浓度/(g/L)
TCL-0918	ϕ915×1 830	915	1 830	700～1 600	0.3～0.35	15～20	200～270
TCL-0924	ϕ915×2 440	915	2 440	700～1 400	0.3～0.35	15～20	200～270
TCL-1134	ϕ1 120×3 350	1 120	3 350	700～1 150	0.3～0.35	15～20	200～270
TCL-1418	ϕ1 370×1 780	1 370	1 780	300～900	0.25～0.35	17～25	250
SVS-800×1300	ϕ800×1 300	800	1 300	1010～1 280	0.2～0.3		
WLG-900	ϕ900×1 700	900	1 700	800,900,1 000	0.2～0.25	20	230～270

型　号	处理物料	矿浆处理量/(m^3/h)	处理能力/(t/h)	最大处理能力/(t/h)	产品水分/%	回收率/%	溢流固体量/%	外形尺寸(长×宽×高)/mm	总质量/t
TCL-0918		200	10～20	25	15～20	95～97	2～3	4 040×3 500×1 470	8
TCL-0924		200	15～25	35	15～20	95～98	2～3		10
TCL-1134	浮选精煤	400	35～50	60	15～20	97～98	2～3	9 600×2 900×1 860	17
TCL-1418		250	35～60	100	12～20	80～90	3～7	4 690×4 160×1 900	15
SVS-800×1300									8.61
WLG-900			15～20						11.788

WLG-900 沉降过滤式离心脱水机主要用于浮选精煤脱水。生产实践证明，该机与过滤机比较，具有处理能力大、产品水分低、电耗低、没有辅助设备等优点。在入料浓度为 230～300 g/L 时，该机的处理能力可达 11～14 t/h。在入料中−0.044 mm 物料占 40%～50%的情况下，使用该机处理肥煤时，产品水分 22%～24%；处理无烟煤时，产品水分可达 21%～23%，而且水分稳定，不受入料浓度影响。该机装机容量为 115 kW，仅为两台 PG-58 型过滤机(包括辅助设备)的 44%。该机的系统简单，操作条件较好，有利于实现自动化，占地面积小，维护工作量小。

3. 沉降过滤式离心脱水机工作的影响因素

(1) 入料粒度组成

入料粒度组成与脱水效果关系极大，特别是−0.044 mm 物料的含量小于 20%时，通常对产品水分影响不显著。当−0.044 mm 的物料含量超过 20%时，脱水后产品水分上升极快，同时离心液中固体含量急剧增加。根据国外经验介绍，当−0.044 mm 物料含量大于 40%时，就不宜采用沉降过滤式离心脱水机。

据统计，入料中−0.044 mm 物料含量与固体回收率和产品水分之间关系见表 5-17。

表 5-17　−0.044 mm 物料含量对产品回收率及水分的影响

入料中−0.044 mm 物料含量/%	沉淀物的回收率/%	沉淀物的水分/%
15	97～99	13～14
25	85～93	13～20
26	69～78	15～20
45	59～67	18～24
55	52～60	>25

沉淀物回收率随－0.044 mm 物料含量增多而降低的主要原因是粒度变细，即使在离心力场下，也变得难以沉降，而且通过筛网的量也随之增多。

沉淀物水分随－0.044 mm 物料含量增多而增高的原因和其他脱水方法原因相同，即随粒度减小，表面积增大，沉淀物之间空隙变小，使水分不易排出。

(2) 筒体结构

筒体结构指筒长度和转筒直径之比，主要影响沉降时间。选择筒体的长短，可根据对产品水分的要求确定。如果对产品水分要求不严格，沉降时间可适当缩短时，可考虑采用短筒体，此时，溢流产物的浓度往往也比较高；反之，则采用长筒体，产品水分可以降低，溢流产物中固体含量也较少。

(3) 处理量

处理量超过规定范围时，相当于缩短了沉降脱水时间，因而沉淀物水分增高，此外，溢流产物中固体含量也随之增加。

(4) 分离因数

分离因数对沉降过滤式离心脱水机的固液分离有很大影响，与沉降式离心脱水机基本相同。在此不再赘述。

5.3.3 过滤机

5.3.3.1 概述

过滤脱水适用于细粒物料(0.5 mm 以下)，它利用压力使矿浆中的水通过一定的过滤介质，而固体颗粒不能通过的特性实现固液分离。由于压力可以调整，比重力大许多，所以同样也可以强化细粒物料的脱水，在许多场合可作为最终脱水设备。利用过滤原理脱水的设备也因此成为选煤厂对细粒物料使用最广泛的脱水设备。

1. 过滤原理

工业上凡是通过某种介质，使固体颗粒和液体分开，实现固液分离的过程，均称为过滤。

过滤是在压力差作用下，悬浮液中的液体(或气体)透过可渗性介质(过滤介质)，固体颗粒被介质截留，从而实现液体和固体分离的过程。实现过滤必须具备两个条件：一是具有实现分离过程所必需的设备(包括过滤介质)；二是过滤介质两侧要保持一定的压力差(推动力)。

按照推动力常用的过滤方法可分为重力过滤、真空过滤、加压过滤和离心过滤。重力过滤的压强差由料浆液柱高度形成，真空过滤的推动力为真空源，加压过滤的压强由压缩机或压力泵提供。在工业生产中，可根据不同的物料性质及对工艺指标的不同要求而采用不同的过滤方法。从本质上看，过滤是多相流体通过多孔介质的流动过程，它有两个显著的特点：① 流体通过多孔介质的流动属于极慢流动，即渗流运动；② 悬浮液中的固体颗粒是连续不断地沉积在介质内部孔隙中或介质表面上的，因而在过滤过程中，过滤阻力是不断增加的。

2. 过滤分类

过滤根据原理可分为滤饼过滤和深层过滤。

(1) 滤饼过滤

滤饼过滤(图 5-49)是一种固液分离技术，其基本原理是固体颗粒在过滤介质的一侧形成滤饼，滤饼可以阻止后续的颗粒通过，并自身起到过滤介质的作用。滤饼的过滤阻力随着滤饼厚度的增加而增加，直至阻塞过滤介质，必须清除滤饼才能继续进行过滤。滤饼过滤常用于处理固体浓度较高的悬浮液，滤饼厚度一般为 4～20 mm，过滤介质通常比较薄。为了防止细粒物料堵塞介质孔隙，有时候也会采用助滤剂预涂过滤介质。助滤剂可以提高过滤介质的渗透性，减缓滤饼的形成速度，从而提高过滤效率和稳定性。滤饼过滤的过滤速率受到滤饼厚度的影响，因为滤饼的过滤阻力远大于过滤介质。滤饼越厚，过滤速率越慢。滤饼过滤适用于处理固体浓度较高的悬浮液。它具有操作简单、过滤效率高、可重复使用等优点，但也需要根据实际情况选择合适的过滤介质和控制滤饼厚度，以确保过滤效果和稳定性。

（2）深层过滤

深层过滤是指固体颗粒被截留在过滤介质内部孔隙中的过滤过程。颗粒的粒度通常小于过滤介质的通道，因而可以进入介质的通道。过滤介质相当厚，当颗粒通过这些通道时，由于分子作用力和静电力而被吸附在过滤介质的通道中，但液体可通过通道，故可实现固液分离，见图 5-50。深层过滤开始时的阻力要比滤饼过滤大，但随着固体颗粒的收集，介质阻力的增加却较滤饼过滤缓慢。当通道中颗粒增多，并逐渐堵塞时，过滤速度就会大大降低。此时，应将通道中的物料及时排出，再重新过滤。深层过滤的过滤介质一般采用 0.4～2.5 mm 的砂粒或其他多孔介质，料浆多自上而下流动，但有时自下而上的流动方式过滤效果更好。深层过滤的过滤速度一般为 5～15 m/h，其过滤阻力实质上即介质阻力。

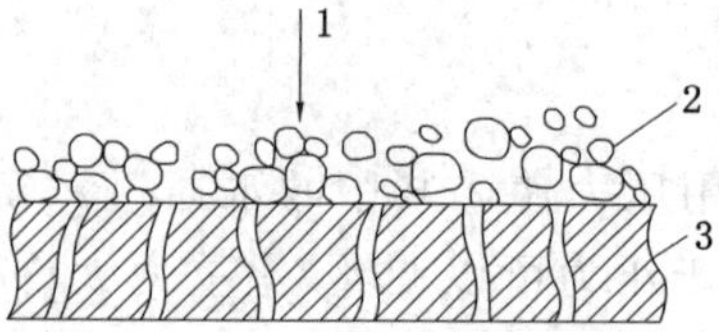

1—悬浮液；2—滤饼；3—过滤介质。

图 5-49　滤饼过滤示意图

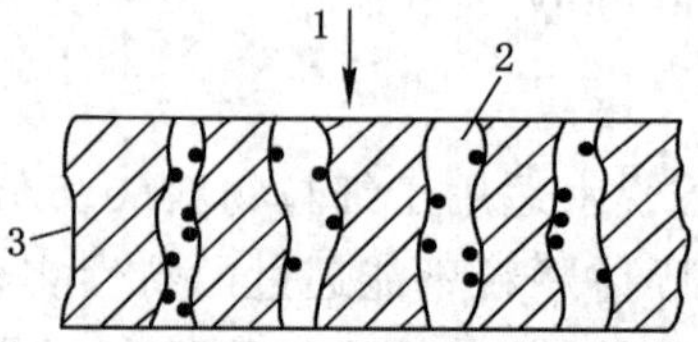

1—悬浮液；2—滤饼；3—过滤介质。

图 5-50　深层过滤示意图

深层过滤主要用于澄清过程，从很稀的溶液中，分离出很细的颗粒。溶液的浓度常小于 0.1%。

显然，即便在最佳条件下，总会有一些颗粒滞留在过滤介质中形成堵塞，因此过滤过程中的介质清洗是一个不容忽视的环节。实际生产中，应用最广泛的是滤饼过滤。

3. 过滤介质

过滤介质是过滤过程中不可缺少的重要部分，工业中常用的过滤介质很多，主要有三类：织物介质、粒状介质和多孔陶瓷介质。在选煤厂中多用织物介质。

（1）织物介质

织物介质也称滤布，常用天然或人造纤维编织而成，材料可用棉花、羊毛、麻、各种人造纤维和金属丝等。这类介质在实际生产中广泛应用，特别在选煤厂的过滤和压滤中常采用尼龙滤布、金属丝网、无纺滤布等。尼龙滤布耐用，颇受欢迎。

（2）粒状介质

粒状介质主要指细砂、砾石、木炭、骨炭等。它们坚硬，可以堆积成层，颗粒之间的细微孔能将悬浮固体颗粒截住，只允许液体通过，实现过滤过程。粒状介质常用于给排水砂滤池，如自来水净化、污水净化等。

(3) 多孔陶瓷介质

这类介质是在低温下煅烧而成的，具有大量微细孔道，在实验室中用得较多，如实验室或家庭用的砂滤器、净水器等。过滤时大于通道的颗粒不能通过，在介质一侧形成滤饼；小于通道的颗粒有一部分可通过介质进入液体，另一部分在介质通道中会发生架桥作用，阻拦其他细小颗粒，仅允许液体通过，达到分离目的。

4. 滤饼的类型及过滤速度基本方程

(1) 滤饼的类型

根据滤饼性质的不同，可将其分为不可压缩的滤饼和可压缩的滤饼两种。当过滤的压力变化时，不可压缩的滤饼的构造不变，保持着它原来的孔隙度，这种滤饼很易过滤，其最终水分也较低；可压缩的滤饼的孔隙度随着过滤压力的变化而变化，当压力增大时，滤饼孔隙度减小，同时，也减少透过过滤表面的滤液量，换言之，可压缩的滤饼的阻力是随压力增大而增大的。凝胶状的物质就是可压缩滤饼的主要类型。选煤厂的煤泥，粒度一般都较粗，不属于凝胶状的结构，是不可压缩的滤饼，但它所含的黏土物质则在某种程度上带有凝胶体的性质，具有一定的压缩性。

(2) 过滤速度基本方程

过滤速度基本方程是表示过滤速度与其他因素之间的函数关系式。过滤通常包括两个阶段：即在过滤介质上形成包含水分的滤饼阶段以及滤饼的干燥阶段，其基本过程如图 5-51 所示。第一阶段，即滤饼生成阶段，滤饼厚度逐渐加大，滤液量较大，而在第二阶段，即滤饼干燥阶段，滤饼中水分进一步排出，滤饼水分继续下降，因此，两个阶段的过滤速度是不同的。

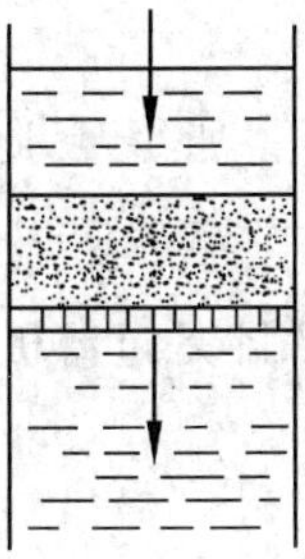

图 5-51　过滤过程

过滤速度是指单位时间内，通过 1 m^2 过滤面积的滤液流量。任一瞬间滤液通过单位过滤面积的量与两边的压力差成正比，压力差越大，滤液的通过量也就越大。此外，滤液的通过量还与液体的黏度和滤液通过时过滤阻力成反比，即液体黏度阻力和过滤时的流动阻力会使滤液通过量降低。在过滤过程中，滤液既要通过过滤介质，又要通过滤饼，所以过滤阻力包括滤饼阻力和过滤介质阻力两部分。过滤速度可用下式表示：

$$\frac{\mathrm{d}V}{\mathrm{d}t}=\frac{K\Delta p}{\mu(R+r)} \tag{5-34}$$

式中　V——单位过滤面积滤液通过量，m^3/m^2；

t——过滤时间，s；

K——系数；

Δp——压力差，N/m^2；

R——滤饼阻力，m^{-1}；

r——过滤介质阻力，m^{-1}；

μ——滤液黏度，$N\cdot s/m^2$。

式(5-34)即是过滤速度基本微分方程。

过滤介质阻力是当滤饼厚度为零、黏度 $\mu=1\ N\cdot s/m^2$ 时，过滤液通过介质的速度为 1 m/s 时的压头损失。而滤饼阻力 $R=\rho h$，ρ 是滤饼比阻，即单位厚度滤饼的阻力，单位是

m^{-1}，h 是滤饼厚度，单位是 m。滤饼比阻 ρ 是当通过滤饼的过滤液速度为 1 m/s、黏度为 1 N·s/m^2时通过厚度为 1 m 的滤饼时压头损失。在过滤机正常工作时，滤饼阻力要比过滤介质阻力大许多倍，所以过滤介质阻力常忽略不计。

滤饼阻力取决于它的厚度和性质(包括粒度、孔隙度和黏土类物质含量等)。在过滤过程中，滤饼厚度是逐渐增加的，是由单位面积所通过的滤液量和煤浆中固体含量决定的。滤饼的性质反过来又影响滤液流动的难易程度。因此程度，滤饼阻力可用下式计算：

$$R = fVq' \tag{5-35}$$

式中 f——滤饼的平均单位阻力，即比阻力，m/kg；

q'——排出单位体积滤液时的固体物料量，kg/m^3。

将式(5-35)代入式(5-34)得

$$\frac{dV}{dt} = \frac{K\Delta p}{\mu fVq'} \tag{5-36}$$

整理得：

$$V^2 = \frac{2K\Delta pt}{\mu fq'} \tag{5-37}$$

$$q' = \frac{Q}{AV} \tag{5-38}$$

式中 Q——滤饼量，kg；

A——过滤面积，m^2。

式中$\frac{Q}{A}$即是过滤机按固体量计算的单位处理能力，用 q 表示，代入(5-37)则得

$$V = \frac{2K\Delta pt}{\mu fq} \tag{5-39}$$

由此可计算出单位面积通过的滤液体积。

5.3.3.2 真空过滤机

选煤厂所用过滤机多数为真空过滤机，主要用于过滤浮选精煤，也可用于过滤煤泥或浮选尾煤。但是浮选尾煤(或煤泥)由于黏性大、粒度细、水分高，常用推动力更高的压滤机进行过滤。

真空过滤机按其形式可分为圆盘真空过滤机、圆筒真空过滤机和水平带式真空过滤机三类。我国主要采用前两种，但后者操作维护简单，同时结合沉降和过滤两种作用，因而用于过滤密度大、粒度粗、沉降速度快的物料。

1. 圆盘真空过滤机

(1) 结构

圆盘真空过滤机的结构如图 5-52 所示，由槽体、主轴、过滤圆盘、分配头和瞬时吹风系统等五部分组成。

槽体由钢板焊制而成，除贮放煤浆外，还起支承过滤机零件的支架作用。槽体下部有轮叶式搅拌机，可防止煤浆在槽体内沉淀。

主轴是传动机构的一部分。主轴由数段空心轴组成，轴的断面上有 8～16 个滤液孔，一般采用 10 个。主轴安装在槽体中间，上面装有过滤圆盘。主轴转动时，过滤圆盘也随之转动。主轴的两个端面分别与分配头相连。

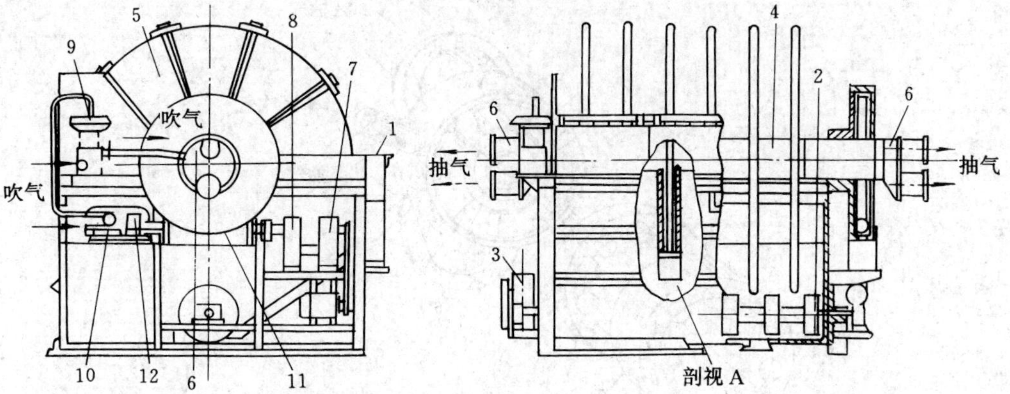

1—槽体；2—轮叶式搅拌器；3—蜗轮减速器；4—空心主轴；5—过滤圆盘；6—分配头；7—无级变速器；8—齿轮减速器；9—风阀；10—控制阀；11—蜗杆、蜗轮；12—蜗轮减速器。

图 5-52　圆盘真空过滤机

过滤圆盘是过滤机进行过滤的主要工作部件，由若干个扇形过滤板组成。过滤板的数目与空心主轴上的滤液孔数一致，一般采用 10 块者居多，用螺栓、压条和压板固定在主轴上，见图 5-53。

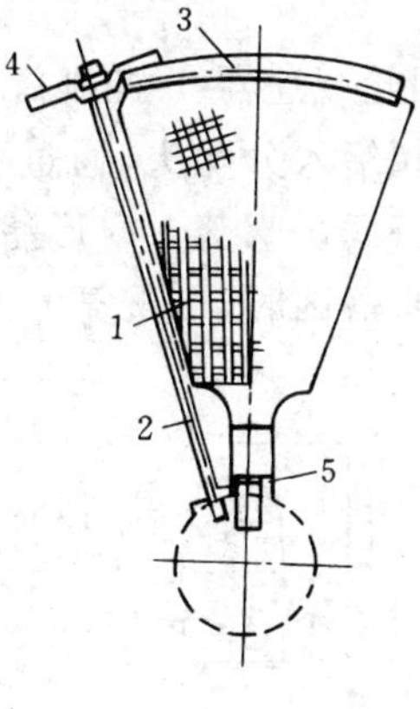

1—扇形过滤板；2—螺栓；3—压条；4—压板；5—橡胶衬垫。

图 5-53　扇形过滤板

每块过滤板都是一个独立的过滤单元。本身是由较轻金属或塑料制成的空心结构，滤板内腔圆管与主轴的滤液孔相通。为了避免漏气，影响真空度，圆管与主轴连接处有橡胶衬垫。过滤圆盘的外面包有滤布。滤布应具有较大的机械强度、较小过滤阻力、易于清洗等特点。选煤厂中使用的滤布以尼龙或金属丝滤布居多，其孔径为 0.15～0.25 mm。

分配头是过滤机和真空泵及鼓风机的连接部件，装在主轴两端固定不动，借助分配头作用，将过滤机过滤过程分为过滤、干燥和滤饼吹落三个区。在不同的工作区中，滤扇分别和真空泵、鼓风机相连。由于分配头固定不动，它与主轴之间是通过分配垫来实现动配合的，因此两者接触面的光洁度要求较高。分配头的构造如图 5-54 所示。分配头上装有楔形块，用它可调节各区的范围大小。圆盘真空过滤机各区的角度分配如表 5-18 所示。

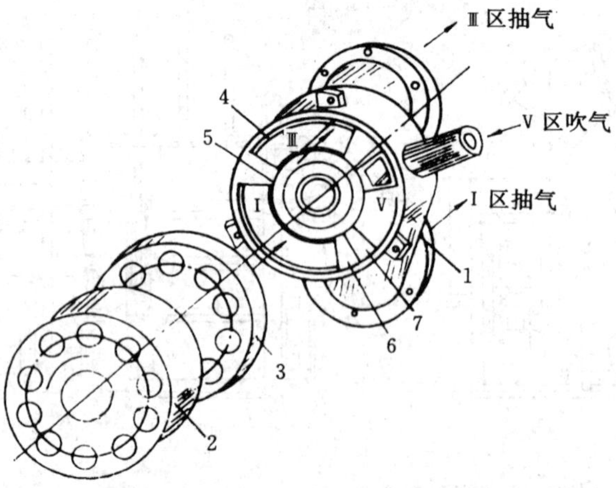

1—分配头；2—过滤机主轴；3—分配垫；4—外边缘；5—内边缘；6、7—楔形块。

图 5-54　分配头构造

表 5-18　圆盘真空过滤机各区的角度分配

区域	Ⅰ	Ⅱ	Ⅲ	Ⅳ	Ⅴ	Ⅵ
角度/(°)	125	30	82	25	30	68

瞬时吹风系统见图 5-55，它由蜗轮减速器 5、控制阀 1 和风阀 2 组成。当过滤圆盘转入吹落区时，风阀开启，压缩空气由风阀给入分配头，通过分配头与其对应的滤液孔进入扇形滤块。借压缩空气突然鼓入的冲力将滤饼吹落。扇形滤块转过吹落区时，风阀关闭，压缩空气停止给入。至下一个扇形块进入吹落区时，再重复上面过程。过滤扇每转一周，风阀开启的次数与扇形滤块的块数相一致。

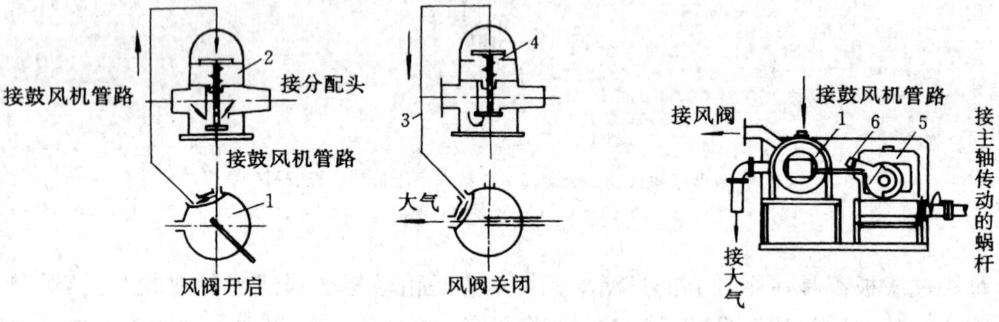

1—控制阀；2—风阀；3—空气管路；4—弹簧；5—蜗轮减速器；6—压杆。

图 5-55　瞬时吹风系统工作原理及控制阀的传动系统

(2) 工作原理

圆盘式真空过滤机的工作原理见图 5-56。当过滤圆盘顺时针转动时，依次经过过滤区、干燥区和滤饼脱落区，使每个扇形块与不同的区域连接。当过滤扇位于过滤区时，与真空泵相连。在真空泵的抽气作用下，过滤扇内腔具有负压，煤浆被吸向滤布，煤粒在滤布上形成滤饼；滤液通过滤布，进入滤扇的内腔，并经主轴的滤液孔排出，实现了过滤。当滤扇位于干燥区时，仍与真空泵相连，但此时过滤扇已离开煤浆液面。因此，真空泵的抽气作用让空气通过滤饼，将空隙中的水分带走，使滤饼的水分进一步降低。当过滤扇进入滤饼吹落区时，则与鼓风机相连，利用鼓风机的吹气作用将滤饼吹落。此时完成了一个过滤循环。随着主轴的转动，过滤扇再次进入煤浆，开始第二个过滤循环。

在三个工作区中间，均有过渡区相隔。过渡区是个死区，其作用是防止过滤扇从一个工作区进入另一个工作区时互相串气，影响过滤效果。过渡区应有适当大小，过小，出现串气，降低过滤效果；过大，减少工作区范围，同样使工作效果恶化。

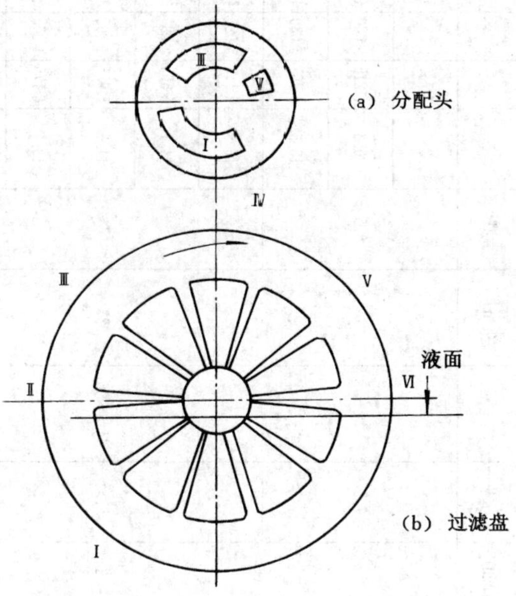

Ⅰ—过滤区；Ⅱ、Ⅳ、Ⅵ—过渡区；Ⅲ—干燥区；Ⅴ—脱落区。

图 5-56　圆盘真空过滤机工作原理图

(3) 工作特点

圆盘真空过滤机本身是一个连续工作的设备，但对每一个过滤扇，其工作是间断的。过滤扇在各个工作区的时间，既与各个区域所占角度大小有关，还与过滤机主轴转速有关。前者可借助分配头进行调节。每个过滤扇之间都有非工作区间，为减少该区工作时间，过滤扇的数目不宜过多，而为了减少过滤扇上靠近主轴和远离主轴两端过滤时间的差别，合理利用过滤板的面积，宜增加过滤扇的数目，通常在 8～16 块范围内选择，较合理的数目约为 10 块。

圆盘真空过滤机已向大型方向发展，过滤面积已达 200 m^2 甚至 400 m^2。表 5-19 所示 GP 型圆盘式真空过滤机的技术特征。

GP 型圆盘真空过滤机具有处理能力大、滤饼水分低、使用可靠等优点，在新建选煤厂和老厂技术改造中得到了推广应用，取得了显著的经济效益和社会效益。其在使用中也存在一些问题，主要是滤布清洗效果差，影响脱水效果；滤饼脱落区进气孔小，易堵；真空对滤饼的吸附力未得到彻底消除，影响滤饼卸料。为此，应进一步改进卸料刮刀结构型式，以适应薄滤饼刮刀卸料的要求。

另外，GPY 型圆盘真空过滤机是引进美国 EIMCO 公司技术生产的过滤设备，其主要技术特征如表 5-20 所示。该系列过滤机采用含玻璃纤维的塑料扇形板；主轴为焊接结构，滤

表 5-19　GP 型圆盘式真空过滤机的技术特征

型号	过滤面积/m²	过滤盘数/个	处理能力/[t/(m²/h)]	滤液含水率/%	滤液含固量/(g/L)	过滤盘 直径/mm	过滤盘 转速/(r/min)	过滤盘 电动机 转速/(r/min)	过滤盘 电动机 功率/kW	搅拌器 转速/(r/min)	搅拌器 电机减速器 转速/(r/min)	搅拌器 电机减速器 功率/kW	过滤槽容积/m²	外形尺寸 长/mm	外形尺寸 宽/mm	外形尺寸 高/mm	设备质量/t	配用真空泵 真空度/MPa	配用真空泵 抽气量/(m³/min)
GP200-10	200	10											23	7 765	5 080	4 640	26.7		200～300
GP180-9	180	9							7.5			5.5	20.8	7 215	5 080	4 640	24.7		180～270
GP160-8	160	8				400							18.5	6 665	5 080	4 640	22.8		160～240
GP140-7	140	7											16.3	6 115	5 080	4 640	21.5		140～210
GP120-6	120	6											14.1	5 565	5 080	3 740	19.8		120～180
GP120-10	120	10	>0.22	≤24	≤30		0.125～1.25	125～1 250	5.5	41.5～50	83	4	14.5	6 625	4 205	3 740	19	0.05～0.073	120～180
GP108-9	108	9											13.1	6 175	4 205	3 740	18		108～162
GP96-8	96	8				3 100							11.7	5 725	4 205	3 740	17		96～144
GP84-7	84	7											10.1	5 275	4 205	3 740	16		84～126
GP72-6	72	6							4			3	8.8	4 825	4 205	3 740	15.5		72～108
GP60-5	60	5											7.5	4 375	4 205	3 740	15		60～90

表 5-20　GPY 型圆盘真空过滤机的技术特征

型号	过滤面积/m^2	圆盘直径/m	圆盘数目/个	每盘滤扇数/个	圆盘转速/(r/min)	搅拌器			无级变速器电机功率/kW	外形尺寸			主机质量/t	真空泵			鼓风机		
						型式	转速/(r/min)	电机功率/kW		长/mm	宽/mm	高/mm		气量/(m^3/min)	真空度/mmHg	电机功率/kW	风量/(m^3/min)	风压/atm①	电机功率/kW
GPY-100	164	3.84	8	12	0.87～0.14	桨叶式	80.4	5.5	4～4.7	5600	4325	4400	14.8	240	510	320	20	1～1.2	95
GPY-180	184	3.84	9	12	0.87～0.14	桨叶式	80.4	5.5	4～4.7	6060	4325	4400	15.9	270	510	320	20	1～1.2	95
GPY-200	204	3.4	10	12	0.87～0.14	桨叶式	80.4	5.5	4～4.7	6500	4325	4400	17	300	510	340	30	1～1.5	155
GPY-220	225	3.84	11	12	0.87～0.14	桨叶式	80.4	5.5	4～4.7	6960	4325	4400	18.1	330	510	340	30	1～1.5	155
GPY-240	245	3.84	12	12	0.87～0.14	桨叶式	80.4	5.5	4～4.7	7450	4325	400	19.2	360	510	400	30	1～1.5	155
GPY-260	266	3.84	13	12	0.92～0.15	桨叶式	80.4	7.5	6.5～7.5	7 950	4 325	400	20.4	390	510	500	30	1～1.5	155
GPY-280	286	3.84	14	12	0.92～0.15	桨叶式	80.4	7.5	6.5～7.5	8 370	4 325	400	21.6	420	510	500	30	1～1.5	155
GPY-300	307	3.84	15	12	0.92～0.15	桨叶式	80.4	7.5	6.5～7.5	8 850	4 325	4 400	22.84	450	510	600	30	1～1.5	155

注：① 1 atm=1.01×10^5 Pa。

管为梯形断面；采用瞬时吹风与悬吊式刮刀卸料装置并用，卸饼效果较好；设有滤布清洗装置，可使滤布再生。

2. 圆筒真空过滤机

圆筒真空过滤机与圆盘真空过滤机相比，本身体积较大，过滤面积较小，单位处理量低，但密封性能好，真空度高，干燥区长，滤饼水分低，适于处理细黏物料。圆筒真空过滤机可分为内滤式和外滤式两种。由于内滤式滤饼排除较困难，现多为外滤式。按筒中的内部结构，圆筒真空过滤机又可分为有格式和无格式。按卸料方式，圆筒真空过滤机还可分为折带卸料式和刮刀卸料式。

(1) 外滤式有格刮刀卸料式圆筒真空过滤机

圆筒真空过滤机工作的部件是一个大的圆筒，由钢板焊接而成，在筒体的表面上装有冲孔筛板，用隔条沿圆周方向分成若干个过滤室，通常为 24 个，室与室之间严格密封，互不通气。过滤室上铺设筛板，一方面与筒面形成通道，以便流通滤液；另一方面起支撑滤布的作用。过滤板外面包裹滤布，沿轴向每隔 50～80 mm 缠绕钢丝，将滤布固定在筒体上。过滤室内部接有滤液管，分别与两端的喉管连接，分配头与喉管紧密相通，并固定在筒体两端，每个分配头担负过滤室一半长度的抽气和吹风作用，基本过滤单元如图 5-57 所示。工作示意图见图 5-58。

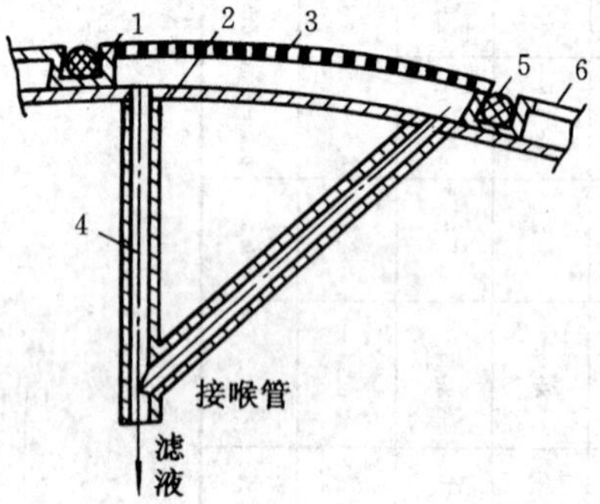

1—隔条；2—筒体；3—过滤板；
4—滤液管；5—胶条；6—滤布。

图 5-57 过滤室的横断面

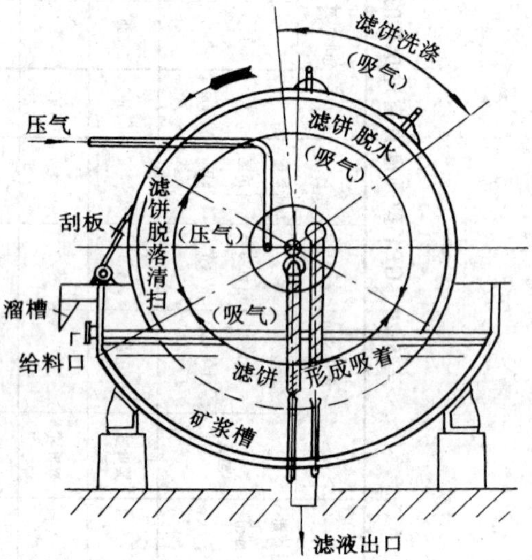

图 5-58 工作示意图

工作时，筒体浸入装满矿浆的半圆形矿浆槽中，并在其中缓慢旋转。由于分配头的作用，每个过滤室依次通过过滤区、干燥区、吹落区，由于负压作用将固体颗粒吸附在筒体上形成滤饼。随着圆筒的旋转，浸于矿浆中的那部分圆筒表面随之离开液面，进入干燥区，滤饼进一步脱水。转到吹落区后，借助高压风和刮刀把滤饼卸下。

(2) 外滤式无格折带卸料圆筒真空过滤机

无格式真空过滤机是一种取消了分配头、喉管和大量真空管路的新型真空过滤机。我国设计生产的 GDU 型无格折带真空过滤机的工作原理如图 5-59 所示。

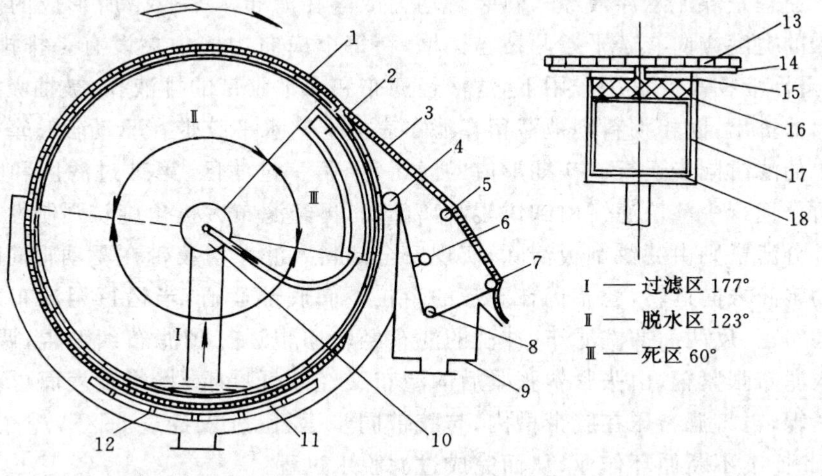

1—筒体；2—密封装置；3—滤布；4—导向辊；5—分展辊；6—清洗水管；7—卸料辊；8—张紧辊；9—清洗槽；10—中空轴；11—搅拌器；12—浆料槽；13—滤板；14—筒皮；15—密封圈；16—胶板；17—水袋；18—支撑框。

图 5-59　GDU 型无格折带真空过滤机工作原理图

GDU 型无格折带真空过滤机筒体外部与一般折带过滤机相同，在筒体上密布通孔，整个筒体内为一负压室，滤液吸入筒腔后，不断从下部通过中空轴抽出，死区的密封是依靠恒压的水袋压紧橡胶板封住筒体上的通孔完成的。由于是无格结构，因此真空度高。一般可达 66 kPa 以上，采用深槽结构，加大了过滤区，因此单位面积处理能力高于圆盘真空过滤机。我国设计生产的 GUD 型无格折带式真空过滤机由于采用了无格结构，具有结构简单、真空度高、滤饼脱落率高、处理能力大、产品水分低等优点，可用于浮选精煤、浮选尾煤的过滤脱水，对于细黏物料的脱水仍具有较好的脱水效果。

3. 水平带式真空过滤机

水平带式真空过滤机是使煤泥悬浮液在固定真空箱的真空负压作用下，通过固定真空箱上面同步运行的水平胶带和滤布，截留固相物料，由真空箱排出液相流体的一种水平带式真空过滤设备。主要用于细煤泥和浮选精煤脱水，与圆盘真空过滤机相比，水平带式真空过滤机具有一些不可替代的特点。DUM20/1.8 型真空箱型水平带式真空过滤机的结构示意图如图 5-60 所示。

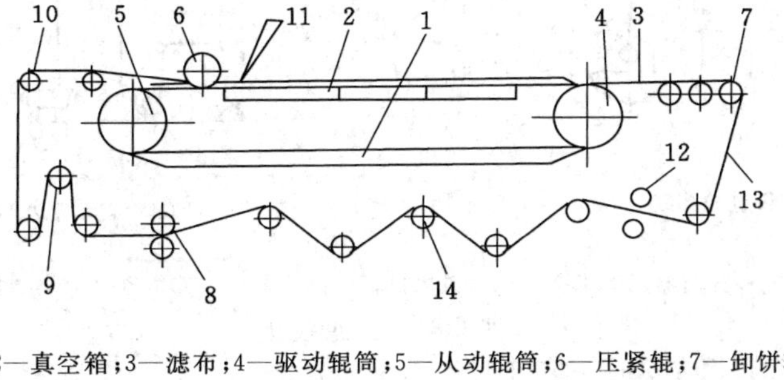

1—水平胶带；2—真空箱；3—滤布；4—驱动辊筒；5—从动辊筒；6—压紧辊；7—卸饼辊；8—纠偏辊；9—张紧辊；10—舒展辊；11—入料装置；12—滤布冲洗管；13—滤饼刮板；14—转向辊。

图 5-60　DUM20/1.8 型真空箱型水平带式真空过滤机结构示意图

其工作原理是煤泥悬浮液经入料装置均匀散落在滤布水平胶带所形成的滤带空间内。沿水平胶带的宽度方向有若干条凸棱与沟槽，在每个横向沟槽中央设有一排排通往真空箱的排液孔，悬浮液在真空负压作用下，滤液经滤布和水平胶带的排液孔，被抽吸到真空箱内，经气水分离器排出；固相物料则被截留在滤布表面上。水平胶带在驱动辊筒牵引下，携带滤布及滤布上的滤饼同步运行。初期形成的滤饼，经第一过滤区、第二过滤区和吸干区后，形成最终滤饼。运行中整块滤饼由卸饼辊解离碎块，再经滤布大折角旋转强制性卸落，残留在滤布上的部分滤饼则由滤饼刮板清除，实现安全卸料。滤布与胶带在驱动辊筒改向处分开，胶带向从动辊筒方向运转，滤布仍在胶带的牵拉下向底部运行，当运行至滤布冲洗管处时，冲洗水从滤布正、反两面冲洗滤布，冲洗的滤布经转向辊运行到滤布纠偏辊，调节滤布运行方向后进入滤布张紧辊，由张紧辊张紧后的滤布又经两舒展辊，将滤布表面再次舒开展平，最后经压紧辊，再将滤布压在胶带槽内，与胶带同步运行，进入各过滤区。整个过程是连续进行的，依此连续不断循环作业，从而完成过滤脱水过程。

水平带式真空过滤机适用于选煤厂粗、细煤泥的过滤脱水，入料粒度 3～0 mm，入料浓度≥35%，也适用于浮选精煤过滤脱水以及粗细粒物料的固液分离作业。

5.3.3.3　过滤系统及辅助设备

为了实现物料的过滤脱水，除过滤机之外，还需要有一些辅助设备，如真空泵、压风机、气水分离器等。真空过滤机与辅助设备之间的连接方式称为过滤系统（图 5-61）。常用的过滤系统有三种：一级过滤系统、二级过滤系统和自动泄水仪。

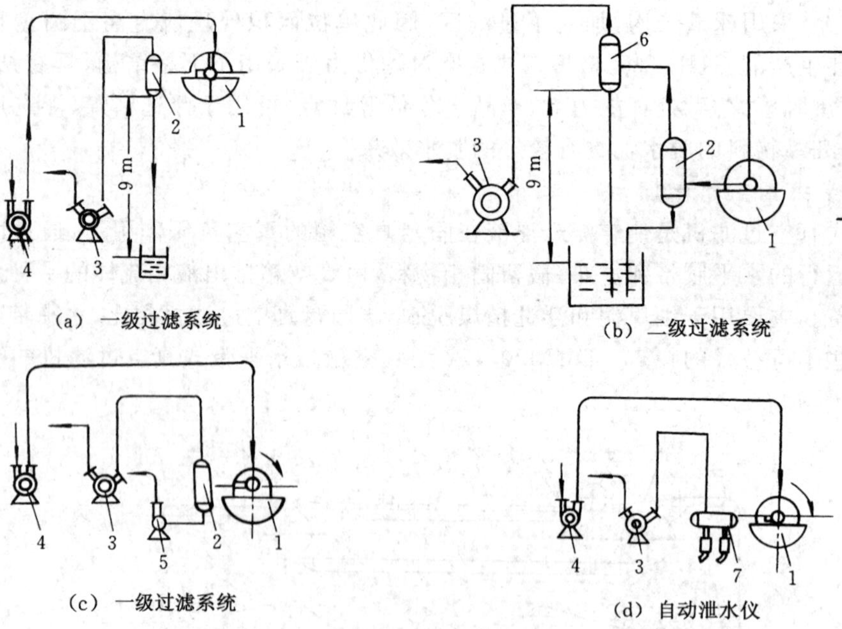

1—过滤机；2—气水分离器；3—真空泵；4—鼓风机；5—离心泵；6—二级气水分离器；7—自动泄水仪。

图 5-61　过滤系统

1. 一级过滤系统

一级过滤系统即一级气水分离系统，也称单级气水分离系统。

一级过滤系统中，只用一个气水分离器，如图 5-61(a)、(c)所示。滤液和空气由于真空泵造成的负压，抽到气水分离器中，空气再由气水分离器的上部排走，滤液从气水分离器的下部排出。滤液的排出有两种方式：一种是靠自重自然流出；另一种是需用泵强制抽出。

由于气水分离器在负压下工作，要使滤液从气水分离器中排出，其滤液排出口和滤液池液面之间必须有 10.5 m 的高差。为防止空气进入气水分离器，滤液流出的管口必须设有水封。实际上多数选煤厂，过滤机设在浮选机的下层，因滤液自流的高度不够，可考虑采用图 5-61(c)的形式。此时，滤液采用离心泵强制抽出，需要专门设置离心泵，要消耗动力，但节省管道。

图 5-61(a)、(c)两种形式，由于只设一个气水分离器，有可能气水分离不够彻底，影响真空泵的工作。因此，在新建选煤厂中使用得较少。

2. 二级过滤系统

二级过滤系统也称二级气水分离系统，或双级气水分离系统。

二级过滤系统中有两个气水分离器，过滤机可以安放在较低位置，连接过滤机的气水分离器也在较低的位置。该气水分离器上部排出的气体再进入安放在较高位置的二级气水分离器。二级气水分离器的气体由真空泵抽走。二级气水分离器由于位置较高，即使一级气水分离器在较低位置，也不致影响真空泵的工作，在选煤厂得到了广泛使用，如图 5-61(b)所示。

3. 自动泄水仪

图 5-61(d)所示的过滤系统，滤液既能自流排出，不需要将过滤机设置在很高的位置，又不用设两个气水分离器，而采用自动泄水仪代替过滤系统中的气水分离器和离心泵。

自动泄水仪的工作原理见图 5-62。在自动泄水仪的气水分离器下设有一对排液箱，箱中浮子悬挂在杠杆的两端。图中左侧排液箱与气水分离器的通道被橡胶阀挡住，打开空气阀，排液箱和大气相通，转变为正压，使下部单向阀自动打开，排出滤液。与此同时，右边排液箱与气水分离器相通，空气阀关闭，排液箱内为负压，使单向阀关闭，滤液由气水分离器流入排液箱。随箱内滤液增多，浮子所受浮力增加。当作用在右侧浮子上的浮力大于真空泵对左侧橡胶阀的抽力时，在杠杆的作用下，浮子上升，橡胶阀挡住排液箱与气水分离器的通道，左右两侧工作状况相互交换。此时右侧排液箱排出滤液，气水分离器中滤液流入左侧排液箱。

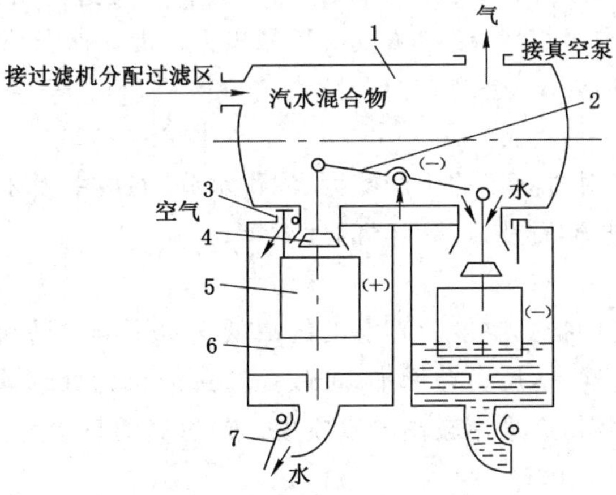

1—气水分离器；2—杠杆；3—空气阀；4—橡胶阀；5—浮子；6—排液箱；7—单向阀。

图 5-62　自动泄水仪的工作原理

自动泄水仪由于使用效果不够理想，经常出现故障，一直没有得到推广使用。近几年对自动泄水仪进行了改进，研制开发了五通电磁气阀来控制滤液的排放，取得了较理想的效果。

4. 真空泵

在选煤厂，一般采用水环式真空泵，因该类型真空泵允许滤液在泵中短期运转，不致发生故障。小型真空过滤机通常采用 SZ 型真空泵，大型真空过滤机常用 2YK 型真空泵。真空过滤机一般按 1 m^2 过滤面积的抽气量为 0.8～1.3 m^3/min、真空度为(4～6.7)×10^4 Pa 来选取真空泵。目前我国生产的真空泵主要技术特征如表 5-21 所示。

表 5-21 水环式真空泵主要技术特征

型号	抽气速率/(m^3/h)	真空度/MPa	转速/(r/min)	补水量/(m^3/h)	电动机		口径/mm	
					型号	功率/kW	入口	出口
2YK-27	1 572	0.066	490	10～13	JO2-82-6	40	200	200
2YK-110	5 740	0.066	250	11～14	JR127-6	185	300	300
SZ-1	90	0.066	1 450	0.6	JO51-4	4.5	70	70
SZ-2	57	0.06	1 450	1.8	JO62-4	10	70	70
SZ-3	240	0.06	975	4.2	JO82-6	28	125	125
SZ-4	660	0.06	975	6	JS116-8	70	170	150

5. 空气压缩机

靠吹风卸饼的真空过滤机所需吹风压力常为(1～3)×10^4 Pa，而每平方米过滤面积所需要的压缩空气量为 0.2～0.5 m^3/min。通常用叶式或罗茨鼓风机供给，有时也采用 SZ 型真空泵提供吹风压力。

5.3.3.4 过滤效果的评定

真空过滤机处理的物料浓度为 25%～50%，粒度在 1 mm 以下。常用三个指标对过滤效果进行评价：一是滤饼水分；二是滤液中的固体含量；三是过滤机单位面积处理能力。其效果好坏常与真空度、粒度组成、给料浓度等关系极大。滤饼水分常在 24%～28%之间，滤液的固体含量为 5～50 g/L(20～80 g/L)。

5.3.3.5 影响过滤效果的因素

过滤效果的影响指对过滤机的生产能力、滤饼水分、滤液中固体含量的影响。其主要因素有过滤的推动力、矿浆性质及过滤介质的性质等。

1. 过滤的推动力

对真空过滤机而言即指真空度。真空度的高低直接影响过滤机的生产能力、产品水分和滤液中的固体含量。通常，压力差增加，可以提高过滤机的处理能力和降低滤饼水分，特别是对细泥含量高的物料，应采用较高的真空度。但过高的真空度，容易使滤液中固体含量增大，影响过滤效果。

真空过滤机处理浮选精煤时，其真空度应在(5～6.7)×10^4 Pa；处理浮选尾煤时，最好在(6.7～8)×10^4 Pa 之间；而处理原生煤泥时，一般为(4～5)×10^4 Pa。

2. 矿浆性质

矿浆性质指矿浆温度、浓度、粒度和矿浆成分。矿浆浓度增加，可以提高真空过滤机的过滤效果，使处理量增加，产品水分下降。过滤物料的粒度组成越细，过滤越困难，滤饼越薄，滤饼水分越高，越难以脱落；粒度过细时，可在过滤系统中加助滤剂来改善过滤效果，有时也可以掺粗。矿浆成分主要指矿浆中的泡沫量。当矿浆中含有大量空气泡时，生成的滤饼中也含有空气泡，特别是细小微泡，它将堵塞滤饼颗粒之间的通道，降低过滤效果；若泡沫量过大时，在过滤前，最好进行消泡，浮选精煤的浓缩也有一定的消泡作用。提高矿浆温度，可以降低矿浆的黏度，减小过滤阻力，提高过滤速度，增加滤饼厚度，降低产品水分。

3. 过滤介质的性质

理想的过滤介质应具有过滤阻力小、滤液中固体含量少、不易堵塞、易清洗等性质，并具有足够强度。通常，金属丝滤布具有过滤阻力较小、不易堵塞、滤饼容易脱落等优点，但滤液中固体含量较高。尼龙滤布比较耐用，特别是锦纶毯的效果很理想，除耐用外，还具有滤饼容易脱落、产品水分低、滤液中固体含量少等特点，但价格较高。

5.3.3.6 真空过滤机的安装、操作和维护要点

真空过滤机一般都是整体出厂，在现场进行整体安装的。

1. 真空过滤机的安装要求

① 真空过滤机在选煤厂安装时，应确保槽体长度和宽度的水平。

② 辅助设备的布置应尽量做到放液管线的压降最小。

③ 管路、阀门接头处必须保持严密，防止漏水、漏气。

④ 圆盘真空过滤机应检查扇形过滤板与主轴间接头处的密封，并要求每一个圆盘的扇形板在同一平面上。

⑤ 分配头的安装位置要求不产生偏斜，在使用前要刮研，使其接触严密，以确保不漏气。

2. 真空过滤机的操作和维护

① 真空过滤机的启动程序是：搅拌机构—给料—真空泵—鼓风机—调整过滤机转速。无格式过滤机在滚筒运转后再加上密封水。停止时应先停止给料，顺次关闭真空泵、鼓风机，放出槽体内存料，停止搅拌器。

② 真空过滤机依靠真空作为脱水的推动力，真空度越高，处理量越大，滤饼的水分也越低。所以，应保持过滤室和分配头的严密性，使真空过滤机具有较高的真空度，对提高过滤效果十分重要。因此要经常检查轴承及分配头处的润滑情况，并定期注油和检修。

③ 滤布破损要及时更换，应定期清洗滤布。

3. 提高过滤效果的途径

① 选择最佳过滤机转速。过滤机的转速对其生产效果影响很大。不同的原料，要求有不同的过滤和干燥时间，因而要求有合适的转速。转速要通过试验来确定。对煤泥过滤来说，在一定范围内，提高转速可使滤饼变薄、处理量提高、真空度增加、滤饼水分降低。所以，在生产中要提高处理能力，应保持较高的转速。圆盘真空过滤机的转速一般为 30 r/min 左右。

② 控制煤浆的粒度和浓度。控制煤浆的粒度和浓度能够提高过滤的效率。煤浆的粒度越细，过滤阻力越大，过滤越困难；但是，粒度过大，滤饼的透气性太强，真空度降低，也吸

不上煤粒，不易形成滤饼。煤粒在 0.5 mm 以下时，入料粒度越大，则处理量越高，水分也越低，所以，要改善过滤效果，必须采取适当措施，控制入料粒度。入料浓度小，则真空度要降低，处理量变小，滤饼水分相应提高，入料浓度一般应在 25%～50%。

③ 选用合适的滤布。过滤浮选精煤时，可采用 60 网目或 80 网目滤布；而过滤浮选尾煤时则应用较致密的滤布。

④ 对悬浮液加热，提高入料的温度。

⑤ 入料中加入合适的助滤剂。

⑥ 选择有利于脱饼的塑料滤板。

5.3.4 压滤机

由于真空过滤机是靠负压工作的，压力的上限值受大气压的限制，所以过滤的推动力不大。而压滤机是靠正压力工作的，只要机器允许，其压力可达 1 MPa 甚至更高。另外压滤机使用的滤布大都较细，因而压滤液的浓度也较低。所以压滤机处理细黏物料比真空过滤机有优势。

5.3.4.1 板框式压滤机

板框式压滤机又有平板板框式压滤机和凹板板框式压滤机之分，两者之间主要差别是滤室的结构不同。我国目前应用的多为凹板板框式压滤机，通常称箱式压滤机。

1. 箱式压滤机的构造

箱式压滤机一般由固定尾板、活动头板、滤板、主梁、液压缸体和滤板移动装置等几部分组成。固定尾板和液压缸体固定在两根平行主梁的两端，活动头板与液压缸体中的活塞杆连接在一起，并可在主梁上滑行。其结构见图 5-63。

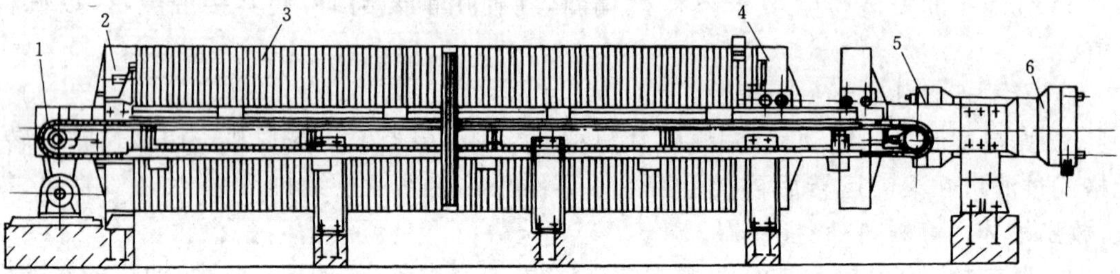

1—滤板移动装置；2—固定尾板；3—滤板；4—活动头板；5—主梁；6—液压系统。

图 5-63　XMY340/1500-61 型压滤机结构图

(1) 滤板

滤板是箱式压滤机的主要部件，其作用是在压滤过程中形成滤饼并排出滤液。滤板呈正方形，两侧包裹滤布，中间有一孔眼，供矿浆通过。滤板上面有凹槽，滤液可由此排到滤板上的泄液口，泄液口与泄液管相通，泄液管从滤板的侧下部伸出。滤板的材质可为金属或橡胶、塑料等。滤板通过其两侧的侧耳架在主梁上，放置于固定尾板和活动头板之间。

(2) 滤板移动装置

滤板移动装置的作用是移动滤板，在压滤过程开始前，需将所有滤板压紧以形成滤室；脱水过程结束，需要卸饼相继逐个拉开滤板。

(3) 活动头板、固定尾板

活动头板、固定尾板简称头板、尾板。头板与液压油缸体内的活塞杆连接,并通过两侧的滚轮支承在主梁上。因此,头板可以在主梁上滑动。尾板固定在主梁上。尾板上有入料孔,需过滤的矿浆由此给入。头板与尾板配合,将滤板压紧形成密封的滤室。头板的运动将滤板松开以排卸滤饼。

(4) 液压系统

液压系统用以控制滤板的压紧和松开,由电机、油泵、油缸、活塞、油箱等组成。油泵常采用高低压并联系统。高压油泵用于提高油压,低压油泵用于提高活动头板的移动速度。

2. 压滤机的工作原理

压滤机的工作原理如图5-64所示。当压滤机工作时,由于液压油缸的作用,将所有滤板压紧在活动头板和固定尾板之间,使相邻滤板之间构成滤室,周围是密封的。矿浆由固定尾板的入料孔以一定压力给入。在所有滤室充满矿浆后,压滤过程开始,矿浆借助给料泵给入矿浆的压力进行固液分离。固体颗粒由于滤布的阻挡留在滤室内,滤液经滤布沿滤板上的泄水沟排出。经过一段时间以后,滤液不再流出,即完成脱水过程。此时,可停止给料,通过液压操纵系统调节,将头板退回到原来位置,滤板移动装置将滤板相继拉开。滤饼依靠自重脱落,并由设在下部的胶带运走。为了防止滤布孔眼堵塞,影响过滤效果,卸饼后滤布需清洗。至此,完成了整个压滤过程。

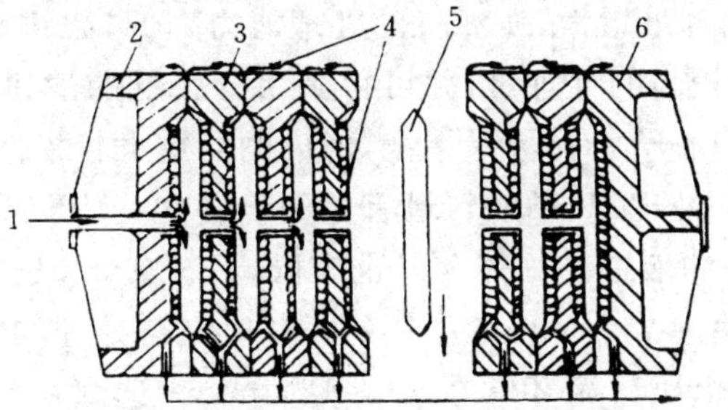

1—矿浆入口;2—固定尾板;3—滤板;4—滤布;5—滤饼;6—活动头板。

图5-64 压滤机工作原理图

3. 压滤循环

压滤过程可分为四个阶段:一是压紧滤板,以一定压力给入矿浆,称为给料阶段;二是加压过滤阶段,也称脱水阶段,给入矿浆后应保持一段时间,由滤液排出速度判断过滤过程是否完成;三是卸料阶段,完成脱水任务后,减压并卸料;四是滤布清洗阶段,为下一压滤过程做准备,提高滤布的透气性,提高压滤效果。以上四个阶段组成一个压滤循环。为了提高压滤机的生产能力,应增加压滤循环中压滤的有效时间,减少辅助时间的比例,如卸饼时间、滤布冲洗时间均为辅助时间。通常,压滤时间在一个循环中占70%~75%。

4. 压滤机的给料方式

在压滤初期,首先要求矿浆充满各滤室,这需要大量的矿浆,最好使用大流量的泵;压滤开始后,需要较大的压力,这时最好使用高扬程的泵。

压滤机的给料方式有单段泵给料、两段泵给料和泵与压缩空气机联合给料三种形式。单段泵给料通常选用流量较大的泵,所以该给料方式适用于过滤性能较好、在较低压力下即可成饼的物料，在选煤厂应用较广。两段泵给料，压滤初期用低扬程、大流量的低压泵给料，经一定阶段再换用高扬程、低流量的高压泵给料，满足压滤机不同阶段的压力要求，但在每个压滤循环中，中间需要换泵，操作较为麻烦；此外高压泵的磨损也较大，一般选煤厂不愿采用。泵与压缩空气机联合给料，在该系统中，需增加一台压缩空气机和贮料罐，因此，流程复杂，应用面不大；但此供料方式能实现压滤机的自动控制。

5. 影响压滤机工作效果的因素

影响压滤机工作效果的因素主要有入料压力、矿浆浓度、入料粒度组成、入料灰分等。这些因素变化可以影响压滤循环的时间、产品水分及处理量等。

(1) 入料压力

入料压力是压滤过程的推动力。入料压力越高，压滤推动力越大，压滤所需时间越短，滤饼水分越低，压滤机的处理量越大。但入料压力过高，动力消耗增大，使设备磨损增加。目前，压滤机的入料压力一般为(4.9～5.9)×10^5 Pa，最大不超过 9.8×10^5 Pa。

(2) 矿浆浓度

提高矿浆浓度，可以缩短压滤循环的时间，提高压滤机的处理量，但对水分影响不大。从压滤效果看，矿浆浓度越高越好，最好在 600 g/L 以上。但压滤入料来自耙式浓缩机底流，浓度越高，越容易发生压耙事故。一般采用 400～500 g/L 较为合适，但不应低于 300 g/L。

(3) 入料粒度组成

随着－200 网目级别含量增大，压滤机的处理能力降低，滤饼水分增高。入料粒度较粗时脱水效果较好，可得到较高的处理量，并可得到水分较低的滤饼。但粒度过粗，煤泥沉降快、流动性差，压滤机的中心给料孔极易堵塞，形成的滤饼也较松散，导致压滤效果恶化。

压滤机在现阶段仍是处理细、黏物料最有效的设备之一，压滤后的滤饼水分较低，一般在 20%～26%之间，而且滤液中的固体含量也较低，一般在 0.01～0.1 g/L，基本是清水，无须经其他处理即可返回使用。一个压滤循环的压滤时间与处理的物料性质、泵的型号、压滤机的型号等有关，一般一个压滤循环常在 20～120 min。选煤厂常将压滤机作为煤泥不出厂、洗水闭路循环的把关设备。

我国煤用全自动压滤机现有 XMZ 系列，其主要技术特征见表 5-22。

表 5-22　XMZ 系列的主要技术特征

项目型号	XMZ340/1500	XMZ500/1500	XMZ800/2000	XMZ1050/2000
滤板外形尺寸(长×宽×高)/mm	1 500×1 500×60	1 500×1 500×60	2 000×2 000×68	2 000×2 000×68
滤板数量/块	92～95	136～139	115～120	150～156
总过滤面积/m²	340～350	500～510	800	1 050～1 100
滤室厚度/mm	30	30	35(32)	35(32)
滤室总容积/m³	5.23～5.45	7.7～7.9	14.3(13.6)	18.6(17.7)
过滤工作压力/MPa	<1	<1	<1	<1.5
单循环处理能力/t	8	12	电液式	21.3
配用电机总功率/kW	6.5	6.5	20	20
外形尺寸(长×宽×高)/mm	10 000×2 620×3 487	12 020×2 620×3 487	14 310×3 450×5 246	16 910×3 450×5 246
机器质量/t	60	74.53	163.35	195.5(199)

6. 压滤机操作维护要点

① 压滤机的操作按如图 5-65 所示过程进行。

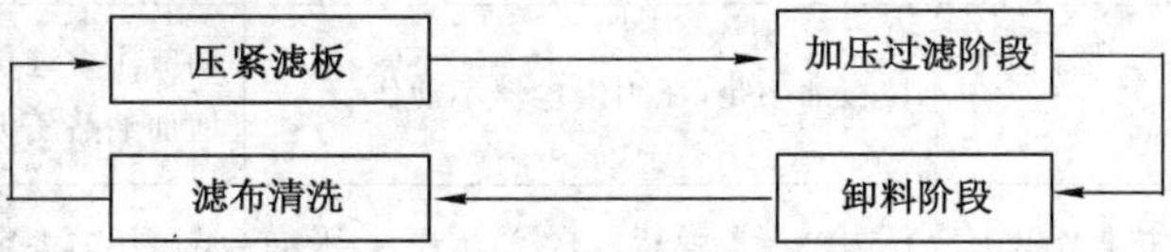

图 5-65　压滤机的操作过程

② 除压滤过程外，其余均可由 PC 可编程序控制器自动进行操作；全部操作过程亦可全由人工控制。

③ 入料浓度应保持稳定，一般应在 500 g/L 左右，根据煤泥的压滤性能确定入料压力，一般在 50～80 Pa 之间。液压系统的工作压力应保持为 1 250 Pa(滤板尺寸为 1 500 mm×1 500 mm)和 1 400 Pa(滤板尺寸为 2 000 mm×2 000 mm)。

④ 注意控制拉开每块滤板进行卸饼所需的时间，一般为 7 s 左右(其中拉板时间为4 s，返回时间为 1 s，两次转换方向时间为 2 s)。如有变化，可调节调速阀以实现上述行程时间。

⑤ 注意选用合适的滤布，一般可采用 240# 涤纶布。在压滤过程中应经常保持滤布的清洁和平整，不许有褶皱和破损现象。一般在一周内应冲洗一次滤布。经常检查滤板、密封垫、滤布的工作情况，如有损坏，及时修补、更换。定期检查滤网的工作情况，如有严重损坏，应及时更换。

⑥ 定期更换各轴承和摩擦部分润滑脂，消除运动链的噪声，减少接触件的磨损。避免液压系统和油缸部分的漏油现象，经常保持清洁，严防煤泥等杂物侵入而造成故障。

⑦ 液压系统使用 10# 机油，如油温低于 10 ℃，可用加热器提高油温，防止油路系统动作迟缓。经常检查压力继电器动作的灵敏性。

压滤机主要故障和处理方法如表 5-23 所示。

表 5-23　压滤机主要故障和处理方法

主要故障	原　因	处理方法
滤液出黑水	滤布破损、泄漏	更换、缝补滤布
喷流煤泥水	滤板密封不严，板面夹有煤泥杂物，滤布褶皱和因缝补造成厚度不均	清除煤泥杂物，冲洗滤布，调平滤布
开始压滤不久，喷射煤泥水	过滤工作压力上升过快	逐步升压，泵流量可适当回流
尾板偏转大	滤布底部夹残存的煤泥，底部滤布增厚	冲洗滤布
头板位移过缓	高、低压油泵上油不正常	检修滤油器，排出泵内空气，检查高、低压油泵性能
头板爬行移动	油缸存有空气	打开油缸放气螺栓，反复排气
油缸高压端泄压时振动噪声大	急剧关闭或打开高压油路通路产生液压冲击	调节回路侧节流阀开闭口大小，减缓流速

表 5-23(续)

主要故障	原　因	处理方法
拉板装置频繁冲击滤板手把,但不返回	拉板油不足,压力继电器不动作	调节压力继电器弹簧和调速阀流量,增加油路压力
拉板时滤板撞击力过大,拉板结束后碰到限位开关不停车	压力继电器弹簧太紧,油压过大,限位开关失灵或位置不对	调整压力继电器弹簧,同时调整溢流阀、调速阀,检查限位开关安装位置
冲洗活塞杆颤动,上下行速度缓慢	油面过低,油缸、油路内有空气,油黏度太大	给油箱添油,上下往复行程几次,加温或换低黏度油;调整溢流阀、调速阀
油泵发热不上油	电机或油泵转向不对,油脏,油面低,油泵有问题等	调整油泵或电机转向;清洗油泵、滤油器;加油,检查油泵等

5.3.4.2　隔膜式快速压滤机

隔膜式快速压滤机是针对浮选精煤脱水难而开发的一种新型压滤机,是在传统箱式压滤机的结构基础上改进而成的。其结构与传统箱式压滤机相似,但压滤工艺不同。该设备亦适用于浮选尾矿或未浮选过的原煤泥压滤脱水。

1. 隔膜式快速压滤机结构设计原则

① 改进压滤机结构,增加脱水功能。即在压滤机上能同时实现高压流体进料初次过滤脱水、滤饼二次挤压压榨脱水与压缩空气强气流风吹滤饼三次脱水。

② 解决好因浮选精矿浓度低(一般 160～250 g/L)且含有大量泡沫,易产生汽蚀现象问题,即解决泡沫矿浆的泵压困难问题,降低动力消耗。

③ 克服传统尾矿压滤机机型大、压滤速度慢所带来的弊端,如单块滤饼体积大,不易破碎,单循环时间长,间断集中装卸导致不易保证总精煤质量均匀和产生运输事故。要求压滤速度快。

④ 努力降低精煤水分,提高滤饼脱落效果。

⑤ 滤液浓度低,可直接进入循环水系统,克服真空过滤机因滤液浓度高、必须返回浮选、导致恶化浮选效果的缺点。

2. 压滤机的主要过滤元件——压榨板

压榨板部件是隔膜式快速压滤机的关键过滤元件,它由滤板、压榨隔膜板、滤布、滤液管等组成,如图 5-66 所示。其主要特点是在普通压滤板的两侧增加双面橡胶隔膜,同时增加压榨风进风双通道,其工作原理如图 5-67 所示。

3. 隔膜式快速压滤脱水及脱水效果

精煤隔膜式快速压滤机脱水工艺系统如图 5-68 所示。该设备用于精煤脱水,与能力相当的真空过滤机脱水效果进行对比,试验表明,该压滤机处理的精煤水分可降低 6%～10%,节电 60%～70%,滤饼脱落率提高 30%～40%,滤液出清水,可直接作循环水,减少了细泥在系统中循环,有利于改善浮选和过滤效果,其脱水效果如表 5-24 所示。表 5-25 为系统阀门动作表。

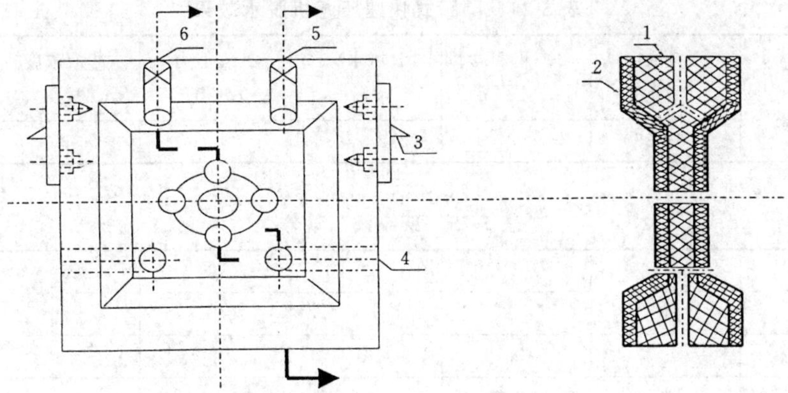

1—滤板；2—压榨隔膜板；3—把手；4—滤液管；5、6—风管。

图 5-66　压榨板结构示意图

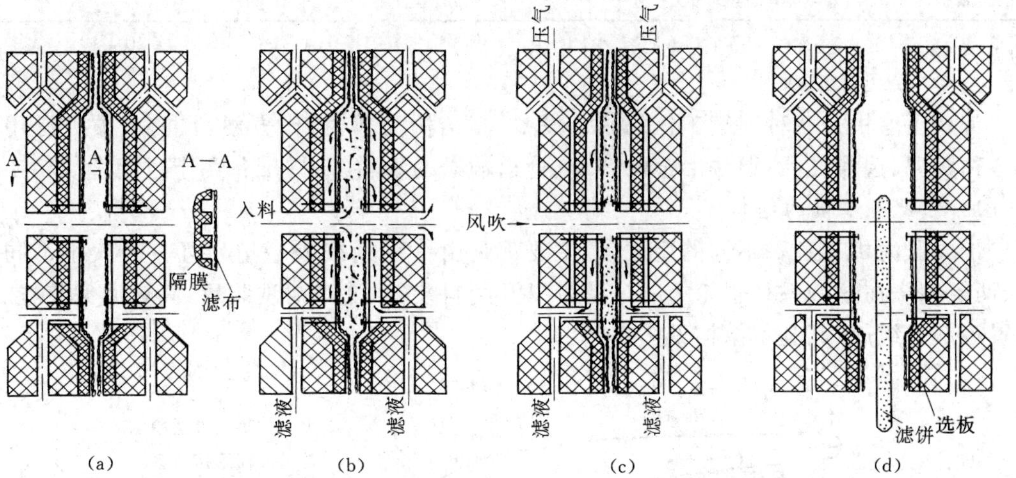

图 5-67　隔膜式快速压滤脱水工作过程原理图

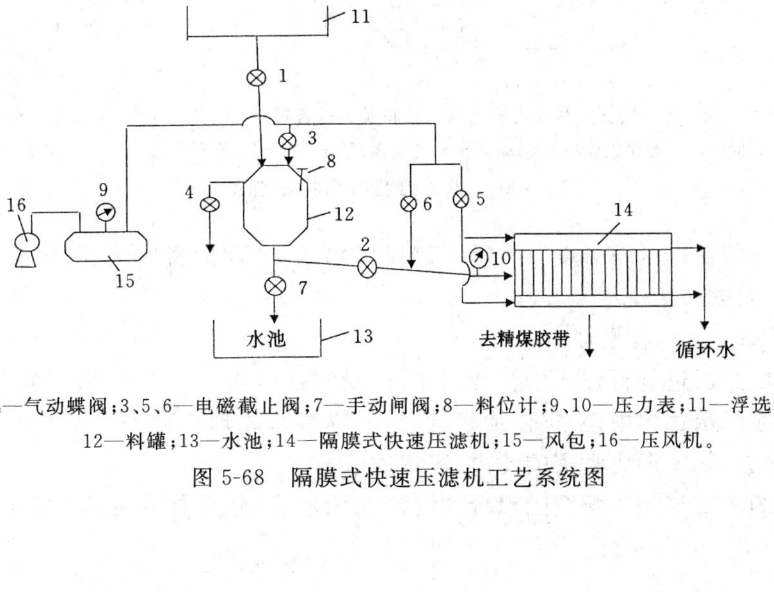

1、2、4—气动蝶阀；3、5、6—电磁截止阀；7—手动闸阀；8—料位计；9、10—压力表；11—浮选精矿槽；12—料罐；13—水池；14—隔膜式快速压滤机；15—风包；16—压风机。

图 5-68　隔膜式快速压滤机工艺系统图

表 5-24　隔膜式快速压滤机脱水效果

物料性质	入料浓度 /(g/L)	－200 网目含量 /%	滤饼水分 /%	处理能力 /(t/h)	滤液浓度 /(g/L)	吨煤电耗 /(kW·h)
浮选精煤	160～250	51～87.1	22.2～24.5	8～10	＜0.3	6.0

表 5-25　系统阀门动作表

工序阀号	1	2	3	4	5	6
矿浆进罐	＋			＋		
矿浆进料过滤		＋	＋			
隔膜挤压					＋	
吹风脱液						＋
卸料						
压紧板压紧						

5.3.4.3　带式压滤机

带式压滤机是一种连续工作的脱水设备，其结构简单，操作方便，目前已被广泛用于处理各种污泥、选煤产品、湿法冶金的残渣、管道输送的物料等，并准备用于过滤金属精矿。

1. 带式压滤机的结构

带式压滤机有各种不同的型式，但主要都是由一系列按顺序排列且直径大小不同的辊轮、两条缠绕在这一系列辊轮上的过滤带以及给料装置、滤布清洗装置、高速调偏装置、张紧装置等部分组成，其基本结构见图 5-69。

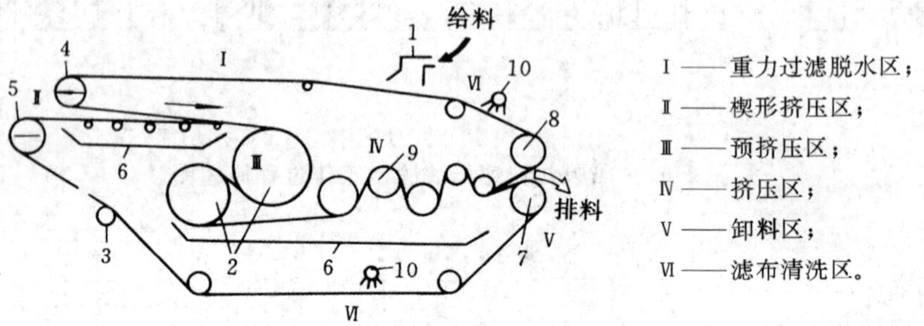

1—头部给料及分配装置；2—预压力辊轮；3—托轮及调偏装置；4、5—过滤带上、下张力调节辊轮；6—滤液承受装置；7—卸饼辊轮；8—驱动辊轮及传动系统；9—压力区辊轮组(5 个)；10—滤布清洗装置。

图 5-69　带式压滤机结构示意图

带式压滤机的工作区间可以分为重力过滤脱水区Ⅰ、楔形挤压区Ⅱ、预挤压区Ⅲ、挤压区Ⅳ、卸料区Ⅴ及滤布清洗区Ⅵ。

2. 带式压滤机的工作原理

带式压滤机是通过物料在两条胶带间运行，受到挤压和剪切作用，并受到重力作用而使水分排出的。在脱水过程中，必须借助絮凝剂，使物料首先形成絮团，然后在压滤机的挤压作用下，排出水分，絮团形成紧密的滤饼，实现固液分离。

一定浓度的矿浆与预先配置的絮凝剂溶液均匀混合，使固体颗粒进行絮凝。絮凝后的物料通过头部给料器均匀地分配在整个带宽上，即Ⅰ区。在该区中，物料进行重力过滤脱水。经重力过滤脱水后的物料，进入两条胶带之间的楔形区，并连续进入预压力辊轮和其他压力区辊轮组。在此过程中，由于压力辊轮直径不断减小，挤压力不断增加，使滤饼水分不断降低。滤带在辊轮中行进路线为"S"形，使滤饼在滤带中有一相对位移，有利于滤饼中水分的脱除。最后滤饼经过压力区辊轮组 9 后，在Ⅴ区由于滤带弯曲和滤饼的自重进行卸饼。为了提高滤带的透水能力，再次进入工作区前，用喷水进行清洗。

3. 带式压滤机工作的四个基本阶段

带式压滤机工作分为以下四个基本阶段。

(1) 絮凝和给料阶段

该阶段的主要任务是根据所处理物料的性质，选择合适的絮凝剂种类和添加方式，预先将矿浆的固体颗粒进行絮凝，然后均匀、及时地给到滤带上准备脱水。为了提高带式压滤机的脱水效果，必须做好准备工作，其中主要是煤泥的准备和絮凝剂的准备。

① 煤泥的准备

煤泥的准备包括预先浓缩和均匀地与絮凝剂混合。带式压滤机要求入料具有一定的浓度和均匀性，入料浓度与处理能力有直接关系。

对浮选尾煤而言，入料的固体含量大于 40%为宜。混合器的管子长度约 900 mm，管内装有几组互相交错的螺旋叶片。当矿浆和絮凝剂通过时，受叶片的剪切作用使之相互均匀混合。一般 3～4 个混合器串联使用，通过启闭絮凝剂管路中的阀门调节絮凝剂通过静态混合器的数量，从而调节其相互作用的时间，达到适度接触的目的。

② 絮凝剂的准备

根据聚合物分子在解离时所带电荷的性质，絮凝剂分为阴离子型、阳离子型、非离子型等，絮凝剂的絮凝机理是个比较复杂的物理化学过程，应按照矿浆的特性通过试验选择不同的絮凝剂，以求得到最好的效果。

目前我国选煤厂使用的絮凝剂以阴离子型聚丙烯酰胺为主，阳离子型虽然国内也可生产，但因价格较贵，用得较少。阴离子型聚丙烯酰胺有两个品种：一种为浓度约 8%的透明胶体，另一种为浓度约 95%的粉状固体。带式压滤机适用的絮凝剂浓度为 0.1%～0.3%的水溶液。絮凝剂浓度过高，溶液黏性增加，分子活性降低，且不易完全溶解，造成浪费；絮凝剂浓度过低，则分子间距离过大，不仅絮凝效果不好而且带入大量水分。对于胶体絮凝剂，可先剪成碎块直接投入搅拌桶搅拌。对于粉状固体絮凝剂，由于其能溶于水，如果直接倒入水中，则水表面会形成一层松散球状体，使溶解困难，所以在配制粉状固体絮凝剂水溶液时，应采用专用搅拌桶。搅拌持续时间与絮凝剂的质量有很大关系，一般以 0.5 h 左右为宜。

为了缩小絮凝剂储存箱的容积，也可将聚丙烯酰胺预先配成浓度为 0.5%的水溶液，放在储存箱内，需要时再加水稀释到所需的浓度。絮凝剂溶液在铁质容器中储存的时间不宜超过 3 d，否则将严重影响絮凝效果，最好储存于镀锌、铝制、塑料等材质制成的容器中。

(2) 重力脱水阶段

物料给到滤带上以后，即开始重力脱水。经絮凝后的矿浆，流动性大为降低，黏度也下降，在固体颗粒之间逐渐析出游离水，在自重作用下透过滤带，与絮团分离。

重力脱水阶段是压滤的准备阶段。经过重力脱水后形成的滤饼应能经受住滤带和压辊的挤压而不流失。因此，重力脱水区应有足够的长度，使水分尽可能排出。为达到此目的，除依靠重力外，还可考虑在滤带下面设置真空箱，用真空配合重力脱水。真空度不必过高，否则将会抽走固体颗粒，并增加滤带运动阻力。

重力脱水区形成的滤饼，厚度应均匀一致，在滤带进入挤压区后，应使各处滤带的张紧程度相同，防止滤带跑偏和打褶。

因此，重力脱水阶段是带式压滤机工作过程的重要阶段，其工作效果好坏，对整个脱水效果有很大影响。

(3) 挤压脱水阶段

在重力脱水区形成的滤饼，进一步到挤压区继续脱水。挤压脱水可分两种方式：低压脱水和高压脱水。低压脱水是依靠滤带本身张紧的张力，借助压辊向滤饼施加压力，压缩滤饼而实现的。滤带每经过一个压辊，运动方向都要改变，使颗粒位置互相错动，破坏了滤饼中的毛细管，有助于脱水过程的进行。高压脱水是除依靠滤带本身张力之外，还借助其他外力挤压滤饼而实现脱水的。

通常，在挤压脱水中起主要作用的是低压脱水。低压脱水的方法比较简单，并能够脱去滤饼中的大部分水分。所以，高压脱水可根据物料脱水的难易程度和对滤饼水分的要求，决定设置与否。

(4) 卸料和滤布清洗阶段

完成脱水后，上、下滤带分开，滤饼靠滤带弯曲、自重并可借助刮刀，从滤带上分离排出机外。卸料后的滤带应及时清洗。清洗一般采用高压水，也可设置刷子刷洗。滤带经清洗后，透气性能恢复，有利于再次进行压滤。

4. 影响带式压滤机脱水效果的因素

(1) 絮凝剂的种类、用量和添加方法

所用的絮凝剂应能使煤泥形成良好的絮团，尽可能地脱去自由水分，絮团应有一定的强度，在开始挤压时不致从滤带的两侧流出。絮凝作用要彻底，滤液中不应带有微细颗粒。因此，带式压滤机有时要用两种絮凝剂，相互配合，保证其良好的脱水效果。絮凝剂的种类、用量、添加方法等直接影响脱水效果，因此应由试验确定。

(2) 入料矿浆浓度

入料矿浆浓度越高，带式压滤机的处理能力越大，但应保证矿浆与絮凝剂充分混合。过低的浓度，不仅影响处理能力，还容易造成矿浆从滤带两侧溢出，造成跑料现象。

(3) 滤带速度

随着滤带速度增加，处理能力也增加，但滤带速度增加，相对缩短了物料的脱水时间，使滤饼的水分增加。

(4) 滤带张力

滤带张力越大，则滤饼所受挤压力越大，滤饼水分越低。但过大的张力，会使滤带所受拉力和剪切力增加，影响滤带的使用寿命。

(5) 辊轮的直径和排列方式

辊轮的直径和排列方式可使滤饼受到的剪切力和挤压作用发生变化。为得到最好的脱水效果，辊系安排应使滤饼受到的剪切力和挤压作用逐渐增加。从预挤压区到卸料口，其直径由大到小。相邻辊轮直径大小由试验确定。

带式压滤机最大的优点是连续工作，因而单位面积处理能力较高，耗电量低。当絮凝剂选择和使用得当时，产品水分低。此外，它还具有结构简单、操作方便、占地面积小等优点。

因过滤带同时起过滤作用和运输作用，受到的拉力和剪切力均较强，对过滤带的强度要求较高。此外，为避免水分从两侧流出，滤带的滤孔不能过小，因此，对细粒物料絮凝不好时，容易造成滤液中固体含量较高，并影响到带式压滤机的脱水效果。

带式压滤机工作压力一般在 0.4～0.7 MPa 之间，其脱水效果见表 5-26。

表 5-26　带式压滤机的脱水效果

物料性质	入料浓度 /(g/L)	－120 网目含量 /%	絮凝剂耗量 /(g/L)	处理能力 /t	滤饼厚度 /mm	滤饼水分 /%	滤液浓度 /(g/L)
浮选尾煤	350～700	75～85	100～150	3.5～7	5～15	28～36	10～40

5.3.4.4　加压过滤机

加压过滤机是集机、电、液、气等控制于一体的、全自动化操作的固液分离设备。它广泛适用于 0～0.5 mm 浮选精煤和原生细煤泥的脱水以及黑色金属、有色金属、化工、环保、医药、食品和饲料等行业的固液分离。加压过滤机主要有三种形式：圆筒式、水平带式和盘式。本节重点介绍盘式加压过滤机。其特点是连续工作、处理量大、产品水分低、电耗低。

(1) 工作原理

加压过滤机实际上是将类似于圆盘真空过滤机的设备装于加压仓内，如图 5-70 所示。过滤机下有输送机，在其机头下装有排料装置，需处理的煤泥水由渣浆泵给入过滤机中。加压仓内充入一定压力的压缩空气，以压缩空气作为过滤动力源，这样，在加压仓内的空气压力作用下，随着过滤机滤盘的旋转，过滤机内的液体透过浸入煤泥水中的滤扇排出加压仓，而煤泥颗粒被收集到滤扇上形成滤饼。煤饼在压缩空气的作用下，进一步干燥降水后，在过滤机的卸料区用刮刀和反吹风卸入输送机，由输送机收集到排料装置中，这样连续进行，当排料装置中的煤饼达到一定量后，在滤盘表面形成滤饼。滤饼在反吹风和卸料刮刀的作用下脱落，通过位于过滤机卸料口下方的刮板输送机送到密封排料装置中，由密封排料装置将其排出仓外，滤液经滤扇内腔通过分配头排出仓外，整个运转过程由计算机监测、控制，全自动进行。

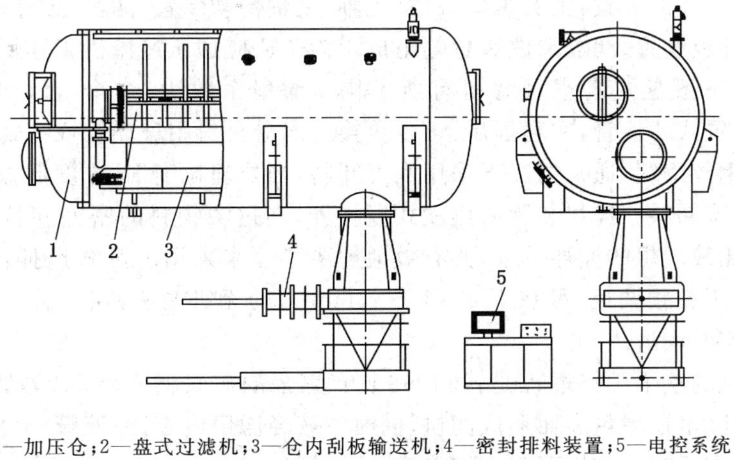

1—加压仓；2—盘式过滤机；3—仓内刮板输送机；4—密封排料装置；5—电控系统。

图 5-70　加压过滤机总图

在实际工业生产过程中，加压过滤机及其配套的附属设备一般组成相对独立的系统，如图 5-71 所示。低压风机提供的压缩空气分成两路：一路经过调压整定后输送至加压仓作为过滤动力源；另一路至反吹卸料风包作为滤饼反吹卸料风源。高压风机为排料闸门的充气密封圈和气动阀门提供控制用风源。给料泵将矿浆送到加压过滤机的矿浆槽内，通过变频控制维持过滤过程所需的液位。圆盘给料机将排料闸门排出的滤饼均匀地送至运输系统。

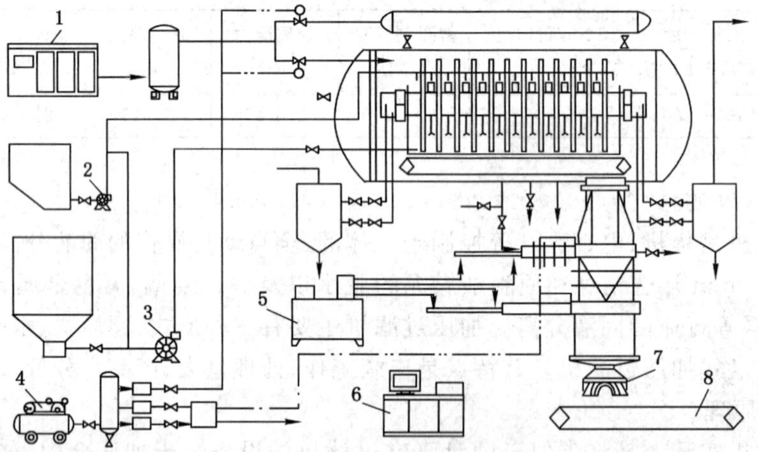

1—低压风机；2—高压清水泵；3—给料泵；4—高压风机；5—液压站；6—电控系统；7—圆盘给料机；8—仓外运输机。

图 5-71 加压过滤机系统图

(2) 主要结构

加压过滤系统包括加压过滤机主机、辅机、管道及阀门。加压过滤机主机主要由盘式过滤机、加压仓、密封排料装置、刮板输送机、液压系统、电控系统、集中润滑系统、强力搅拌器、反吹装置、清洗装置和气水分离器等组成。

① 盘式过滤机

盘式过滤机的主要结构见图 5-72。盘式过滤机是加压过滤机的核心，安装于加压仓内，是实现固液分离的装置，主要由矿浆槽、主轴、主轴传动装置、滤盘、轴流搅拌、分配阀、轴承、润滑装置、卸料装置、滤盘清洗装置等组成。为了适应加压过滤机工作压力高、处理量大的工作特点，与一般盘式真空过滤机有所不同。滤扇个数为 20 个/盘，滤盘浸入深度为 50%，并采用外置式滤液管，在磨损后，可以更换。滤盘材料用玻璃钢或不锈钢制造，滤布采用特制的不锈钢丝编织，通常情况下采用刮刀卸料，当处理粒度细、浓度低、黏性大的浮选精煤时，可配用反吹卸料。搅拌装置采用立式搅拌器，当过滤物料的密度和粒度较大时，这种搅拌器可取得比较理想的搅拌效果，并有效地解决了原来采用的卧式搅拌器的轴向泄漏问题，主轴转速采用变频调速，可在 0.4～1.5 r/min 之间无级调速，在正常工作时，润滑系统采用油泵自动定时润滑。

盘式过滤机的整个工作过程是：滤盘在装有煤浆的矿浆槽中转动，靠滤扇内外的压力差，使细粒物料吸附在滤盘表面形成滤饼，同时滤液经滤扇内腔、滤液管、分配阀排出加压仓外；滤饼在刮刀和反吹的作用下落入卸料槽。

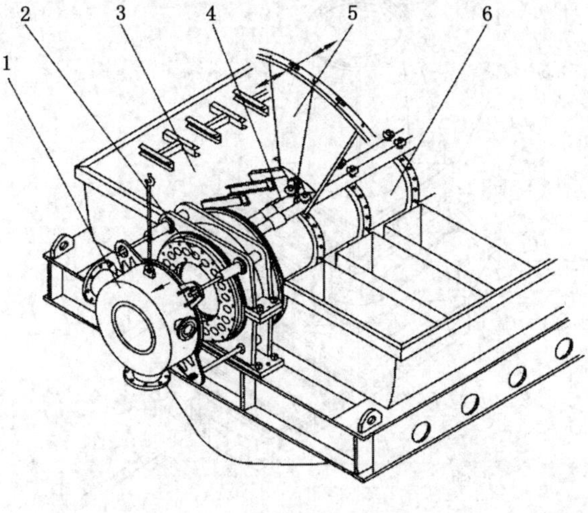

1—分配头；2—动片；3—矿浆槽；4—滤液管；5—滤扇；6—主轴。

图 5-72　盘式过滤机结构图

② 加压仓

加压仓是加压过滤机工作压力稳定的保障，属Ⅰ类加压容器，直径为 4 400 mm，双鞍座支撑，两封头处有安全人孔。仓内布置采用人机工程学设计方法，仓体一端有活封头，用以安装过滤机及其他大部件的进出，仓体两端各有一快开门，用于日常人员的进出。仓体上配有安全阀和观察视镜等，用以观察仓内设备的运转情况。仓内设有照明、检修平台梯子、栏杆和起重梁，检修人员可方便地进入仓内进行检修。仓内设有安全紧急停车开关，并且配有摄像头。

③ 密封排料装置

密封排料装置结构如图 5-73 和图 5-74 所示。它是加压过滤机的关键部件，要求在密封状态下可靠地进行排料动作，使已脱水的滤饼顺利排出机外，并保证加压仓不泄压。由上、下闸板构成上、下两个独立的密封空间，上、下两个闸板采用液压驱动，上、下阀体均有充气密封圈。通过上、下两个闸板的交替运行，在满足加压仓压力稳定的条件下，物料以间歇的方式排出仓外，从而实现了加压过滤机的全自动连续运行。充气密封圈是卸料闸门中的关键部件，为先进的装配式结构，橡胶圈为开口式，耗气量小，可靠性高。油缸与闸板的连接采用补偿机构，有效地避免了油缸卡紧造成闸板打不开等事故的发生，提高了油缸的使用寿命。

④ 刮板输送机

刮板输送机是把过滤机圆盘上卸下的滤饼输送到排料装置的设备。刮板输送机安装在过滤机卸料槽下方，采用下链运输方式，机头位于排料口上方，将过滤机卸下的滤饼收集运送到排料上仓，以便由排料装置排到机外。它设有断链保护装置，在控制台上可观察到刮板输送机的工作状态。

⑤ 液压系统

液压系统是加压过滤机专门设计的液压站。液压站通过高压输油胶管与油缸相连，通过油缸活塞的运行，实现密封排料装置上、下闸板的开关。工作压力为 7.5 MPa，液压站配

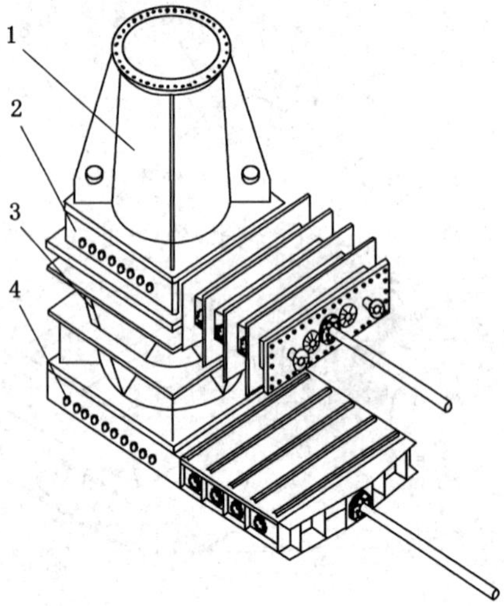

1—上仓体；2—上阀体；3—下仓体；4—下阀体。

图 5-73　密封排料阀

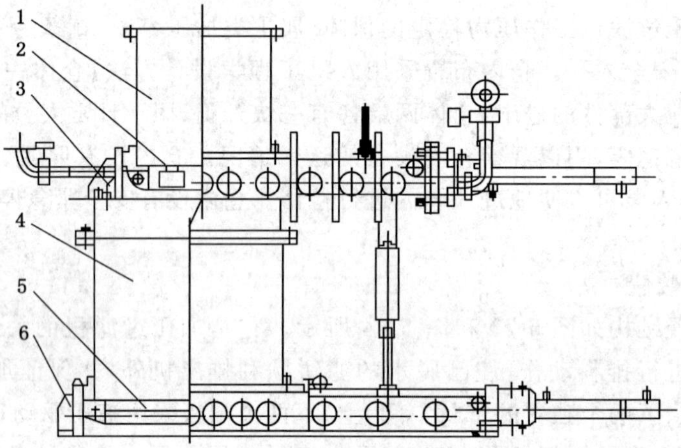

1—上仓体；2—上闸板；3—上闸体；4—下阀体；5—下闸板；6—下闸体。

图 5-74　密封排料装置结构图

有空气冷却器对油进行冷却，冬天可对油进行加热，能 24 h 连续运转。

⑥ 电控系统

电控系统可使加压过滤机系统各设备、阀门自动顺序启停、开关；实时显示压力、液位和料位等参数、故障报警；仓内压力和槽体液位自动调节，自动排料。电控系统具有手动、自动、集控三种工作方式。

随着研究的深入和技术的进步，对加压过滤机技术进行不断研究创新，目前 GPJ ＊＊/3-C 型新一代智能化加压过滤机已经得到了推广应用。该机较以往机型，产品水分降低 1%～2%，处理能力增加 10%～15%，运行成本降低 10%～20%。设计有多重安全保护措施，采用无骨架充气密封圈、可调强度轴流搅拌、高开孔率耐压不锈钢滤扇等先进技术，控制系统具有在线帮助和故障诊断功能，安全可靠，操作简单，维护方便。

GPJ ∗∗/3-C 型加压过滤机处理−0.5 mm 粒级的浮选精煤时，入料浓度 200 g/L，处理能力可以达到 500～900 kg/(m² · h)，产品水分小于 19%。滤液浓度 5～15 g/L，吨煤电耗 6.8～10.5 kW · h；处理原生煤泥时，入料浓度 300～500 g/L，处理能力为 260～600 kg/(m² · h)，产品水分小于 21%，滤液浓度 8～18 g/L，吨煤电耗 7.6～11.3 kW · h。是 GPJ ∗∗/3-C 型加压过滤机的技术参数如表 5-27 所示。

表 5-27　GPJ ∗∗/3-C 型加压过滤机的技术参数

型　号	过滤面积/m²	滤盘直径/mm	滤盘数/个	仓体直径/mm	装机功率/kW	工作压力/MPa
GPJ60/3-C	60	3 000	5	4 400	50.37	0.2～0.5
GPJ72/3-C	72	3 000	6	4 400	51.87	0.2～0.5
GPJ96/3-C	96	3 000	8	4 400	54.87	0.2～0.5
GPJ120/3-C	120	3 000	10	4 400	57.87	0.2～0.5
GPJ140/3-C	140	3 200	10	4 600	58.25	0.2～0.5

5.4　选煤厂脱水设备工艺效果评定方法

产品脱水是湿法选煤厂不可缺少的生产环节，它的工作不仅决定着选煤产品的水分，同时，也影响着选煤用水的闭路循环。实践证明，脱水设备的工作效果对选煤厂的生产管理有着重要影响。

对选煤厂中脱水斗式提升机、脱水仓、脱水筛、离心脱水机、过滤机和压滤机等脱水设备工艺效果的评定采用脱水效率为评定指标，并以产品水分（采用全水分 M_t）为辅助评定指标。脱水效率按下式计算：

$$\eta_t=\frac{(a-b)(c-a)}{a(c-b)(100-a)}\times 100\% \tag{5-40}$$

式中　η_t——脱水效率，有效数字取到小数点后第一位，%；

a——入料质量浓度，%；

b——筛下水（或离心液、滤液）质量浓度，%；

c——脱水产品的质量浓度，%。

固体质量浓度，根据实测结果按下式计算：

$$C=\frac{Q}{Q'}\times 100\% \tag{5-41}$$

式中　C——固体质量浓度，%；

Q——在空气干燥状态下的固体质量，g；

Q'——固体和水总质量，g。

对双层脱水筛的上层筛和脱水斗式提升机以及脱水仓，只采用产品水分指标评定其脱水效果。对双层脱水筛的下层筛入料质量浓度，由于取样有困难，可用计算法求得，计算步骤如下：

① 根据总入料及各产品的粒度组成按最小二乘法求出各产品的产率；

② 根据产品的产率和实测的液固比计算下层筛两产品的水和固体占总入料的质量百

分数，并将水和固体分别相加，求得下层筛入料中水和固体的数量；

③ 计算下层筛入料的质量浓度。

在测定入料和产品的质量浓度及全水分的同时，必须记录和测定设备型号规格、用途及处理能力。另外，根据需要还可测定或记录如下项目：

入料性质：煤的型号、粒度组成、灰分。

设备特征：筛孔尺寸、筛子工作面积、振幅、振次；离心机的直径、转速、离心强度、筛网孔径；过滤机的过滤面积、真空度、滤布网目数；压滤机尺寸、滤室厚度；脱水斗子宽度、壁孔尺寸、链斗排列、速度、提升机倾角、脱水高度；脱水仓形状、高度、锥角、脱水时间、脱水闸门型号等。

操作条件：入料方式，过滤机入料中添加絮凝剂的种类、用量等。

将试验、计算及记录的主要数据填入表 5-28。

表 5-28　脱水设备工艺效果试验报告表

型号规格	用途	处理能力 /[t/(h·台)]	浓度及灰分						脱水效率 $/\eta_t$	产品水分 $M_t/\%$
			入料		筛下水		脱水产品			
			$a/\%$	$A_d/\%$	$a/\%$	$A_d/\%$	$a/\%$	$A_d/\%$		
1	2	3	4	5	6	7	8	9	10	11

【思考题】

1. 简述直线振动脱水筛的特点及用途。为什么脱水中广泛采用直线振动筛？
2. 离心脱水机主要有哪几类？简述各类离心脱水机的特点、工作原理及工作效果的影响因素。
3. 分离因数(离心强度)对脱水有何影响？
4. 简述沉降式离心脱水机结构及工作原理。
5. 简述沉降过滤式离心脱水机结构及工作原理。
6. 简述圆盘真空过滤机的结构及工作原理。
7. 简述圆筒真空过滤机的结构及工作原理。
8. 何为过滤系统？过滤系统有几种类型？简述各自的特点。
9. 试分析影响真空过滤机工作效果的因素。
10. 压滤与过滤有何差别？
11. 简述压滤机的基本结构及工作原理。
12. 何为压滤循环？压滤循环由哪些阶段组成？
13. 简述压滤机的给料方式和给料特点。
14. 分析压滤机工作效果的影响因素。
15. 简述加压过滤机的工作原理。
16. 简述隔膜式快速压滤机的工作原理和特点。
17. 简述带式压滤机的工作原理及影响因素。

第 6 章　热力干燥产品脱水

湿法选煤得到的精煤产品虽经机械脱水，但仍含有较高的水分，对产品的质量、产品的运输和贮存都是不利的。为保证用户对产品水分的要求，便于产品运输和贮存，冬季防止冻结，必须采用干燥脱水，它是选煤厂产品脱水作业中最后一道工序。本章主要介绍干燥原理、干燥设备及干燥工艺流程。

6.1　概述

湿法选煤的显著特点是选后产品含有较高的水分，虽经采用机械脱水，但选后精煤的水分仍是很高。如块精煤经脱水筛脱水、末精煤经离心脱水机脱水后，其水分为 8%～10%。浮选精煤水分就更高，浮选精煤经圆盘真空过滤机脱水后，其水分仍在 26%～28%之间。有的厂甚至达到 30%。

精煤水分高，对产品的质量、产品的运输和贮存都是不利的。研究表明，只有当煤的外在水分低于 5%～6%时，才没有冻结的可能。若超过这个水分，在冬季运输必须采取防冻措施。选煤厂没有设置干燥工艺之前，曾采用撒锯木屑、生石灰，车厢刷油、涂蜡和添加防冻剂等措施。

随着机械化采煤的比例不断提高，浮选精煤的比例越来越大。这部分精煤粒度细、水分高，因此，仅仅依靠湿煤防冻措施是不行的。为保证用户对产品水分的要求，便于产品的运输和贮存，必须进一步脱水。

利用热能从物料中除去少量水分的过程称为干燥。在选煤厂，常用的干燥方法是以煤燃烧产生的高温烟气作为热介质，加热精煤，使精煤中水分汽化，达到降低精煤水分的目的。焦化厂所属的选煤厂常采用煤气作燃料。

热烟气干燥精煤有两种方式：一种是热烟气直接与湿精煤接触，称直接干燥；另一种是热烟气与湿精煤不直接接触，而是热烟气通过固体面（器壁）传热给湿精煤，称间接干燥。前者干燥方式较后者复杂，因为热烟气不仅使湿精煤受热，而且还能带走湿精煤中已汽化的水蒸气，在干燥过程中，传热和传质的现象同时发生。后者，传热和传质现象可分别考虑。我国选煤厂多数采用直接干燥的方法。

选煤厂对精煤的干燥大致有末精煤单独干燥、浮选精煤单独干燥、末精煤和浮选精煤混合干燥三种形式。浮选精煤粒度细、水分高、黏性大，单独干燥易结团，影响产品水分。末精煤和浮选精煤混合干燥可解决结团弊端，提高干燥效果。所以，大部分选煤厂均采用末精煤和浮选精煤混合干燥的方式。但是，在末精煤和浮选精煤混合干燥时，人为地加入大量水分为 8%～10%的末精煤，其量与浮选精煤之比为 3∶1～4∶1，使得被干燥精煤数量增加，所需干燥设备增多，增加热量消耗，干燥费用增加。由于末精煤经离心脱水机脱水后，基本可以达到水分要求，所以各选煤厂都不对末精煤进行单独干燥。

干燥作业是选煤厂产品脱水作业中最后一道工序，其目的是进一步降低精煤的含水量，满足用户和运输的要求。但是，在干燥过程中要消耗大量的热能，因而，热力干燥成为一种昂贵的脱水方法，排出水量越多，热量的消耗就越大，干燥费用也就越高。因此，东北、西北和华北等寒冷地区的选煤厂采用热力干燥。

6.2 干燥原理

6.2.1 干燥的基本原理

干燥过程的本质是被除去的水分从固相转移到气相中，固相为被干燥物料，气相为干燥介质。干燥过程得以实现的条件是水分在物料表面的蒸气压必须超过干燥介质(如高温烟气)中的蒸气分压，物料表面水分才能汽化，由于表面水分不断汽化，物料内部的水分方能继续向表面移动。水的汽化需要热量的传递。热量的传递是由物体内部或物体之间的温度不同引起的，根据热力学第二定律，当无外功输入时，热量总是自动地从温度较高的物体转移至温度较低的物体。

传热的基本方式有三种：对流、传导和辐射。

对流是流体各部分质点发生相对位移而引起的热量传递过程。在精煤干燥中，当高温烟气流体流过被干燥物料时，热能由流体传到湿物料表面，使被干燥的物料温度升高，该过程称为对流传热。

传导是热量从物体中温度较高的部分传递到温度较低的部分或者传递到与之接触的温度较低的另一物体的过程。精煤颗粒受高温烟气包围，热量从颗粒表面逐渐传递到颗粒内部，使整个颗粒温度升高。

辐射是物体因各种原因发出辐射能，其中因热而发生辐射能的过程称为热辐射。常以电磁波的形式发射并向空间传播，当遇到另一物体时，一部分被反射，一部分被吸收，而另一部分则穿透物体，被吸收部分重新又转变为热能。在火床炉燃料燃烧过程中，当含有一定水分的新燃料直接添加到炽热的火床时，除受下面炽热火床的加热外，还受到炉膛内高温火焰和炉墙的辐射热作用，温度很快升高，立即进入燃烧的热力准备阶段，这一过程称为辐射传热。

在干燥过程中，上述三种传热方式很少单独存在，通常都是相互伴随并同时出现的。

6.2.2 干燥速度

在干燥过程中，当干燥介质的蒸气分压低于煤粒表面水分的蒸气分压时，由于压差的影响，水分从煤粒汽化而进入介质。所以，煤粒在干燥过程中，水分的降低包括物料中水分向表面扩散和表面水分汽化两个过程，并用干燥速度表示物料中水分汽化的快慢。

干燥速度即单位时间内在单位干燥面积上被干燥精煤所能汽化的水分质量。其表达式为

$$v=\frac{\mathrm{d}W}{A\mathrm{d}t} \tag{6-1}$$

式中 v——干燥速度，kg/(min·m²)；

W——被干燥精煤脱除的水分质量，kg；

A——被干燥精煤总的干燥表面积，m²；

t——干燥时间，min。

干燥速度不仅取决于高温烟气的性质和操作条件，同时还取决于物料所含水分的性质。

当物料与一定温度及湿度的干燥介质接触时，势必会放出水分或吸收水分，并达到一定的值。在干燥介质状态不变的情况下，物料中的水分总是维持该定值，此定值称为该物料在一定干燥介质状况下的平衡水分。

平衡水分代表物料在一定干燥介质状态下可以干燥的限度。只有物料中超出平衡水分的那部分，才有可能在干燥过程中被脱除，该部分水分称为自由水分。物料所含总水分是由自由水分和平衡水分所组成的。

由图6-1可知，如某湿物料在相对湿度为60%的干燥介质中进行干燥时，物料的最低含水量由点A表示，即平衡水分为10.5%。在此烟气状况下，只能脱除物料中大于10.5%的那部分水分。

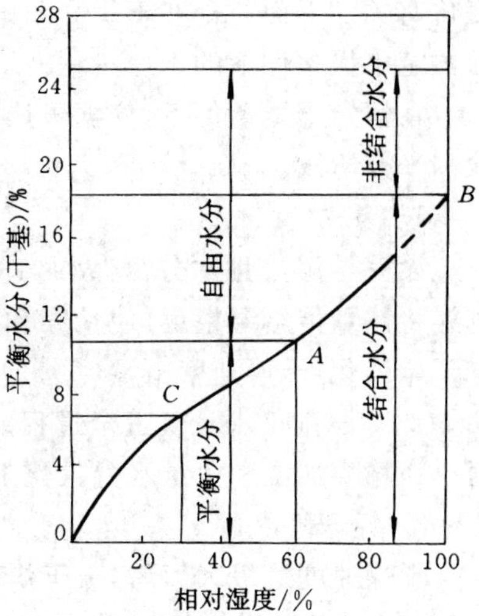

图6-1 水分的分类

6.2.3 干燥过程

干燥速度决定了干燥时间的长短，并直接决定了干燥机处理能力的大小。干燥速度越大，所需干燥时间越短，干燥机的处理能力也就越大。

随着干燥时间的增加，精煤中的平均含水量不断减少。精煤平均含水量与干燥时间的关系曲线，称为干燥曲线。根据精煤含水量随时间的变化值，可求得干燥速度。干燥速度和干燥时间的关系曲线，称为干燥速度曲线，如图6-2所示。

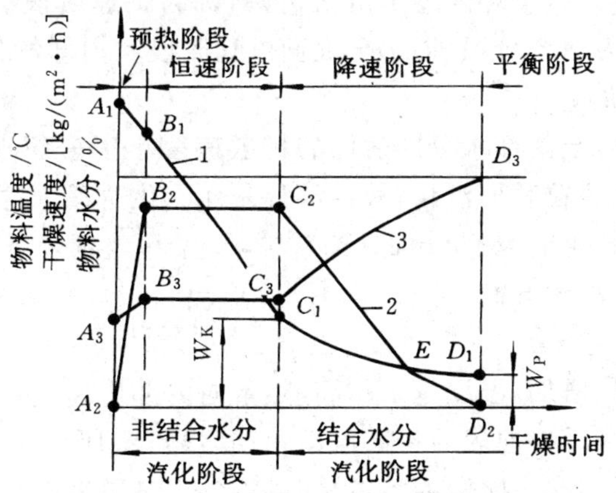

1—干燥曲线；2—干燥速度曲线；3—物料温度曲线。

图6-2 物料含水量、干燥速度、物料温度与时间变化关系曲线

在干燥过程中，若将含水率超过平衡水分的湿物料与未饱和的热烟气接触，则水分逐渐汽化并通过表面上的气膜扩散至烟气中，烟气则不断将热量传给物料以供给水分汽化所需的潜热，并渐渐地把汽化的水分带走。表面上的水分汽化后，内部水分即向表面移动，使物料中水分慢慢地减少。因此，干燥速度不仅与干燥介质有关，也与物料本身因失水而引起的变化有关。下面讨论在干燥介质的湿度、温度、速度以及与物料接触的状况均不变的情况，即恒定干燥条件下的干燥过程。

在恒定干燥条件下，依据干燥速度的变化，干燥过程可分为预热阶段、恒速阶段、降速阶段和平衡阶段。

1. 预热阶段

设完全湿透且水分分布均匀的湿精煤，原来的温度为 A_3。当与热烟气接触时，热烟气首先将热量传给湿精煤，使精煤和所带水的温度升高，精煤温度由 A_3 升到 B_3，由于受热，水分开始汽化，干燥速度由零(A_2)增加到最大值 B_2。精煤的水分则因汽化而减少，由 A_1 降到 B_1。此阶段汽化水量仅占全过程的 5%左右，其特点是干燥速度由零升到最大值，热量主要消耗在精煤加温和少量水分汽化上。因此，水分降低很少。

2. 恒速阶段

干燥速度达最大值后，由于煤粒表面水分蒸气分压大于该温度下热烟气的蒸气分压，水分从煤粒表面汽化并进入热烟气。煤粒内部的水分不断向表面扩散，使其保持湿润状态。只要煤粒表面含有水分时，汽化速度可保持不变，故称恒速阶段。该阶段的特点是干燥速度达最大值并保持不变，B_2C_2 平行于横坐标；精煤的含水量迅速下降；如果热烟气传给湿精煤的热量等于煤粒表面水分汽化所需热量，则煤粒表面湿度保持不变，B_3C_3 也平行于横坐标。该阶段汽化水量占整个干燥过程的 80%左右，是主要的干燥脱水阶段。预热阶段和恒速阶段脱除的是非结合水分，即自由水和部分毛细管水。恒速阶段结束时的精煤含水量 C_1 称为第一临界含水量，常称为临界含水量，以 W_K 表示。

3. 降速阶段

达到临界含水量以后，随着干燥时间的增加，水分由煤粒内部向表面扩散的速度降低，并低于表面水分汽化的速度，干燥速度也随之下降，称为降速阶段。在降速阶段中，根据水分汽化方式的不同又分为两个阶段，即部分表面汽化阶段和内部汽化阶段。

(1) 部分表面汽化阶段

进入降速阶段以后由于内部水分向表面的扩散速度小于表面水分汽化的速度，煤粒表面开始干燥，但水分仍从煤粒表面汽化，故称部分表面汽化阶段。这一阶段的特点是干燥速度均匀下降，由 C_2 降到 E，且潮湿的表面逐渐减少，干燥部分越来越多，由于汽化水量降低，需要的汽化热减少，煤粒温度升高。

(2) 内部汽化阶段

随煤粒表面干燥部分增加，温度越来越高，热量向内部传递，使蒸发面向内部移动，水分在煤粒内部汽化成水蒸气后再向表面扩散流动，直到煤粒中所含水分与热烟气的湿度平衡时为止，称内部汽化阶段。这一阶段的特点是，煤粒含水量越来越少，水分流动阻力增加，干燥速度甚低，煤粒温度继续升高。

4. 平衡阶段

当煤粒中水分达到平衡水分 W_p 时，煤粒中水分不再向热烟气汽化，干燥速度等于零，故称平衡阶段。

精煤的实际干燥过程不可能达到平衡水分状态，所以它只包括预热阶段、恒速阶段和部分降速阶段。

6.3　干燥机

干燥机是干燥脱水作业中的主要设备，物料的干燥脱水就是在干燥机中进行的。干燥机的类型很多，如按干燥介质的种类进行分类，有空气、热烟气和红外线等；按操作方法分类，有间歇的和连续的；按气体与物料运动方向不同分类，有顺流式、逆流式和复流式；按气体与物料间传热情况分类，有直接传热、间接传热；按干燥机形状及物料运行情况分类，有膛式、管式、滚筒式、井筒式、沸腾床层式、螺旋式和振动式等。

目前，国内选煤厂所使用的干燥机有滚筒干燥机、管式干燥机、井筒式干燥机、沸腾床层式干燥机和螺旋式干燥机。

6.3.1　滚筒干燥机

滚筒干燥机是应用较多的一种干燥机。滚筒干燥机适用于处理细粒而不过分黏结的物料，既可混合干燥末精煤和浮选精煤，也可单独干燥浮选精煤。该设备多用于干燥水分较高、0～13 mm 级中细粒含量较多的湿精煤。滚筒干燥机具有生产效率高、操作方便、运行可靠、电耗低等优点。其缺点是汽化强度小、钢材消耗大、干燥时期长、占地面积大。

根据干燥介质与物料运动方向的不同，滚筒干燥机又分为顺流式（干燥介质与湿精煤运动方向相同）和逆流式（干燥介质与湿精煤运动方向相反）两种。选煤厂多采用直接传热顺流式滚筒干燥机。

1. 滚筒干燥机的构造

滚筒干燥机由滚筒、挡轮、托轮、传动装置和密封装置组成，滚筒干燥机的结构如图 6-3 所示。

托轮是滚筒的支承装置，前端两个，后端两个，支承着轮箍。托轮的作用是：① 支承滚筒，整个滚筒和滚筒内物料的重量全部压在 4 个托轮上，并在托轮上转动。② 调整滚筒倾角，滚筒每端两个托轮在横向上可以移动，通过改变两端托轮间距离，调整滚筒倾角。③ 防止滚筒轴向移动，在托轮安装时，有意使两托轮轴线不平行，当滚筒在托轮上转动时产生轴向推力，防止滚筒向下移动。

滚筒是倾斜安装的，倾斜角度一般为 1°～5°。为了防止滚筒沿轴向向下移动，在轮箍侧面装有挡轮。滚筒是在传动装置带动下转动的，转速一般为 2～6 r/min。传动装置包括电动机、减速机、小齿轮和大齿圈。

由于滚筒干燥机是在负压下工作的，为了防止漏风，在滚筒两端与给料箱和排料箱连接部位都装有密封装置。密封装置的形式很多，常见的有摩擦式、迷宫式及罩式三种。

滚筒是滚筒干燥机的主体，长度与直径之比一般为 4∶1～8∶1，通常用 8～14 mm 厚的钢板制造，外面装有两轮箍。滚筒内部装有输送松散物料的装置。以 NXG 型 ϕ2.4 m×14 m 滚筒干燥机为例，其内部沿轴向分为 6 个区，各区输送和松散物料的装置不同。一区为大倾角导料板，二区为倾斜导料板，三区为活动篦条式翼板，四区为带有清扫装置的圆弧

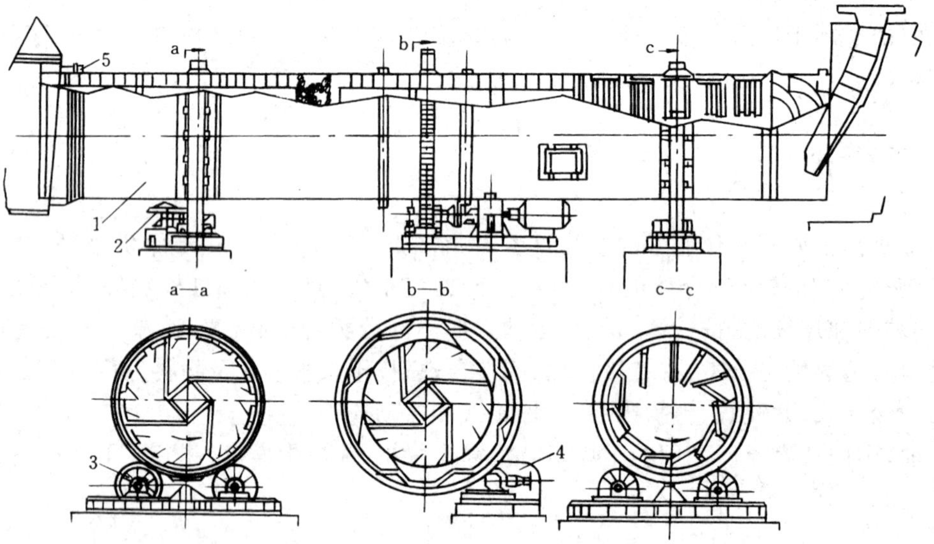

1—滚筒;2—挡轮;3—托轮;4—传动装置;5—密封装置。

图 6-3 滚筒干燥机

形扬料板,五区为带有清扫装置的圆弧形篦条式扬料板,六区为无扬料板区。如图 6-4 所示。

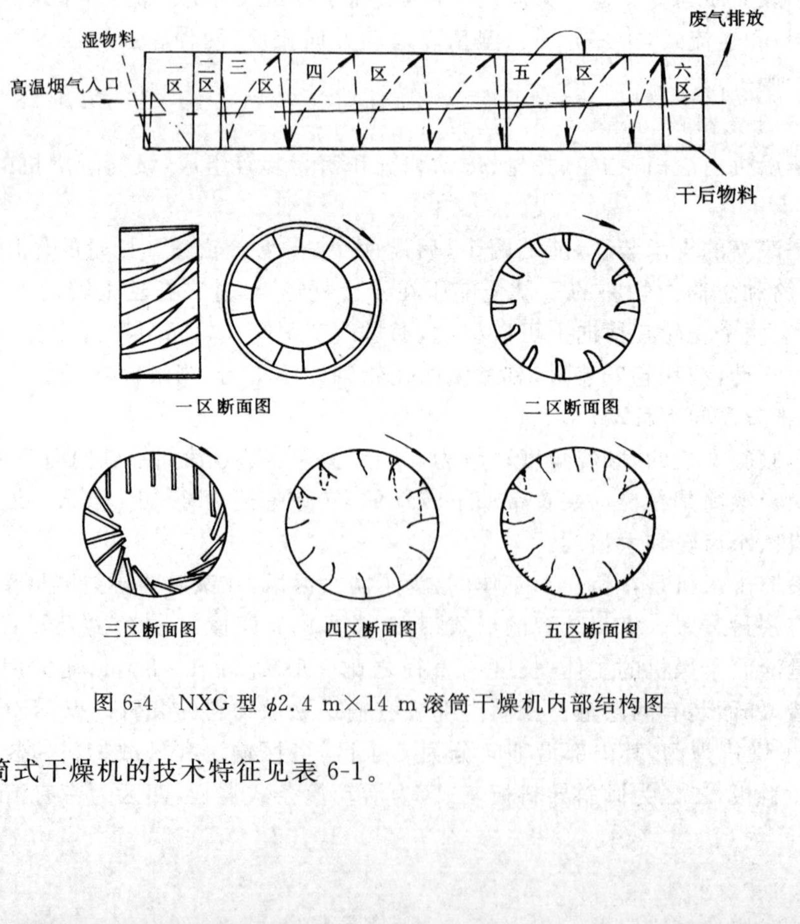

图 6-4 NXG 型 $\phi 2.4$ m×14 m 滚筒干燥机内部结构图

NXG 滚筒式干燥机的技术特征见表 6-1。

表 6-1　NXG 滚筒式干燥机的技术特征

项目	NXG 滚筒式干燥机	
	ϕ2.4 m×14 m	ϕ2.2 m×14 m
筒体直径/mm	2 400	2 200
筒体长度/mm	14 000	14 000
滚筒转速/(r/min)	4.8	4.85
倾斜度/(°)	5	5
混合精煤(13～0 mm)干燥时的处理量/(t/h)	65±5	60±5
浮选精煤或煤泥(0.5～0 mm)干燥时的处理量/(t/h)	25±5	20±5
混合精煤入料水分/%	16～18	16～18
浮选精煤或煤泥入料水分/%	30±5	60±5
混合精煤出料水分/%	10 以下	10 以下
浮选精煤或煤泥出料水分/%	10±2	10±2
干燥机入口温度/℃	700～750	700～750
干燥机出口温度/℃	100～120	100～120
干燥机热效率	70 以上	70 以上
外形尺寸(长×宽×高)	14 000×3 860×3 800	

2. 滚筒干燥机的干燥过程

干燥物料进入干燥机一区时，随滚筒的转动，并借助大倾角导料板迅速导至倾斜导料板上，被提起并逐渐洒落形成“料幕”，高温烟气从中穿过使物料预热并蒸发部分水分。反复数次后，物料被移动到活动篦条式翼板上，又与经预热过的篦条式翼板夹杂在一起，吸收其热量，同时与翼板夹带一同升起、洒落，并与热烟气形成传导及对流质热传递。当物料移动到带有清扫装置的圆弧形扬料板上时，链条将在上部空间接收的热量传给物料，物料随滚筒的转动被扬料板提起、洒落，与热烟气进行较充分的质热传递，并将扬料板内外壁黏附的物料清扫下来。同时，清扫装置对物料团球亦起破碎作用，大大增加了热交换面积，提高了干燥速率。当物料移动到带有清扫装置的圆弧形篦条式扬料板时，物料在干燥机内仍按四区的运动规律进行质热传递，但此区物料呈现两种状态：一种是干燥后呈粉状物料，随滚筒的转动并从篦条的间隙漏下；一种是湿的团球留在扬料板圆环内，随滚筒的转动逐渐被破碎，使其中水分蒸发，最终被干燥。物料移动到六区无扬料板区时，已变成低水分松散状态。为减少扬尘，减轻除尘系统的负荷，在距筒体末端 1 m 左右的范围不设扬料板。干燥后物料滚动滑行到排料箱，完成整个干燥过程。

3. 滚筒干燥机的工作原理

物料和由燃烧炉送来的 700～800 ℃高温烟气，同方向进入干燥机，物料由扬料板提起并洒落，两者直接接触，将热量传递给湿物料，使湿物料所带水分汽化，并随废气排走。干燥后的物料由干燥机下端排料箱排出。

4. 滚筒干燥机的干燥方式

滚筒干燥机的干燥方式有直接传热顺流式和直接传热逆流式两种，其中直接传热顺流式滚筒干燥机适用于潮湿物料能经受强烈干燥，或被干燥物料对高温敏感，干燥后物料吸湿性小等情况。由于给入的湿物料与温度高而含湿量最低的干燥介质在进口端接触，故干燥初期干燥推动力较大，之后随物料的湿度降低，干燥介质的温度也降低，故适宜于最终含水量(即干燥程度)要求不高的物料。排出的物料温度较低，便于运输。而直接传热逆流式滚筒干燥机，由于物料与干燥介质运动方向相反，干燥推动力在整个干燥过程中较均匀，适宜于对物料干燥要求较高而物料对高温不敏感的情况。从产生粉尘的角度看，顺流式干燥介质与干燥后物料一起离开滚筒，因而细粒物料易被气流带走，而逆流式干燥介质排出时与湿物料相接触，干燥介质被滤清，气流中含尘量较少。

5. MGT 系列高效节能滚筒干燥机

MGT 系列高效节能滚筒干燥机是唐山天和环保科技股份有限公司在 NXG 型滚筒干燥机的基础上，专门针对煤泥滤饼开发研制而成的。干燥机设计充分考虑了干燥入料的性质，针对压滤煤泥滤饼粒度细、水分高、黏性大的特点，在筒体内部结构上做了特殊设计，进一步加强了对团块物料的破碎及对筒体内壁黏结煤泥的清扫，不仅提高了热效率，而且有效避免了煤泥在干燥机内的粘连和过干燥现象。该系列滚筒干燥机对结构进行了改进，如加大了干燥机进料端导料板的倾角，使湿煤迅速进入强化干燥阶段；在干燥机的前半部增加了活动篦条式翼板扬料板的区间长度，以防煤泥的粘连；扬料板在干燥机筒体内沿圆周径向高低错落布置，使物料由筒体上部向下摔落的过程中与扬料板碰撞接触的次数增多，物料被提起摔落数百次，不断被强制破碎，最后在干燥机出料端被分化成 10 mm 左右的团球状颗粒；扬料板料斗内全部焊接了大链环清扫链条，强化了链条对已分散物料的清扫作用和热传导作用，可有效地防止煤泥在扬料板内外及滚筒内壁上的粘连。

此外，MGT 系列高效节能滚筒干燥机除具有独特的滤饼破碎装置和自动清扫装置外，还有以下显著特点：

① 可根据不同的物料性质(水分、灰分、粒度组成)改变运行参数，使物料在干燥机筒体内能够形成稳定的全断面料幕，质热交换更为充分；

② 干燥机抗过载能力强；

③ 干燥机表面涂耐高温漆，防止干燥机在运行过程中受热面漆脱落；

④ 干燥机实现了“零水平推力”，大大减少了托轮的磨损，筒体运转平稳可靠；

⑤ 干燥机采用“调心式托轮装置”，使托轮和滚圈的配合永远呈线性接触，从而大大降低了磨损和动力损耗；

⑥ 干燥机采用了无动力螺旋进料，不但解决了堵料和黏结问题，同时把断续进料变成连续给料，而且可对煤泥滤饼进行有效破碎。

6. 操作与维护

(1) 开车

必须检查托轮、挡轮、三角胶带的磨损情况与松紧程度；必须检查电机、减速机等地脚螺丝是否齐全牢固；检查干燥机两端密封装置是否严密，有无漏风现象；检查运转设备周围是否有人作业，无人方可通知控制室开车。

(2) 检查

检查电机、减速机的工作情况，电机不得超过规定温升。倾听齿轮咬合情况，有无杂音和过大振动；检查各传动齿轮有无咬牙根牙尖现象；检查干燥机体有无上、下串动以及销、轴折断迹象；检查各轴瓦的润滑和磨损情况，轴瓦温升不得超过 70 ℃。

（3）调整

经常检查和调整三角胶带的张紧器。

（4）停车及处理

因事故而停机时，立即通知控制室进行有关处理；当上部机械停止给料时，要将干燥机内的煤排出后再停车。

6.3.2　管式干燥机

管式干燥机是利用高温高速热烟气使精煤在悬浮状态下进行干燥的一种设备，尤其适合处理密度小的细粒物料，可处理0～0.5 mm粒级含量不超过40%的0～13 mm湿精煤。由于干燥机中精煤和热烟气接触面大，所以干燥速度快。管式干燥机的优点是占地面积小，设备投资少，单位容积汽化水量大，精煤在干燥机内停留时间短，干燥机结构简单，制造容易，检修方便和钢材消耗低等。其缺点是热效率低，电耗大，管壁磨损大，干燥成本高，要求厂房建得较高，干燥后精煤增灰较大，控制复杂，产生煤尘较多，由于高温烟气对湿精煤的急剧加热作用，致使粗粒煤受热不均匀而破碎，具有一定的粉碎作用。

1. 管式干燥机的构造

管式干燥机的构造包括干燥管、散煤器和清扫器三部分，如图6-5所示。

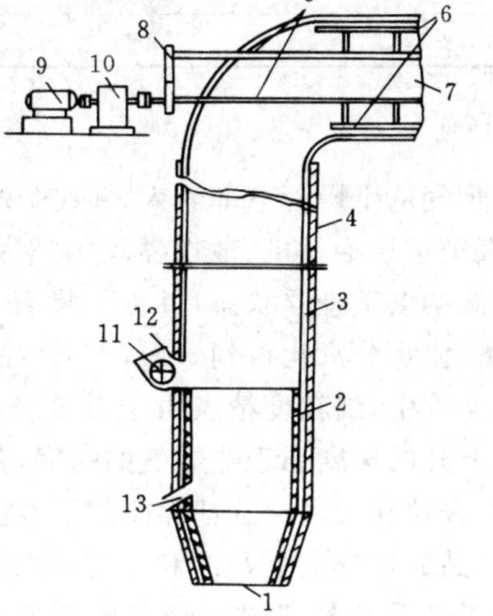

1—大块物料出口；2—耐火层；3—钢管；4—保温层；5—螺旋轴；6—螺旋叶片；7—废气及干后物料出口；8—传动胶带轮；9—电动机；10—减速器；11—散煤器；12—湿精煤入口；13—热烟气入口。

图6-5　管式干燥机的构造

干燥管为一直立的大金属管，由钢板卷制而成，可分为若干段，借法兰盘连接或焊接。通常干燥管直径为700～1 000 mm，长15～25 m。干燥管直径和长度取决于生产量和产品水分的要求。生产量越大，干燥管直径就越大；干燥后产品水分越低，其干燥管就应越长。

干燥管的结构可分为三部分，由干燥管底部到湿精煤入口处5～6 m为一段，热烟气由此段进入，所以管内衬耐火层，大块物料和浮选精煤团球出口在管子的底部；由湿精煤入口到上部弯管处的直管段为干燥段，为防止热量损失和烫伤工作人员，在管外表面包有石棉或其他材料的保温层；上部弯管为一段，可改变气流方向，将干燥后精煤和废气送入除尘器。

为防止精煤在弯管处沉积，引起燃烧和爆炸，螺旋清扫器可将沉积在弯管处的积煤送入除尘器。螺旋清扫器由螺旋轴、螺旋叶片和传动装置构成。传动装置包括电动机、减速机、传动胶带轮和三角带。两个胶带轮直径相等，故两螺旋转速相同。

散煤器的作用是将湿精煤均匀地送入干燥管，其构造和工作原理见下一节辅助设备。

管式干燥机的技术特征见表 6-2。

表 6-2 管式干燥机的技术特征表

项 目	数 值	
干燥管直径/mm	900	800
干燥管长度/m	24.715	21.00
干燥物料粒度/mm	13～0	3～0
通过能力(处理量)/[t/(h·台)]	50～55	46.5(60)
入料水分/%	15	12.8(18)
出料水分/%	10	5(10 以下)
干燥管入口温度/℃	700	700
干燥管出口温度/℃	120	120
风流速度/(m/s)	29～37	25～38(50)
风压(最大值)/mmH_2O	300	374(500)

2. 工作原理

由燃烧炉产生的高温热烟气从干燥管下部给入，并在干燥管内以 25～35 m/s 的速度自下而上流动，需干燥的湿精煤经星形给料机、散煤器均匀送入干燥管。在干燥管内，高温高速的热烟气使进入干燥管的湿精煤呈悬浮状态，并沿干燥管上升。湿精煤和热烟气在上升中直接广泛地接触，传递热量，使水分汽化得到干燥，干燥后的精煤、汽化的水蒸气和废气一起排出并进入除尘器。在干燥管中，细粒度精煤由于质量轻，以接近烟气的速度上升；粒度较粗的精煤，由于质量较大，上升的速度小于热烟气的速度，在干燥管内停留时间较长，恰好符合干燥的要求；个别大粒度颗粒和大块浮选精煤团球不能被烟气举起，落在干燥管下部溜槽中，经不透气闸门排出。产品的水分是上升的和下降的两部分物料的平均水分。为了使进入干燥机的湿精煤都能处于悬浮状态，得到干燥的物料随废气排走，要求烟气速度不能低于 25～35 m/s，而精煤粒度不能大于 10～15 mm。

3. 操作与维护

(1) 启动

启动前认真检查各部件、螺丝有无松动损坏，各运转部位是否灵活，润滑是否良好；检查星形给料机、排料机、散煤器(或 SG 型给料机、DC 型及 SC 型排料机)以及干燥管等有无漏风现象，重锤排料器、锥形受粉器是否灵活，溜槽管道有无堵塞等。经详细检查确认无问题后，待下部设备启动后方可开车。

(2) 操作与调整

开车时，入管温度在 100～150 ℃时开始加料，生产中要经常检查入料量、排料情况、入料水分和排料水分。根据干燥管出口温度变化情况调整入料量或根据入料量的变化及时通知司炉工调整温度，确保干燥后物料水分达到指标；干燥机正常生产时，若因故突然断料，干燥工应迅速通知司炉工采取紧急降温措施，如温度降不下来，有爆炸危险时，可将给料机处的闸门检查孔打开加水降温，严防爆炸事故的发生；运转中经常检查电动机、减速机的温升，以及过大振动和杂音；轴瓦温度不超过 70 ℃；严禁过干燥现象，单台产品水分不能低于 5%。

(3) 停车

正常生产中洗煤停车时，调度要提前 30 min 通知干燥工做好压炉的准备工作；干燥停车时，入管温度必须降到 150 ℃以下方可停止加料，当温度降到 100 ℃以下时可停止引风机；干燥系统停车时，应将引风机闸门开启，进行自然通风；若发现多管、旋风筒积煤着火或烟道堵塞要立即停车，及时、彻底处理。

6.3.3　井筒式干燥机

井筒式干燥机也称洒落式干燥机，或称竖井式干燥机，是一种逆流直接传热式干燥设备。目前我国使用的井筒式干燥机都是 SK-25 型干燥机，这种干燥机是 20 世纪 60 年代由波兰进口的。井筒式干燥机可以进行末精煤和浮选精煤的混合干燥，也可以进行浮选精煤的单独干燥。井筒式干燥机的优点是热烟气温度低，占空间小。其缺点是热效率低，处理量小，在单独干燥浮选精煤时产品水分高。

1. 井筒式干燥机的构造

井筒式干燥机的结构主要由多螺旋喂煤机、筒头、筒体、溜槽、滚轮、挡板、清扫器等部分组成。井筒式干燥机构造如图 6-6 所示。

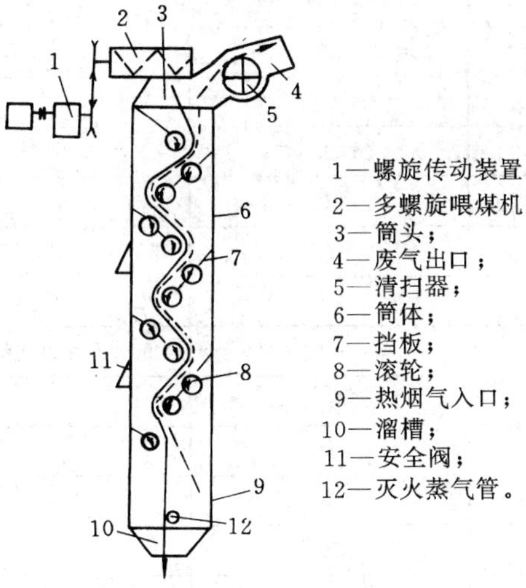

图 6-6　井筒式干燥机

筒体 6 呈矩形截面，是井筒式干燥机的主要部分，由金属制造，内衬耐火材料，在每一层的壁板上均有两个方孔，供清扫筒体内部用，孔上装有安全阀 11，当干燥机内由于精煤燃烧引起压力过大时，安全阀自动打开。筒体两侧各有 12 个安装孔，供安装滚轮用。筒体内装有 12 个铸铁滚轮 8，直径为 330 mm，长 3 100 mm，通过滚动轴承装在筒体上，为防止轴承受热润滑不好，轴承座安装在筒体外面。滚轮传动装置(图中未画出)由电动机、减速机、链轮和传动链条组成，传动链条由上而下带动滚轮旋转。原设计滚轮的表面光滑，在干燥浮选精煤时，往往因为入料水分高、黏度大，在干燥机中打团呈球状，缩小了蒸发面积，影响汽化水量及干燥效果，同时，亦容易发生堵塞，引起燃烧以至爆炸。因此现场做了改进，安装了打散装置——松散轮，即将下数第3和第7个滚轮改为外形尺寸相同、带有松散齿的松散轮。松散轮可将黏结的煤球或煤饼打散成10 mm左右的小颗粒，扩大了汽化面积，提高汽化水量、干燥效果和干燥热效率。筒头3为锥形结构，上面支承有多螺旋喂煤机2。多螺旋喂煤机共有8个螺杆，在螺旋传动装置1带动下旋转。螺旋传动装置包括电动机、减速机链轮和传动链条。为了使湿精煤均匀地给入干燥机，多螺旋喂煤机沿筒全宽给料。筒头上还装有滚筒清扫器5，防止引风机将大量煤粉抽出和在烟气变向处积煤而引起燃烧。

2. 工作原理

湿精煤经多螺旋喂煤机由筒头给入干燥机后，先落到第一个滚轮上，由滚轮旋转，再将湿精煤洒到下一个滚轮上。在挡板7和滚轮8的作用下，煤流的运动方向如图6-6中实线箭头所示。热烟气由烟气入口进入干燥机，同样在挡板和滚轮作用下，由下而上与煤流相反方向运动，如图6-6中虚线箭头所示。由于热烟气和湿精煤直接接触，将热量传递给湿精煤，使湿精煤中水分汽化。汽化的水蒸气由烟气出口排出，干燥后精煤由溜槽下端排料口排出。井筒式干燥机的技术特征见表6-3。

表6-3 井筒式干燥机的技术特征表

项　　目	数值	备注
入料浮选精煤粒度/mm	0.5～0	波兰原设计1～0
产量(按入料湿煤计)/(t/h)	25	
精煤入料水分/%	25	
干燥产品水分/%	10	
总功率/kW	148.5	
引风机功率/kW	130	转速985 r/min
滚筒电动机功率/kW	4.5	转速950 r/min
螺旋给煤机功率/kW	14	
引风机能力/(m^3/min)	120	负压 H=300 mmH_2O(1 mmH_2O=9.806 Pa)
需热量/(kJ/h)	9.66×10^7	
干燥机入口处烟气温度/℃	450	
干燥机出口处烟气温度/℃	100	
干燥后产品温度/℃	70	
干燥机蒸发水量/kg	3 700	
蒸发强度/[kg/(m^3·h)]	150	
干燥机热利用率/%	50	燃烧室87%
燃烧室面积/m^2	5.6	PZ5.6 m^2阶梯式
机器质量(不包括耐火砖)/kg	39 900	

3. 操作与维护

(1) 开启干燥机及其辅助设备，打开烟道阀门。

(2) 干燥机给煤运转后应根据仪表的变化，进行温度和压力的调整，具体要求为：

温度：① 炉膛 800 ℃；② 干燥机入口 500 ℃；③ 干燥机出口 150 ℃。

风压：① 炉膛 −50 Pa(−5 mmH_2O)；② 干燥机入口 −150 Pa(−15 mmH_2O)；③ 干燥机出口 −1 000 Pa(−100 mmH_2O)；④ 引风机 −2 000 Pa(−200 mmH_2O)。

(3) 正常运行中，当干燥机各点温度、风力发生异变时，应迅速进行处理，不能延误。

(4) 为避免干燥机内部着火，在正常运行时应经常巡回检查。

(5) 根据要求的产品水分指标，对干燥机入料量、炉温等参数随时进行调整。

(6) 停车时，首先停止给煤，在炉温下降到 200 ℃左右时，按顺煤方向依次停止干燥系统所需设备，关闭烟囱闸门，检查清理各部积煤。

6.3.4　沸腾床层式干燥机

沸腾床层式干燥机是一种新型的干燥设备，它适用于末精煤和浮选精煤混合干燥。该机具有效率高、小时汽化水量大、单台处理能力大、设备布置紧凑、占地面积小、操作人员少等优点。但也有缺点，如以精煤和油作燃料，浪费资源，不能单独干燥浮选精煤，干燥机结构复杂。

1. 沸腾床层式干燥机的构造

沸腾床层式干燥机的燃烧室和干燥室为一体结构，麦克纳利沸腾床层式干燥机的构造如图 6-7 所示。

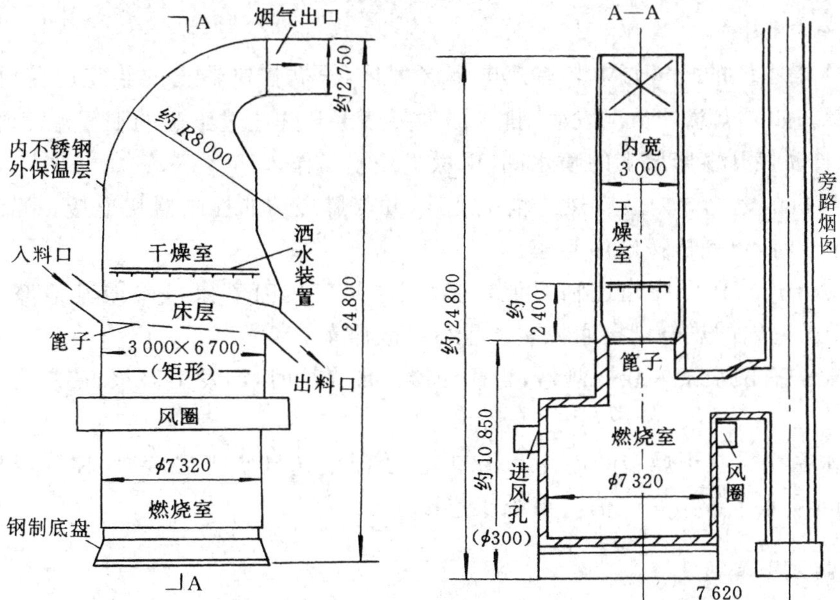

图 6-7　麦克纳利沸腾床层式干燥机结构示意图

燃烧室为一圆筒形结构，其外围用 9 mm 不锈钢板围焊而成，内衬耐火砖砌成的耐火墙，钢板和耐火墙之间填有耐火泥。燃烧室底部铺有耐火砖和隔热耐火衬，底座为钢制底盘。燃烧室下部侧面有清理孔，中间有连接鼓风机的风圈，其上分布有进风孔，使风均匀地进入燃烧室以促进燃料充分燃烧和调节炉膛温度。

干燥室是沸腾床层式干燥机的主要组成部分，干燥室的床层为一矩形平面，与燃烧室的分界处为篦子，篦条直径 22 mm，缝隙在 2～2.5 mm 之间，开孔率为 7%。篦条入料端比出料端略高，其角度为 2.5°。干燥室上部设有洒水装置，其作用是降温灭火。在干燥过程中，如果参数失调，床层温度突然升高，甚至引起火灾，或燃烧室温度 530 ℃以上时，自控装置即动作，停车洒水降温灭火。

在干燥机的一侧设置了旁路烟囱，其顶部装有盖板，用气缸控制开闭。

旁路烟囱的作用是：① 干燥过程中床层着火或燃烧室温度超过 530 ℃时，烟囱顶部盖板通过自控装置打开，放空烟气降温冷却；② 正常停车时，烟囱盖板亦打开，使烟气短路散热冷却；③ 开车前，也要打开烟囱盖板，并开动引风机造成负压，净化干燥系统；④ 正常开车时，烟囱盖板是关闭的，保持干燥系统完全密封。

2. 工作原理

干燥后精煤的一小部分经粉碎机粉碎到小于 50 网目，与预热到 80 ℃的空气按质量比为 1∶1 混合，被喷射器喷入燃烧室充分燃烧，产生的高温热烟气以 150 m/s 的速度通过篦子进入干燥室。湿精煤经给料机由入料口进入干燥室后，沿篦子坡度被高温高速热烟气吹起呈沸腾状态（跳跃、流动），固体颗粒被高温热烟气所包围，进行质热交换，由于干燥介质的蒸气压力低于煤粒表面水分的蒸气压力，湿精煤中水分不断汽化，转移到周围介质中，并被废气带走，从而降低了精煤的水分。经干燥后的精煤由排料口排出，废气、水蒸气和部分小于 1.2 mm 的精煤从干燥机上部废气出口进入除尘器回收。

3. 操作与维护

① 在干燥系统的排气管中装有热电耦温度计，根据控制器上的给定值，按排气的温度控制给料量。如果有意外情况发生，排气温度突然上升并超过给定的临界温度时，控制器发出警报，并自动打开煤床层上的喷水阀，干燥机停止工作。

② 干燥机的燃烧炉内装有热电耦温度计，并与燃烧炉的控制器相连接。当燃烧炉的温度超过规定值时，干燥机按顺序停车。

③ 如果干燥室内温度超过临界值，这表明干燥室内有着火危险或其他部分有失灵现象。此时干燥室内的热电耦接通控制器进行事故停车。

④ 燃烧炉有两个紫外线探测器，当探测器发现火焰时，即发出警报，使粉磨机的给料机停止给料。

⑤ 喷水系统设在干燥室的内侧和出口处，当温度达到临界温度时，控制器自动打开阀门进行喷水，喷水系统与全厂消防系统相连接。

6.3.5 螺旋式干燥机

螺旋式干燥机的主机是空心螺旋体（螺旋叶和轴均为空心），热介质（液体或气体）从空心轴进去至端部再沿空心螺旋返回而排出。准备干燥的物料随螺旋的转动由入料口推移到出料口排出。在这个过程中热介质所带的热量通过空心轴和空心叶轮壁传递（传导）给被干燥物料，使其中的水分蒸发。

1. 干燥系统

霍洛弗莱特干燥系统如图 6-8 所示。该干燥系统由热油器(加热炉)1、螺旋干燥机 2、油罐 3、油泵 4、调节罐 5、循环泵 6 等组成。

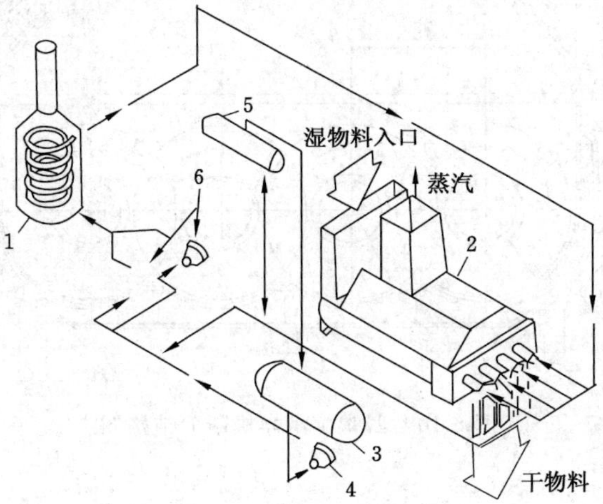

1—热油器;2—螺旋干燥机;3—油罐;4 —油泵;5—调节罐;6—循环泵(主泵及备用泵)。

图 6-8　霍洛弗莱特干燥系统图

热介质经热油器 1 加热(加热用燃料可以是煤、油、电和天然气)后,进入螺旋干燥机 2 中,入口温度为 343 ℃,与被干燥物料进行质热传递后排出干燥机。出口温度为 246 ℃,排出干燥机的热介质再用油泵 4 或循环泵 6 打回热油器 1 加热后循环使用。被干燥的物料由湿物料入口进入螺旋干燥机 2,在螺旋的推移输送过程中与通过螺旋轴和螺旋叶轮的热量(传导)进行质热传递(热交换),使物料中的水分蒸发,并从蒸汽出口排至大气;干燥后的产品由物料排出口排出,完成整个干燥过程。

2. 主要设备的构造与技术特征

螺旋式干燥机有单螺旋、双螺旋和四螺旋组合等型式,无论哪种型式都有一根驱动轴。由于温度的影响,螺旋轴外管各节间留有 1.5 mm 左右的伸缩缝。空心螺旋叶片就按螺旋管的螺距焊接在上面。但轴两端的叶片是实心的。

螺旋轴用无缝钢管制成,整个螺旋支承在两端轴承上,轴承可以自动调整。轴的末端是密封的,整个设备的运转部件均集中自动润滑。螺旋式干燥机的组成及构造如图 6-9、图 6-10 和图 6-11 所示。

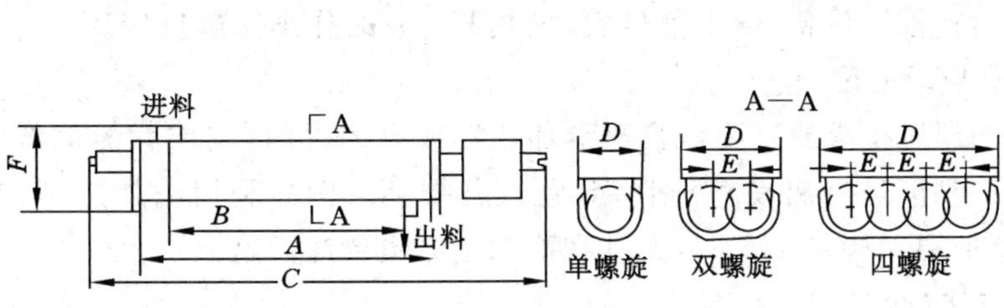

图 6-9　螺旋式干燥机规格结构示意图

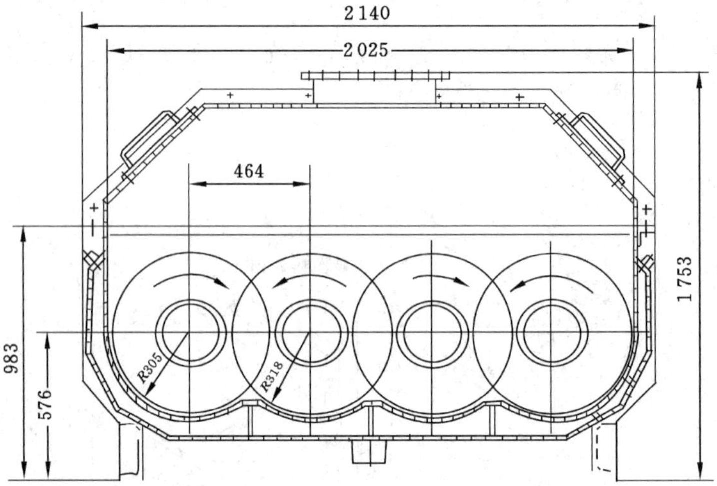

图 6-10　四螺旋干燥机断面结构图

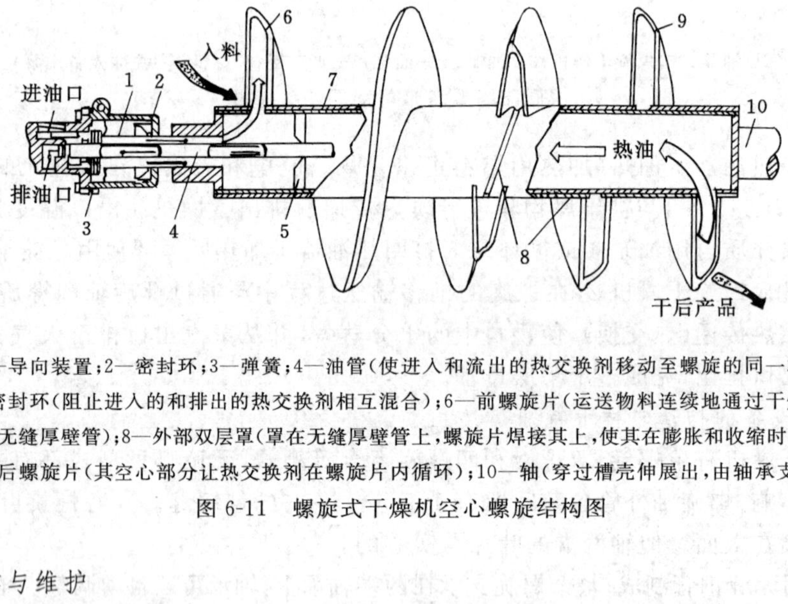

1—导向装置；2—密封环；3—弹簧；4—油管（使进入和流出的热交换剂移动至螺旋的同一端）；
5—密封环（阻止进入的和排出的热交换剂相互混合）；6—前螺旋片（运送物料连续地通过干燥机）；
7—空心套管（无缝厚壁管）；8—外部双层罩（罩在无缝厚壁管上，螺旋片焊接其上，使其在膨胀和收缩时不得影响套管）；
9—后螺旋片（其空心部分让热交换剂在螺旋片内循环）；10—轴（穿过槽壳伸展出，由轴承支承）。

图 6-11　螺旋式干燥机空心螺旋结构图

3. 操作与维护

(1) 安全控制系统的检查

系统检查运输控制设备，给出信号后，加热器应及时作出正确反应。

(2) 应注意启动温度

启动时油的温度很重要。要认真察看加热器或泵的说明，按推荐的最低启动温度和对应油的最大允许黏度进行启动，否则将导致设备损坏。例如利用电加热等，要做到安全启动，必须使系统油温保持在 105 ℃，尤其在高寒地区更要注意这一点。

(3) 启动方法（冷油）

当启动油温正常时，启动循环泵，检查调节罐油位。看其刻度是否在恰当的冷油启动位置（满箱的 1/4 处）；如果火焰弱，可调节燃烧器提高炉温，使油温升到 105 ℃；继续打开热油器以最大能力加热。

(4) 启动方法(热油)

若因故停车后启动,其油温在一般情况下仍需保持在105 ℃以上,使循环泵运行10 min左右,当加热器内的油温相对稳定时,即可消除蒸汽泡的形成;当燃烧稳定时,加热器可以最大能力加热达到正常运转。

(5) 停机方法

必须在循环泵继续工作的情况下关闭燃烧炉。循环泵在停炉后继续工作约1 h,消除加热器内的余热后,才可全部停机。

6.4 辅助设备

为实现物料的干燥脱水,除干燥机外,还需要一系列辅助设备,包括燃烧炉、鼓风机、除尘器、引风机、给料机和排料机等。其中除尘器将在下一章介绍,这里主要介绍其他几种辅助设备。

6.4.1 燃烧炉

燃烧炉是使燃料充分燃烧产生高温热烟气的设备。根据燃料不同,燃烧炉可分为燃煤炉、燃油炉、燃气炉。燃煤炉按燃烧方法的不同,可分为火床炉、煤粉炉、旋风炉、沸腾炉等。在选煤厂热力干燥中,除沸腾床层式干燥机外,大部分使用火床炉。火床炉内具有金属格栅——炉排,燃料置于格栅上,形成均匀的、有一定厚度的燃料层,因此,也称层燃炉。

按照燃料层相对于炉排的运动方式,火床炉可分为三种:燃料层不移动的固定炉排炉;燃料层沿炉排移动的倾斜推饲炉及振动炉排炉;燃料层随炉排一起运动的链条炉排炉。

1. 火床炉的基本构造

火床炉的基本构造如图6-12所示。炉墙内层砌耐火砖,外层砌红砖,中间填有隔热材料,为提高炉墙的强度,在外墙外部有金属型钢围成的框架,前炉墙上有炉门和检查孔。炉顶砌成拱形,既可提高炉体强度,又可合理地反射热量,改善燃烧状态。由于一次鼓风是由炉排下进入燃烧室的,所以灰仓需密闭。降尘室利用惯性分离和重力沉降原理,将高温烟气中夹带的粗粒烟尘沉积下来,以免进入干燥机增加精煤灰分。

2. 炉排

炉排是火床炉的重要工作部件,用铸铁铸造。炉排的作用是:支承燃烧层,通过炉排进行一次鼓风,使燃料层在炉排上充分燃烧,燃烧后生成的炉渣也通过炉排清除。为了支撑燃烧层,且炉排是在高温下工作的,因此炉排要有一定的强度。为了进行一次鼓风,炉排应有一定孔隙,通过给风可冷却炉排,改善炉排的工作条件。

根据炉排的运动方式,可分为以下两种结构。

(1) 翻转炉排

翻转炉排构造如图6-13所示,一般由两组炉排组成,每组炉排有单独的连杆传动机构,可以带动炉排,使炉排片由水平位置翻转至直立,炉渣从直立的炉排片之间排出。翻转炉排的燃烧和排灰是间歇进行的,由两组炉排交替工作。

(2) 链条炉排

链条炉排片的形状似链节,整个炉排由许多个链节串联而成,形成一个宽阔的环形链

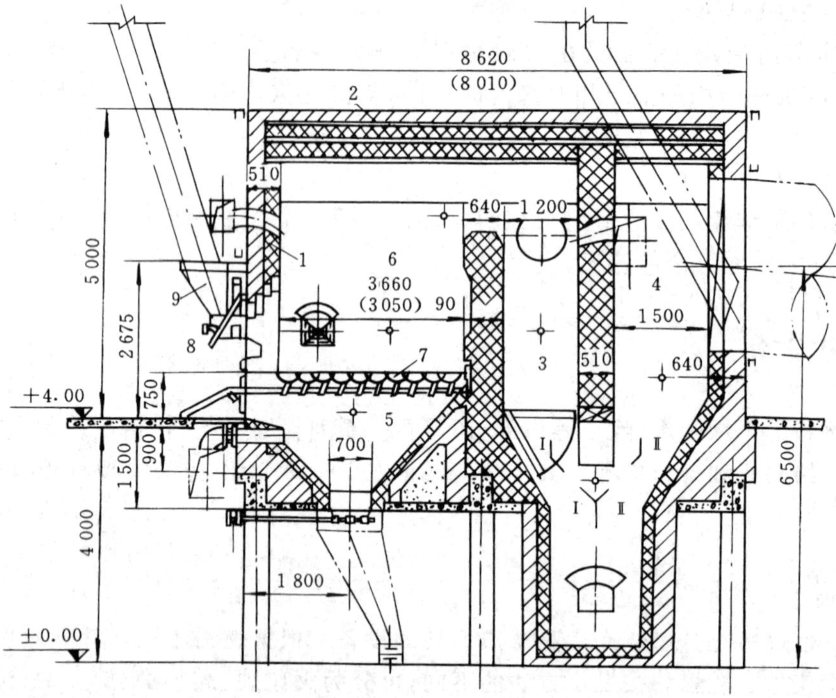

1—炉排；2—炉顶；3—降尘室；4—给料箱；5—灰仓；6—燃烧炉；7—炉排；8—抛煤机；9—煤斗。

图 6-12　火床炉

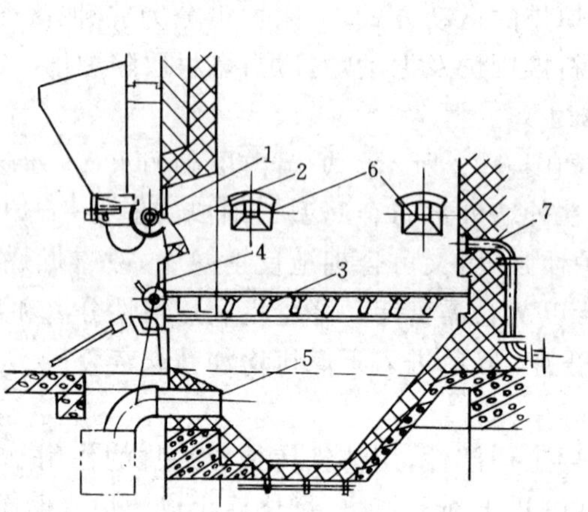

1—抛煤机；2—播煤风口；3—翻转炉排；4—炉门；5—进风口；6—看火门；7—飞灰回收复燃装置。

图 6-13　翻转炉排

带，并绕在前后轴的链轮上，如图 6-14 所示。整个炉排在传动装置带动下移动。像一个运输机，燃料在炉排上边燃烧边随炉排移动，经完全燃烧后就移动到炉排末端，并从末端排出。除以上两种结构外，还有振动炉排和倾斜炉排。

3. 抛煤机

抛煤机是将燃料均匀地抛进燃烧室形成燃烧层的设备。按工作原理的不同，抛煤机可分为机械抛煤机、风力抛煤机和风力机械抛煤机三种，其工作原理如图 6-15 所示。

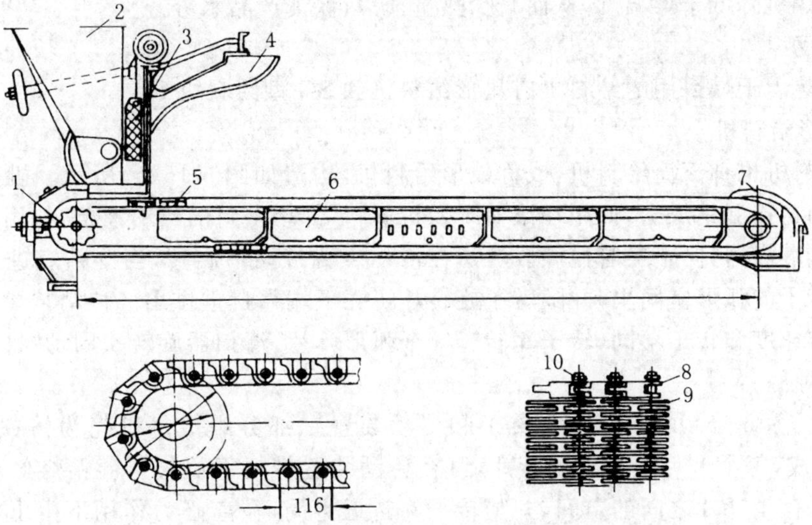

1—链轮；2—煤斗；3—闸门；4—前拱吊转架；5—链条炉排；
6—隔风板；7—老鹰铁；8—主动链环；9—炉排片；10—圆钢拉杆。

图 6-14　链条炉排

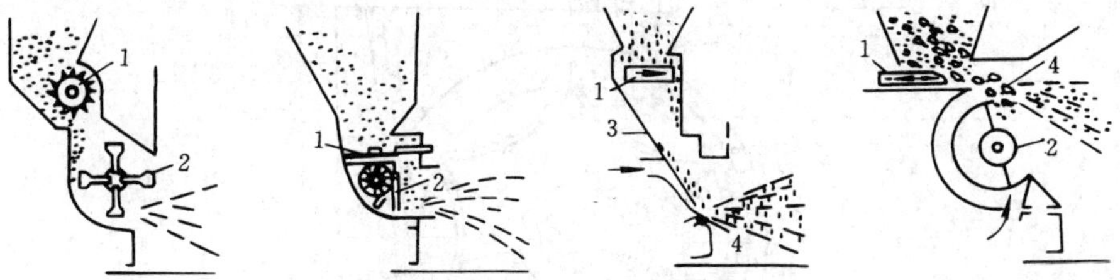

(a) 机械抛煤机　　(b) 机械抛煤机　　(c) 风力抛煤机　　(d) 风力机械抛煤机

1—给煤装置；2—击煤机构；3—倾斜板；4—风力播煤装置。

图 6-15　抛煤机工作原理示意图

机械抛煤机，用旋转的叶片[图 6-15(a)]或摆动刮板[图 6-15(b)]抛撒燃料，粗粒抛在炉排长度方向的远处，细粒落于近处；风力抛煤机，用气流播散燃料[图 6-15(c)]，其粒度分布情况与机械抛煤机相反，粗粒落于炉排前端，细粒落于炉排后端；风力机械抛煤机，兼顾了风力、机械两种抛煤机的特点如图 6-15(d)所示，因此，燃料在火床上的粒度分布相对比较均匀。

6.4.2　给料机和排料机

给料机和排料机是湿精煤和干燥后产品进出干燥机的控制设备。给料机作用有两个：其一，将湿精煤均匀地给入干燥机，并控制精煤的给料量；其二，起封闭作用，防止冷空气由入料端进入干燥机。排料机作用也有两个：其一，将干燥后产品给入下一道工序；其二，起封闭作用，防止冷空气从排料端进入干燥机。因为干燥机是在负压下工作的，干燥机内热烟气的压力略小于大气压力。由于给料机和排料机在干燥机两端起封闭作用，可以防止外部冷空气进入干燥机降低干燥温度，从而减少热量损失，保证产品水分。

1. 给料机

选煤厂热力干燥采用的给料机有星形给料机和SG型给料机等。

(1) 星形给料机

星形给料机也称滚筒给料机，或称鼓形给料机，构造如图6-16(a)所示。机壳由铸铁铸造而成，上面连接湿精煤仓，如用在滚筒干燥机前；下部接密封的给料溜槽，如用在管式干燥机前，下部接散煤器，向干燥管抛煤。转子在传动装置带动下旋转，当湿精煤进入星形给料机后，存于转子的弧形空间里，并随转子旋转从机壳下端靠自重排出。传动装置带动清扫器旋转，但旋转速度和转子不同，转子每转过一个弧形叶片，清扫器旋转一周，并将粘在转子上的湿精煤刮掉。

散煤器见图6-16(b)，由机壳、转子和传动装置三部分组成。机壳为铸铁件，转子由20个节片组成，每个节片上有8个叶片，可在传动装置带动下旋转。湿精煤经星形给料机进入散煤器，存于叶片之间的空间，并随转子旋转近半周，在离心力作用下由出料口甩进干燥机，并可将大块浮选精煤团球打碎，有利于湿精煤的干燥。

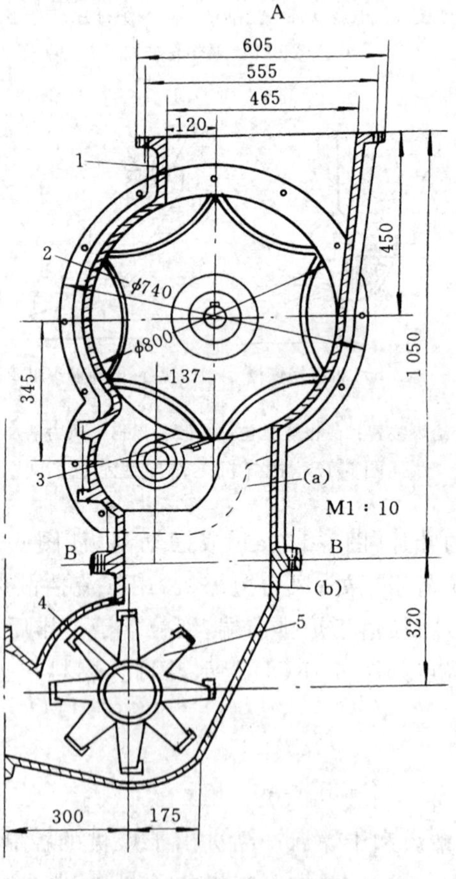

(a) 星形给料机；(b) 散煤器

1—机壳；2—叶轮转子；3—清扫器；4—叶片转子轴；5—叶片。

图6-16 星形给料机及散煤器

星形给料机常用于滚筒干燥机和管式干燥机的给料。优点是密封性能好。缺点是给料空间小,容易黏结物料,减少给料容积;如湿精煤仓中浮选精煤量多或分布不均匀,则卸料困难;在煤仓装料过多时,对转子压力较大。

(2) SG 型给料机

SG 型给料机的构造如图 6-17 所示。SG 型给料机的重要工作部件为给料辊 2,分别为主动辊和从动辊,并由传动装置带动转动,两辊之间通过联动齿轮传动。湿精煤给到给料辊上,由于辊子旋转,由下部排出。为了防止湿精煤将给料辊堵住,在其上方装有破拱装置 1。为预防浮选精煤打团,增加湿精煤在干燥机中的汽化面积,在给料辊下方设有松散轮 4,将湿精煤打成 10 mm 大小的颗粒给入干燥机。在每个给料辊下方还装有清扫装置 3,将黏附在给料辊上的湿精煤刮掉。在 SG 型给料机工作时,应使给料机内保持少量存煤,以密封给料辊与外壳间的间隙。SG 型给料机的处理量通过调速器和控制器控制给料辊的转速来调整。

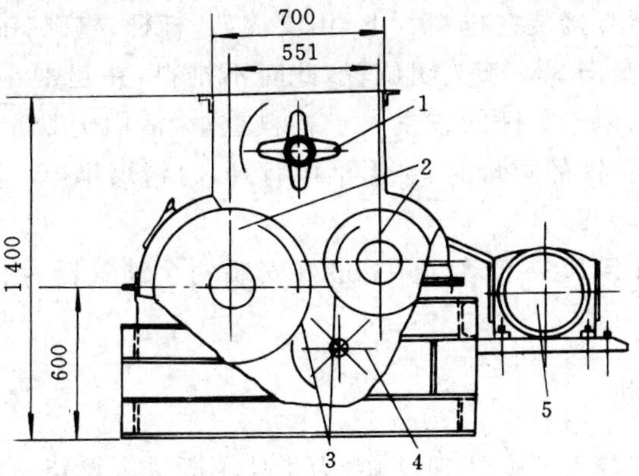

1—破拱装置;2—给料辊;3—清扫装置;4—松散轮;5—驱动装置。

图 6-17　SG 型给料机

2. 排料机

选煤厂热力干燥采用的排料机有轮叶式排料机和锁气器等。

(1) 轮叶式排料机

轮叶式排料机的构造如图 6-18 所示,机壳由铸铁铸造而成,上端与干燥机排料箱连接,下端通过溜槽给到下一道工序。机壳内装有叶片 3 或转子,叶片上安有橡胶条 4,橡胶条与机壳接触起封闭作用。经干燥后产品由上端给入轮叶式排料机,随转子旋转,将产品带到下部靠自重落下。由于干燥后产品水分为 8%～10%,不至于粘在叶片上,故不用清扫装置。

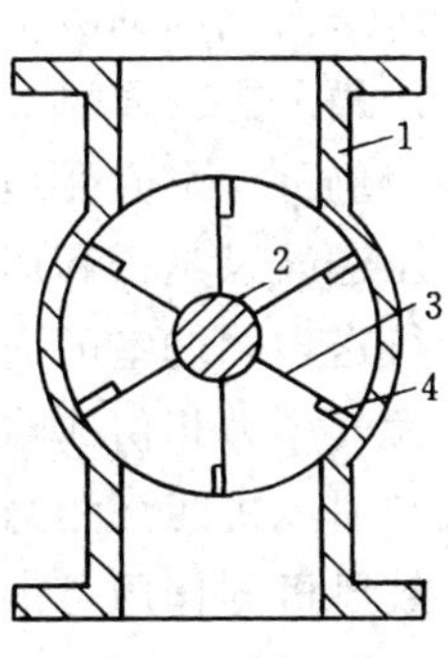

1—机壳;2—转子轴;
3—叶片;4—橡胶条。

图 6-18　轮叶式排料机

(2) 锁气器

锁气器的用途较广,适用于各种类型的干燥机,一般装在除尘器排料管上。形式有多种,其中无动力锁气器具有构造简单、工作可靠、运转费用低、维修方便等优点,较有动力锁气器使用更为广泛。

在无动力锁气器中，根据构造特点不同，分为旋转阀式和活门式两种。活门式锁气器，又分为平板活门式和锥形活门式两种，图 6-19 为锥形活门式锁气器。

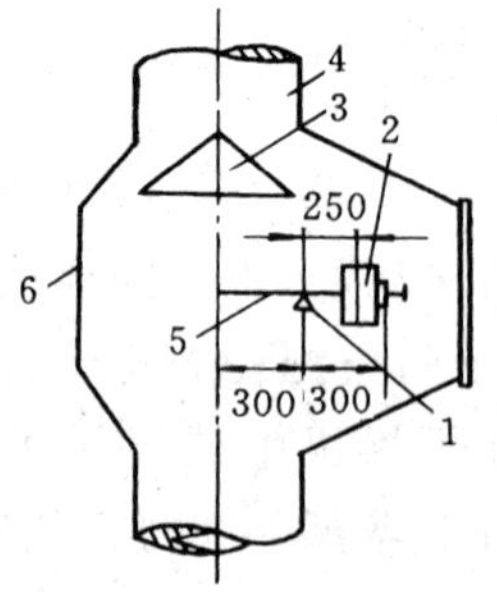

1—支撑架；2—重锤；3—锥形活门；4—排料管；5—杠杆；6—外壳。

图 6-19 锥形活门式锁气器

锥形活门式锁气器直接装在排料管上，由支撑架、杠杆、重锤、锥形活门和外壳组成。由于重锤 2 的作用，锥形活门 3 处于关闭位置，此时不排料，并起密封作用。当精煤进入排料管时，落在锥形活门上，由于重锤的重量大于物料重量，活门仍处于关闭状态。随排料管中精煤增多，其重量大于重锤的重量时，锥形活门打开，将精煤排掉。精煤排出后，在重锤的作用下锥形活门又关闭。

为更好地起封闭作用，在一个管道中，最好安装两个锁气器，由两个锁气器活门分别开闭而起封闭作用。

6.4.3 鼓风机和引风机

由燃料燃烧过程和热力干燥原理可知，为了使不断进入燃烧室的燃料充分燃烧，必须合理地送风；为使燃料燃烧所产生的高温热烟气能干燥精煤，必须组织好排风。

实现各种气流的流动，必须依靠外界作用力来克服流动阻力。外界作用力称为通风力。设置高烟囱和安装风机两种方法均可使空气和烟气获得通风力。因此有两种不同的通风方式，只需烟囱产生的通风力叫自然通风；除了烟囱之外，还使用风机产生的通风力为人工通风，又称机械通风或强制通风。人工通风分为压送鼓风式、抽吸引风式和平衡通风式三大类。压送鼓风和抽吸引风联合使用即为平衡通风，选煤厂热力干燥均采用平衡通风。平衡通风是最理想的通风方式，即使系统内通风阻力很大，燃烧室、干燥机、除尘器和烟道等各处的压力仍可自由方便地调节，以便充分发挥燃烧炉的热效率。

压送鼓风是指利用鼓风机将压力比大气压高的空气从炉排下面或从燃烧室墙壁上的风口强行送入燃烧室的通风方式，鼓风机设在燃烧室空气进口处。为了便于操作，应使炉内压力与大气压力相仿或略低一些，即炉内保持极微负压，打开炉门时火焰不外喷。因此要求鼓风机和引风机匹配相当。

鼓风机的作用是供给燃料燃烧所必需的氧气，促使燃料充分燃烧。根据给风的位置和作用不同，燃烧炉供风可分两种：一次鼓风和二次鼓风。一次鼓风，从炉排下将空气送入燃烧室，提供燃料燃烧所必需的氧气，并在通过炉排时被加热和使炉排冷却，改善炉排的工作环境。二次鼓风，从火床上方送入空气，提供一部分氧气，还可扰乱炉内气流，使之自相混合，从而保证炉膛内过量空气系数和降低化学不完全燃烧损失。二次鼓风的给入方式、位置和风量与炉型和燃料有关，一般占总风量的 5%～10%。

鼓风机的风量与燃料种类、单位时间内燃料消耗量和空气用量系数有关。鼓风机的风压应能克服风道、闸门、炉排和燃料层的阻力。

引风机装在除尘器和烟囱之间，有一定的吸力，可克服烟气经由燃烧炉、干燥机、除尘器、烟道和各种控制闸门的阻力，使之以一定速度从烟囱排出。因此，引风机的风压要大于烟气通过燃烧室、降尘室、给料箱、干燥机、排料箱、除尘器、烟道和各种控制闸门的阻力。引风机的风量与单位时间内燃料燃烧产生的烟气量和湿精煤气化的水分量有关。

选煤厂热力干燥所用的鼓风机和引风机多数采用离心式风机，其构造如图 6-20 所示。主要是由叶轮和机壳组成。叶轮由叶片 3 和连接叶片的前盘 2、后盘 4 组成，并通过后盘装在转轴上(图中未画出)，电动机带动旋转。机壳一般是用钢板制成阿基米德线状箱体，在出风口 6 处装有截流板 7，以控制风量。

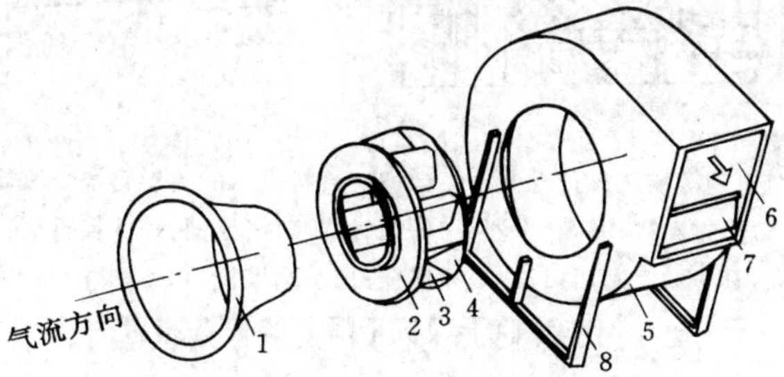

1—入风口；2—前盘；3—叶片；4—后盘；5—机壳；6—出风口；7—截流板；8—支架。

图 6-20　离心式风机主要结构分解示意图

当叶轮旋转时，气体随叶片旋转获得离心力，从叶片间的开口处甩出挤入机壳，使机壳内气体压强增高，并由导向出风口排出。气体被甩出后，叶轮中心部分的压强降低，小于大气压，从而使外部的气体能源源不断地进入机内。

6.5　典型的干燥工艺流程

选煤厂中常用的典型干燥工艺流程有滚筒干燥机干燥工艺流程、管式干燥机干燥工艺流程、井筒式干燥机干燥工艺流程和沸腾床层干燥机干燥工艺流程。

6.5.1　滚筒干燥机干燥工艺流程

多数选煤厂都采用滚筒干燥机进行干燥精煤。以某选煤厂为例，介绍其干燥工艺流程，其干燥系统设备布置图如图 6-21 所示。

该选煤厂采用 ϕ2000×13500 型直接传热式滚筒干燥机。10～12 ℃室温空气经鼓风机由炉排下进入燃烧室，以保证燃料充分燃烧。该选煤厂采用粒度为 0～13 mm、灰分为 40%、低位发热量为 19 832 kJ/kg、高位发热量为 22 546 kJ/kg 的洗中煤作燃料煤。入料先经锚链输送机进入燃料脱水仓，经脱水仓自然脱水后，其水分可达 5%～6%；然后进入燃烧炉，在翻转式炉排炉中，燃料充分燃烧，进入灰室的炉渣，经洒水降温，被送入灰仓，装自翻车运出厂外。燃烧室内温度为 1 200 ℃，压力为－19.6 Pa。高温烟气经降尘室、给料箱进入

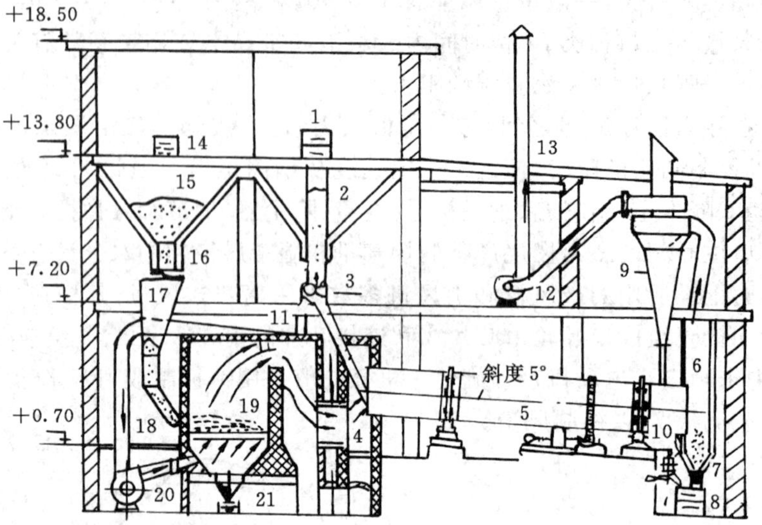

1、8、14、21—锚链输送机；2—湿精煤仓；3—给料机；4—给料箱；5—滚筒干燥机；6—排料箱；7—排料机；9—除尘器；10—锁气器；11—溜槽；12—引风机；13—烟囱；15—燃料仓；16—脱水闸门；17—缓冲煤仓；18—抛煤机；19—燃烧炉；20—鼓风机。

图 6-21　滚筒干燥机干燥系统设备布置图

滚筒干燥机。其入口温度为 800 ℃。

该厂采用混合干燥，湿精煤由末精煤和浮选精煤组成，水分分别为 8.75%和 28.35%，其中浮选精煤占 25%～30%，总水分 18.96%，总灰分 12.43%。去精煤仓由除尘器回收的较粗粒粉尘灰分为 12.49%，水分为 7.4%，回收量为 11.2 kg/h。脱尘后气体由烟囱排至大气。引风机入口处的废气温度为 120 ℃。

干燥后合格产品由干燥机排出的干燥物料与除尘器回收的粉尘(所占比例很小)组成。干燥后精煤水分 9.25%，灰分 12.45%，温度 35～40 ℃。由于高温热烟气携带飞灰的污染和在干燥过程中因干燥温度过高或湿精煤给料过少而引起过干燥的影响，干燥后精煤灰分稍有提高。

6.5.2　管式干燥机干燥工艺流程

某选煤厂使用 ϕ900 型管式干燥机 5 台，其中 1 台备用，其干燥工艺系统如图 6-22 所示。

室温冷空气经鼓风机进入燃烧炉中，保证燃料充分燃烧。该厂所用燃料煤为粒度 0～13 mm、发热量 23 092 kJ/kg 的末中煤。经燃料煤仓中的抛煤机进入燃烧炉。燃料燃烧产生的高温烟气经降尘室进入管式干燥机。燃烧室温度为 800 ℃，压力为－29.4～49 Pa。

湿精煤由浮选精煤和末精煤组成，水分各为 25.5%和 10%，分别由浮选精煤仓和末精煤仓给到锚链输送机上进行混合。混合后总水分为 12.6%。

在 ϕ900 型管式干燥机中，已干燥的精煤与废气一起上升，通过干燥管上部弯管进入单筒旋风除尘器，经下部排尘口和三道锥形活门锁气器进行回收，沉积在弯管处的精煤由螺旋清扫器送到单筒旋风除尘器，以防止发生精煤燃烧和爆炸。大块精煤和浮选精煤大团粒由

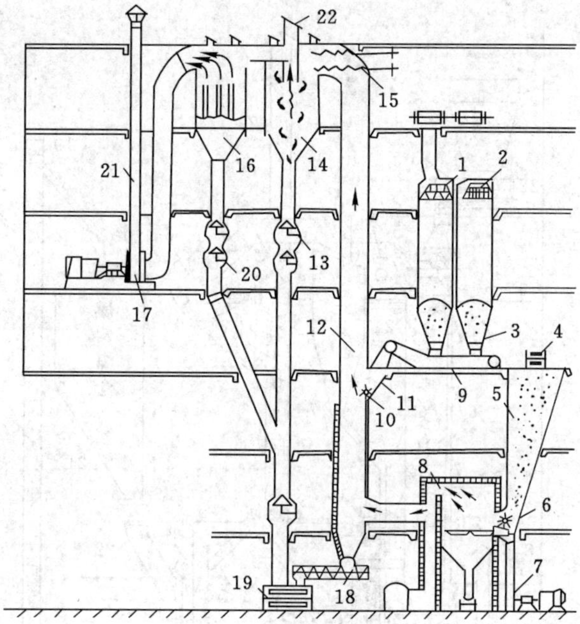

1—末煤仓；2—浮选精煤仓；3—圆盘给料机；4、9、18、19—锚链输送机；5—燃料煤仓；6—抛煤机；7—鼓风机；8—燃烧炉；10—散煤器；11—星形给料机；12—管式干燥机；13、20—锁气器；14、16—除尘器；15—清扫器；17—引风机；21—烟囱；22—防爆板。

图 6-22　管式干燥机干燥工艺系统图

于重量大不能被烟气吹起，在干燥管中下降，从干燥管下部排出进到精煤产品仓。废气携带细粒精煤由旋风除尘器排气管进入多管旋风除尘器。多管旋风除尘器收集的粉尘通过两道锥形活门锁气器和另一道锁气器送到精煤产品仓。净化后的废气排至大气。

经管式干燥机干燥后，最终干燥精煤由干燥管下部排出的大块精煤、浮选精煤大团粒以及除尘器收集的细粒精煤组成。干燥精煤产品水分 8.32%，其中干燥管下部排出的浮选精煤大团粒水分稍高。精煤干燥后增灰 0.05%。

为了确保安全生产，在单管旋风除尘器与多管旋风除尘器的上部都装有防爆板，防爆机设在室外。当除尘器内部压力过大时，防爆板自动开启，防止发生爆炸。

6.5.3　井筒式干燥机干燥工艺流程

某选煤厂井筒式干燥机工艺设备系统如图 6-23 所示。

20 ℃室温冷空气经一次鼓风机、二次鼓风机分别进入燃烧室。燃料煤采用粒度为 0.5～10 mm、水分为 8%、灰分为 38%、发热量为 16 800 kJ/kg 的末中煤。

该厂单独干燥浮选精煤，入料水分为 25%，灰分为 11.41%，由上部给入井筒式干燥机。干燥后精煤水分 15.24%，灰分 11.4%。干燥机入口处烟气温度 450～500 ℃，出口处烟气温度 100 ℃左右。为了合理利用废气的热量，将部分废气由引风机经返风烟道返回到混合室，与燃烧室产生的高温烟气混合，并调节热烟气温度，满足干燥要求。

干燥机发生事故或湿精煤系统发生故障停止给料时，可关上烟道闸门 10，打开烟道闸门 28，使燃烧炉产生的高温烟气不进入干燥机，直接从烟囱排至大气。

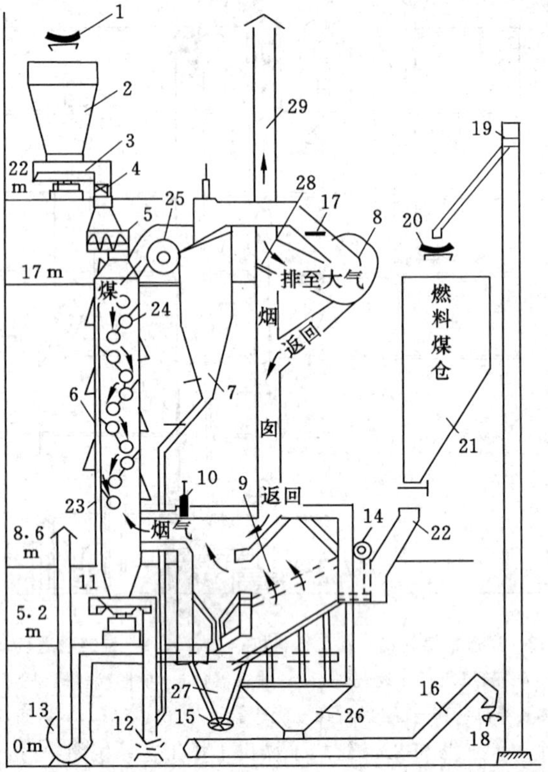

1—浮精输送机；2—湿精煤仓；3、11—圆盘给料机；4—配煤机；5—多螺旋喂煤机；6—井筒式干燥机；7—除尘器；8—引风机；9—燃烧炉；10、28—烟道闸门；12、16、18、20—输送机；13、14—鼓风机；15—炉渣破碎机；17—引风机闸门；19—斗式提升机；21—燃料煤仓；22—溜槽；23—挡板；24—滚轮；25—滚筒清扫器；26、27—灰室；29—烟囱。

图 6-23　井筒式干燥机工艺设备系统图

该厂只采用单筒旋风除尘器进行一次除尘，除尘效率低，所以排出的废气中烟尘含量大，为了进一步降低废气中的烟尘含量，达到国家规定的排放标准，该厂又增加了二次水膜旋风除尘器。

6.5.4　沸腾床层干燥机干燥工艺流程

沸腾床层干燥机的干燥系统如图 6-24 所示。

沸腾床层干燥机使用的燃料是精煤，由干燥后精煤中分出一小部分，经螺旋输送机送到燃料仓（图中未画出），再经粉碎机，破碎到小于 50 网目，与 80 ℃的预热空气按重量 1∶1 混合，由粉煤喷射器喷入沸腾床层干燥机的燃烧室。燃烧后的高温热烟气以 150 m/s 的速度通过篦子进入干燥室。

沸腾床层干燥机采用末精煤和浮选精煤混合干燥，在干燥室中，湿精煤被高温高速热烟气吹起成沸腾状态，并被高温烟气所包围进行其中水分的汽化。在干燥室中篦子的上方装有洒水装置，当床层温度过高时，自动控制系统开启水泵，将高压水送入洒水装置洒水降温，防止发生事故。

该工艺系统的特点是废气和部分粒度小于 1.2 mm 的粉尘经二段除尘和气水分离器分

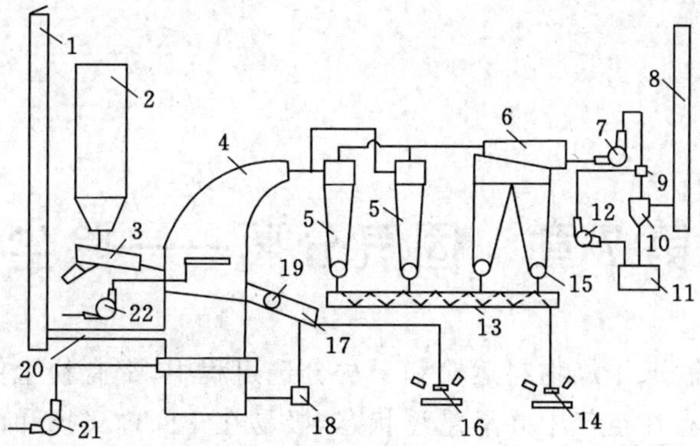

1—旁路烟囱；2—湿精煤仓；3—电磁振动给料机；4—沸腾床层干燥机；5、6—旋风除尘器；7—引风机；8—烟囱；9—湿式除尘器；10—气水分离器；11—污水池；12、22—水泵；13—螺旋输送机；14、16—胶带输送机；15、19—旋转阀锁气器；17—溜槽；18—燃烧装置；20—烟道；21—鼓风机。

图 6-24　沸腾床层干燥机的干燥系统图

离后排至大气。除尘器分别采用单筒旋风除尘器、多管旋风除尘器和湿式除尘器。湿式除尘器排出的污水经澄清后可复用。

当干燥机发生事故或燃烧室温度超过 530 ℃时，旁路烟囱顶部的盖板和烟道的闸门可自动打开，高温烟气由此排至大气。

【思考题】

1. 什么是干燥速度？什么是干燥曲线和干燥速度曲线？
2. 干燥过程分几个阶段？各个阶段的特点是什么？
3. 滚筒干燥机的构造和工作原理是什么？
4. 什么是干燥系统？干燥系统中各辅助设备的种类和作用是什么？
5. 举例说明热力干燥精煤的工艺流程。

第7章　固气分离——除尘

选煤厂在破碎、筛分、干燥物料运输和干法分选过程中，都有粉尘伴随着产生，由于微细的尘粒受气流作用散布在空气中并呈悬浮状态，极易在车间内飞扬和向厂房外扩散，另外物料干燥后排出的烟气中也含有大量粉尘，如不处理，就会严重污染周围环境，给人身体健康和工农业生产带来极大的危害。本章主要介绍粉尘类型、除尘方法及其相应的除尘设备。

7.1　除尘

7.1.1　粉尘的分类

按粉尘生成特征进行分类，可以分成两种。

粉尘——在筛分和运输等工艺过程中产生，并在形成过程中未发生任何物理或化学变化的称为粉尘。

烟尘——在生成过程中伴随着物理或化学变化，例如氧化、升华蒸发和冷凝等过程所产生的粉尘称为烟尘。

7.1.2　粉尘的扩散

在选煤厂正常生产条件下，运动着的粉尘颗粒所受的作用力有机械力、重力、布朗运动以及空气流动力。其中对粉尘的扩散影响最大的是空气流动力。

由于空气流动而引起的粉尘飞扬，基本上可以分为以下两种情况。

1. 一次扬尘过程

在处理散状物料时，由于诱导空气的流动，将粉尘从处理物料中带出，污染局部地带。如当大颗粒物料沿着溜槽运动时，由于周围空气同物料的摩擦作用以及其他原因，可诱导空气随着运动的物料流动，使粉尘在下一个生产设备或密闭罩内向外逸出，如图7-1所示。另外，由高处落入仓内的细颗粒物料，在空气的正面阻力下引起剪切作用，使降落的物料悬浮，如图7-2所示。

2. 二次扬尘过程

由于室内的空气流动及设备的运行和振动所造成的气流流动，把沉落在设备、地面及建筑物上的粉尘再次吹起，称作二次扬尘。造成二次扬尘的气流称二次气流。二次气流可将含尘空气由局部扬尘地点吹散至气流所涉及的所有空间。

二次气流主要指室内的无规则气流和通风射流。此外胶带输送机、提升机、往复运动的部件以及设备的振动、人的行走等，也可能形成二次气流。实际上，这两个过程常是同时连续作用的，致使车间粉尘弥漫。

图 7-1　大颗粒物料的降落

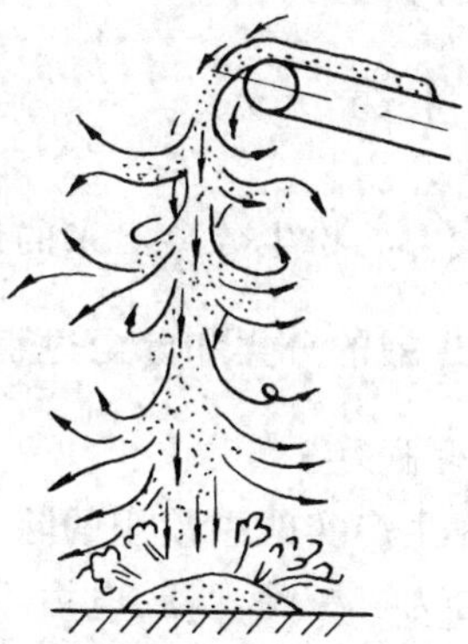

图 7-2　细粒物料的降落

7.1.3　除尘措施

在实际工作中，首先应查明粉尘产生和扩散的原因，再采取有效的防尘、除尘措施。除尘措施有密封除尘、湿法除尘和机械除尘等。选煤厂多用机械除尘。

1. 密封除尘

设备密封的目的是将设备所散发的粉尘局限在一定范围（封闭罩）内，为抽风除尘创造条件，防止粉尘扩散。散尘设备的密封法在综合防尘措施中占有特别重要的地位。经验证明，即使在密封罩上开设有操作门或有缝隙和孔洞的情况下，也能使尘源附近的空气粉尘浓度降低 70%～90%。目前采用的密封除尘有局部密封、整体密封和大密封三种。

2. 湿法除尘

湿法除尘即利用水、蒸气或其他润湿剂来实现防尘、除尘的方法，包括水力除尘、蒸气除尘、喷雾防尘及湿法清扫等。在物料运输和处理过程中，通过喷水加湿物料，减少或消除粉尘的产生；对产生的粉尘进行喷雾，捕捉粉尘或抑制粉尘飞扬；对天棚、四壁、地面和设备外表面用水冲洗或人工降雨，减少或消除二次扬尘；用蒸气喷射扬尘物料，抑制粉尘的飞扬和扩散等方法都属湿法除尘。

3. 机械除尘

机械除尘是指将设备密闭，使尘源隔离，在引风机抽力作用下，使含尘气体在净化设备中进行固气分离的方法。根据结构和布置形式，机械除尘系统可分为独立式除尘机组、分散式机械除尘系统和集中式机械除尘系统等三类。图 7-3 所示为准备车间机械除尘系统，由通风机、除尘器、抽风罩、风管、闸门及其他附属部件等组成。

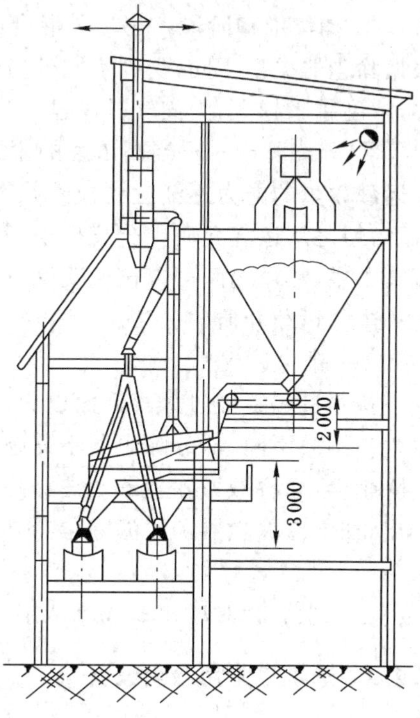

图 7-3　准备车间机械除尘系统

7.2 除尘器

将空气中的粉尘分离出来的设备，称作除尘设备，简称除尘器。

7.2.1 除尘器的分类和除尘过程

1. 除尘器的分类

虽然在生产实践中使用的除尘器有多种多样，但按作用于除尘器的外力或作用机理分，除尘器可分为机械除尘器、电力除尘器、过滤式除尘器和洗涤除尘器等四大类。其中，机械除尘器包括重力除尘器（又称重力沉降室）、惯性力除尘器和离心力除尘器三类。根据除尘过程中有无液体参与，除尘器可分成无液体参加作用的干式除尘器和有液体参与的湿式除尘器两类。根据安装形式不同，除尘器又分为立式除尘器和卧式除尘器。

2. 除尘器的主要组成部件

各种类型的除尘器，虽然受到的作用力不同，但都需具有以下部件才能正常工作：即引入含尘气体的除尘器进口；进行固气分离的除尘空间，或称除尘室；排除分离后粉尘的排尘口和除尘后相对清洁的气体出口。

3. 除尘过程

整个除尘过程可分为三个分离过程，互相之间既有联系又有区别。

（1）捕集分离过程

该过程由捕集推移阶段和分离阶段组成。

① 捕集推移阶段——均匀混合或悬浮在运载介质中的粉尘，进入除尘器的除尘空间。根据除尘器类型不同，受到不同外力的作用，将粉尘推移到分离界面。随粉尘向分离界面推移，浓度越来越大，为固气分离进一步做好准备。实际上，捕集推移阶段即粉尘的浓缩阶段。

② 分离阶段——当高浓度的尘流流向分离界面以后，存在两种作用机理：其一，运载介质运载粉尘的能力逐渐达到极限状态，在粉尘悬浮和沉降趋势上，以沉降为主，并通过粉尘沉降，使之从运载介质中分离出来；其二，在高浓度尘流中，粉尘颗粒的扩散与凝聚趋势，以凝聚为主，颗粒之间可以彼此凝聚，也可在介质界面上凝聚并吸附。通过以上两个机理，实现粉尘与运载介质的分离。

（2）排尘过程

排尘过程是经过分离界面以后，已分离的粉尘通过排尘口排出的过程。不同的除尘器排尘作用力不同，部分除尘器不需施加其他动力，仅利用原捕集分离的力量，即可将粉尘排离除尘器，如机械力除尘器及洗涤除尘器；另一部分除尘器需施加额外的动力，才可将粉尘排出，如电力除尘器和过滤除尘器，因此，需附设粉尘振落清灰装置。

（3）排气过程

已除尘后相对净化的气流从排气口排出的过程称为排气过程。

7.2.2 选煤厂常用除尘设备

选煤厂常用的除尘设备有单筒旋风除尘器、多管旋风除尘器、水膜除尘器及袋式除尘器等。袋式除尘器主要用于准备车间除尘，其他除尘器主要用于选煤厂的热力干燥除尘过程。

1. 单筒旋风除尘器

单筒旋风除尘器是工业中应用较广泛的除尘设备之一。利用旋风气流对尘粒和空气所产生惯性离心力大小的不同，使尘粒和气流进行分离。

最简单的单筒旋风除尘器如图 7-4 所示。

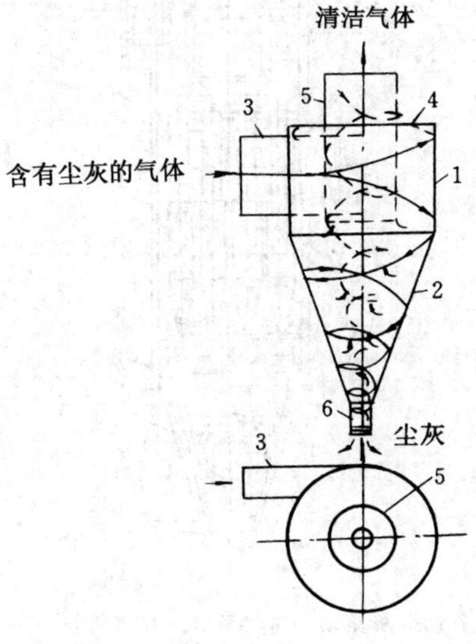

1——圆筒体；2——圆锥体；3——进气管；4——顶盖；5——排气口；6——排尘口。

图 7-4　单筒旋风除尘器示意图

单筒旋风除尘器工作原理是含尘气流由进气管以 12～25 m/s 的速度沿切线方向进入圆筒体，在外圆筒和中央排气管之间向下做螺旋运动。在旋转过程中产生惯性离心力。尘粒一方面受气流运动的影响，在其中旋转下降；另一方面则受离心力的作用，逐渐向外扩散接近筒壁。最终与外圆筒的内壁相碰，沿内壁旋转滑下，被收集在中间底部的排灰口，并由此排出。气体则因质量小，受离心力作用甚微，随圆锥形的收缩转向除尘器的中心，并受底部阻力作用，转而上升，形成一股上升旋流，从排气管上端排出，实现除尘作用。气体排出速度通常很小，仅 4～6 m/s。

单筒旋风除尘器构造简单、维护方便，可用于处理含尘浓度在 0.01～500 mg/m^{3}范围内的各种气体。当处理高含尘浓度的气体时，单筒旋风除尘器常用作多级除尘系统的预除尘器；而在尘粒较粗、浓度较低时，可单独使用。

2. 多管旋风除尘器

为提高除尘器的除尘效率，可采用减小旋风除尘器的直径或提高气流入口速度来实现。但增加气流入口速度，将使气流阻力剧增，达到一定限度后，又导致除尘效率下降；而减小直径，又要降低处理量。因此，常采用小直径的旋风除尘器组，即多管旋风除尘器。这样既能得到较高的除尘效率，又能保证除尘器的处理能力。

多管旋风除尘器由若干个小直径的旋风除尘器并联组合而成。构造和工作原理与普通旋风除尘器基本相同。其断面图见图 7-5。它由配气室 A、净化室 B 和灰斗 3 组成。配气室内有多个旋风子，支撑在支承花板上。在旋风子和外壳之间用填料充填。每个旋风子都是一个从轴向引入气体的旋风除尘器，它们有共同的进气和排气口，收集的粉尘排入共同的灰斗中。排气管和进气空间用隔板分开，隔板必须严密，防止漏气。

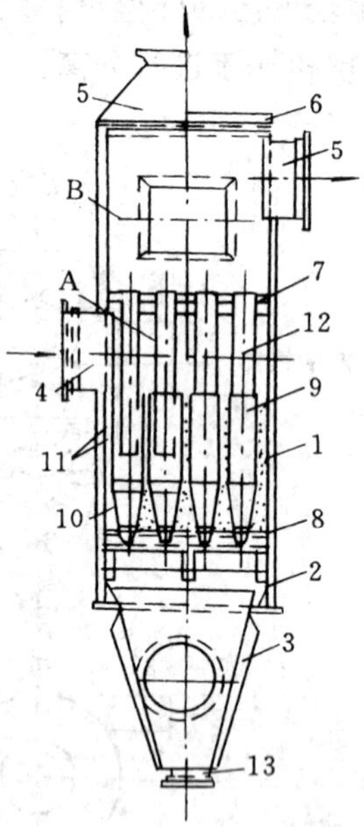

1—外壳；2—支撑部分；3—灰斗；4—进气管；5—排气管；6—顶盖；7、8—支撑花板；
9—旋风子；10—填料；11—导向叶片；12—排气导管；13—排尘口。

图 7-5　立式多管旋风除尘器

由于箱体内的所有旋风子都用同一个进气口，气流必须均匀地分布到各个旋风子才能保证除尘器有效工作。因此，要求各旋风子的排数在顺气方向一般不多于 10 排，垂直气流方向可达 16 排。为了防止气流由一个旋风子串入另一个旋风子内，每隔 6 列，在灰斗中要设隔板，或设单独灰斗。旋风子因直径小，容易堵塞，因此不宜用于处理黏性强的粉末，含尘浓度也应较低。

多管旋风除尘器与其他除尘器相比，具有构造简单、价格便宜、设备紧凑、运转方便等优点，是一种应用较多的除尘器。并常与风选机和干燥机连用。

3. 水膜除尘器

水膜除尘器是湿式除尘器的一种，是利用喷雾或其他方式，在除尘器的内壁上形成一薄层水膜，有效地防止粉尘在器壁上反弹、冲刷等作用引起的二次扬尘，因而大大提高了除尘器的效率。一般除尘效率可保证在 90%以上，管理好时可达到 95%。捕集的粉尘粒度比干法旋风除尘器细。水膜除尘器有立式和卧式两种。

(1) 立式旋风水膜除尘器

立式旋风水膜除尘器可采用切线进气，也可从中心进气，通过导流叶片获得旋转运动。喷水可采用四周喷雾、中心喷雾、上部周边喷水等方式。

图 7-6 为 CLS 型旋风水膜除尘器。该类型水膜除尘器喷嘴设在筒体上部，水雾由切向喷向器壁，使筒体内壁覆盖有一层连续往下流动的、很薄的水膜。喷嘴之间距离为 300～400 mm，供水压力恒定在$(2.9\sim3.9)\times10^4$ Pa 之间。

含尘气体由筒体下部切向进入除尘器，旋转上升。在离心力作用下分离出来的粉尘甩

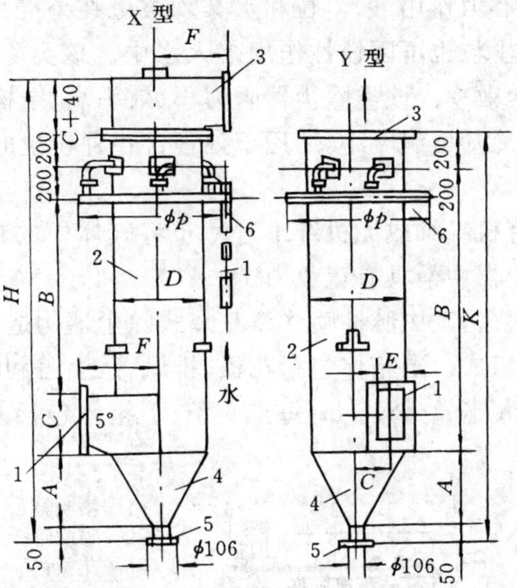

1—进气口；2—圆筒段；3—排气口；4—圆锥段；5—排尘口；6—环形喷水管。

图 7-6　CLS 型旋风水膜除尘器

向器壁，被水膜层吸收，随被污染的水排出，净化后的气体由上部排出。这种除尘器入口最大含尘浓度为 2 g/L，当浓度较大时，应在除尘器前面设置预除尘器。对于 5 μm 的粉尘，湿式除尘器的除尘效率可达 87%，而干法除尘的除尘效率仅为 70%左右。湿式除尘器效率虽然较高，但固气分离又导致了固液的混合，较理想的解决办法是将干法作为第一级除尘，湿法作为第二级除尘。这样既可减少泥浆量的产生，又可保持较高的除尘效率。

(2) 卧式旋风水膜除尘器

该类除尘器又称水鼓除尘器，或称旋筒式水膜除尘器，结构见图 7-7。该类除尘器由横置的倒卵形外壳、内筒、螺旋导流片、水槽等部件组成。螺旋叶片绕在内筒上，并固定在外壳内壁上，使外壳和内筒之间的间隙被分隔成一个螺旋状通道，沟通进风口和排风口。

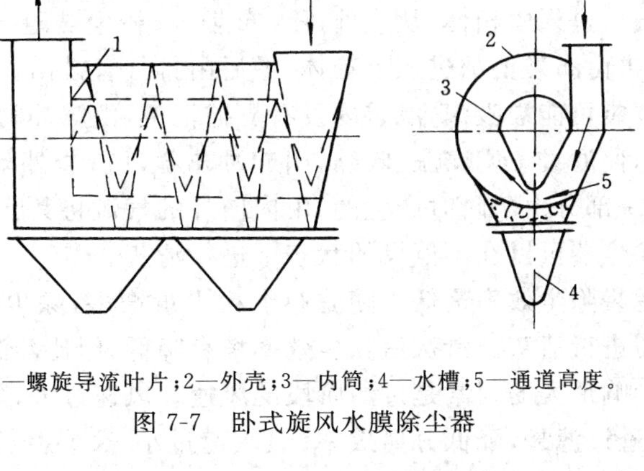

1—螺旋导流叶片；2—外壳；3—内筒；4—水槽；5—通道高度。

图 7-7　卧式旋风水膜除尘器

含尘气流由除尘器一端切向给入，冲击水面后，在螺旋通道内流动。气流冲击壳体下部的水，产生水花、水雾随气流运动，在外壳内壁形成 3～5 mm 的水膜。水花、水膜与粉尘相遇时,将尘粒捕集。在离心力作用下,尘粒和水雾均被甩在外壳内壁的水膜上,随之流入下部水槽。由于速度较高,尘粒也可因惯性作用落入水中。该类除尘器因同时具有几种捕集机理,所以,有较高的除尘效率。该类除尘器阻力小、效率高、结构简单、运行维护费用低、耗水量少、对所处理的空气冷却增湿度小,适用于处理含各种粉尘的气体。

4. 袋式除尘器

袋式除尘器是利用有机纤维或无机纤维过滤布将气体中的粉尘过滤出来的除尘设备。该类设备在各种高效除尘器中最具有竞争力。

袋式除尘器的类型很多,其中脉冲喷吹清灰袋式除尘器构造如图 7-8 所示。由上箱体、中箱体、下箱体和控制阀组成。上箱体包括花板、排风管、上盖和喷吹装置;中箱体有若干排尘滤袋,滤袋直径 120 mm,长 2～2.6 m,每排 6 条;下箱体包括灰斗、下进风的进风口及排灰装置。

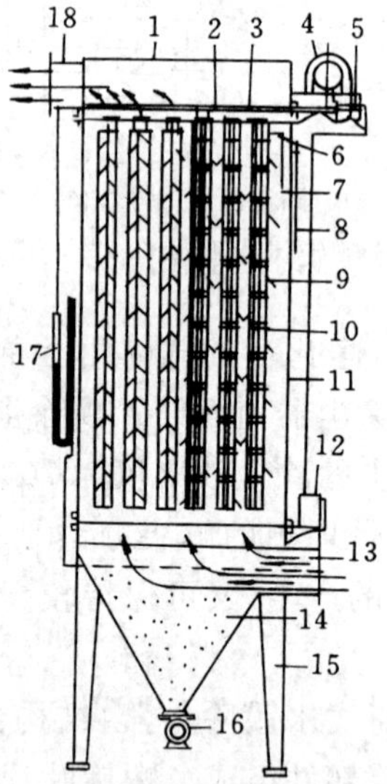

1—喷吹箱;
2—喷吹管;
3—花板;
4—气包;
5—排气阀;
6—脉冲阀;
7—喇叭口;
8—检修孔;
9—骨架;
10—滤袋;
11—除尘箱;
12—控制仪;
13—进气管;
14—灰斗;
15—支架;
16—泄尘阀;
17—压力表;
18—排气口

图 7-8　脉冲喷吹清灰袋式除尘器

含尘气体由进气口进入中箱体,从袋外进入布袋内,粉尘被阻挡在滤袋外的表面上,净化的空气进入袋内,再由布袋上部进入上箱体,最后由排气管排出。

为防止过滤时滤袋可能被吸瘪,滤袋内设有支撑框架,由脉冲阀控制脉冲性地向滤袋内喷出高速、高压气流,使滤袋急剧膨胀、收缩,引起冲击振动。袋外附着的粉尘,一部分靠重力落入下部灰袋内,一部分由于瞬时产生的、由内向外的气流将其吹落,进入灰斗;最后经泄尘阀排出。该类型除尘器可以在不停风的状态下进行清灰。

新的或干净的滤袋除尘效率最低。随滤布上粉尘量增多,除尘效率提高。但同时阻力增加,到一定程度,需进行清灰。清灰后除尘效率稍有降低,但比新滤袋高。

对除尘器性能影响最大的因素是过滤阶段的风速。风速过大,除压实粉尘层、增大滤层阻力外,还易使尘粒透过滤袋,降低分离效率;但风速过小,又易降低处理量。因此,风速的选择很重要,不同的粉尘有不同的风速。对煤进行除尘时,脉冲袋式除尘器的风速可采用 2.0～3.5 m/s;反吹风式的风速采用 0.6～0.9 m/s;振打与逆气流联合式的风速采用 0.7～0.8 m/s。

袋式除尘器具有除尘效率高、适应性强、使用灵活、结构简单等优点；对微细粉尘也有较高除尘效率，常可达 99%；入口处含尘浓度可以在相当大的范围内变化，且不影响除尘效率和阻力；并可因地制宜采用简单的“土布袋除尘器”。但其应用范围受滤料的耐温、耐腐蚀等性能的影响；对黏结性、吸湿性强的粉尘不适宜用袋式除尘器；烟气温度不应低于露点温度（相对湿度为 100%时的温度），否则会产生结露，导致滤袋堵塞。

【思考题】

1. 简述粉尘的分类及气体中的运动特性。
2. 对引起粉尘产生和扩散的原因进行分析，并说明采取哪些措施进行消除。
3. 简述选煤厂常用除尘器，并说明其特点、工作原理及应用。

参考文献

[1] 蔡璋.选煤厂固-液、固-气分离技术[M].北京:煤炭工业出版社,1992.
[2] 陈明绍.除尘技术的基本理论与应用[M].北京:中国建筑工业出版社,1981.
[3] 葛迎春,苏静,翟香荣.TBS分选机在济二煤矿选煤厂粗煤泥处理中的应用[J].煤,2007,16(6):24-25.
[4] 郭玲香.絮凝剂型助滤剂作用机理研究[D].徐州:中国矿业大学,1999.
[5] 黄海峰,陈干,宋晓艳,等.LLL1030X550B型立式煤泥离心机的应用[J].矿山机械,2001(7):46-47.
[6] 金雷.选煤厂固液分离技术 [M].北京:冶金工业出版社,2012.
[7] 康文泽.分离技术[M].徐州:中国矿业大学出版社,2000.
[8] 康文泽,韩春龙,范成江,等.凝聚剂和絮凝剂的合理选择[J].东北煤炭技术,1999(1):30-32.
[9] 刘佳喜.煤用LD7型螺旋分选机在西铭矿选煤厂的应用[J].山西焦煤科技,2008,32(5):17-18.
[10] 刘强,徐艳.螺旋分选机在实际应用中的常见故障分析[J].煤,2008,17(9):100-101.
[11] 路磊涛.TBS在梁北选煤厂的应用研究[J].煤,2008,17(8):20-22.
[12] 屈飞,牛海金,王中明.利用高频筛及煤泥离心机回收粗煤泥的实践[J].煤炭加工与综合利用,2003(1):33-34.
[13] 邵燕祥.TBS/2100干扰床分选机在梁北选煤厂的应用[J].煤炭加工与综合利用,2008(2):22-24.
[14] 谭天佑,梁凤珍.工业通风除尘技术[M].北京:中国建筑工业出版社,1984.
[15] 唐联松,王永胜,吴大为,等.浓缩机浅度浓缩大排底流的分析与指标预测[J].煤炭加工与综合利用,1996(4):74-77.
[16] 王龙贵,程双武,黄海峰.立式煤泥离心机在临涣选煤厂的应用[J].选煤技术,2002(1):21-22.
[17] 卫中宽.TBS引领选煤工艺的跨越式发展[J].煤,2007,16(12):23-24.
[18] 卫中宽.干扰床分选机(TBS)在张双楼选煤厂的应用[J].煤炭加工与综合利用,2008(1):11-14.
[19] 吴式喻,岳胜云.选煤基本知识[M].北京:煤炭工业出版社,2003.
[20] 肖双喜.水峪选煤厂重介质选煤工艺系统特点、存在问题及对策[J].煤炭加工与综合利用,2006(4):47-48.
[21] 谢广元.选矿学[M].徐州:中国矿业大学出版社,2001.
[22] 谢广元.选煤厂产品脱水[M].徐州:中国矿业大学出版社,2004.